水体污染控制与治理科技重大专项“十一五”成果系列丛书

松花江流域水循环水质监测站网设计与实践

范晓娜　李云鹏　李　环　朱景亮　陈姗姗　编著

中国环境出版社·北京

内容提要

本书是一部论述流域二元水循环水质监测网设计的专著。本书基于松花江流域水的社会循环对自然循环所造成的冲击和影响，以松花江流域水环境安全和生态安全为目标，在松花江流域水循环监测现状调查基础上，分析了松花江流域自然水循环和社会水循环现状，阐述了松花江流域水循环水质监测站网分布状况，优化了松花江流域自然与社会二元水循环水质监测网设计布局，并建立了二元水循环水质监测信息共享机制。

本书可供从事水资源、水环境、水生态等领域的科研、教学和管理工作者阅读，也可供高等院校相关专业师生参考。

图书在版编目（CIP）数据

松花江流域水循环水质监测站网设计与实践 / 范晓娜等编著 . -- 北京 : 中国环境出版社 , 2014.2

ISBN 978-7-5111-1740-3

Ⅰ . ①松… Ⅱ . ①范… Ⅲ . ①松花江－流域－水循环－水质监测－研究 Ⅳ . ① TV213.4

中国版本图书馆 CIP 数据核字 (2014) 第 029105 号

吉林省测绘地理信息局地图审核批准书 审图号：吉 S（2013）092 号

出 版 人 王新程
责任编辑 黄 颖
责任校对 尹 芳
装帧设计 宋 瑞

出版发行 中国环境出版社
（100062 北京市东城区广渠门内大街16号）
网 址：http://www.cesp.com.cn
电子邮箱：bjgl@cesp.com.cn
联系电话：010-67112765（编辑管理部）
010-67175507（科技图书出版中心）
发行热线：010-67125803，010-67113405（传真）
印装质量热线：010-67113404
印 刷 北京中科印刷有限公司
经 销 各地新华书店
版 次 2014年2月第1版
印 次 2014年2月第1次印刷
开 本 787×1092 1 / 16
印 张 14.25 **彩插** 12面
字 数 300千字
定 价 49.00元

水专项“十一五”成果系列丛书指导委员会成员名单

环境保护部水专项“十一五”成果系列丛书
编著委员会成员名单

总 序

我国作为一个发展中的人口大国，资源环境问题是长期制约经济社会可持续发展的重大问题。在经济快速增长、资源能源消耗大幅度增加的情况下，我国污染排放强度大、负荷高，主要污染物排放量超过受纳水体的环境容量。同时，我国人均拥有水资源量远低于国际平均水平，水资源短缺导致水污染加重，水污染又进一步加剧水资源供需矛盾。长期严重的水污染问题影响着水资源利用和水生态系统的完整性，影响着人民群众身体健康，已经成为制约我国经济社会可持续发展的重大瓶颈。

“水体污染控制与治理”科技重大专项（以下简称“水专项”）是《国家中长期科学和技术发展规划纲要（2006—2020年）》确定的十六个重大专项之一，旨在集中攻克一批节能减排迫切需要解决的水污染防治关键技术、构建我国流域水污染治理技术体系和水环境管理技术体系，为重点流域污染物减排、水质改善和饮用水安全保障提供强有力科技支撑，是新中国成立以来投资最大的水污染治理科技项目。

“十一五”期间，在国务院的统一领导下，在科技部、发展改革委和财政部的精心指导下，在领导小组各成员单位、各有关地方政府的积极支持和有力配合下，水专项领导小组围绕主题主线新要求，动员和组织全国数百家科研单位、上万名科技工作者，启动了34个项目、241个课题，按照“一河一策”、“一湖一策”的战略部署，在重点流域开展大攻关、大示范，突破1 000余项关键技术，完成229项技术标准规范，申请1 733项专利，初步构建了水污染治理和管理技术体系，基本实现了“控源减排”阶段目标，取得了阶段性成果。

一是突破了化工、轻工、冶金、纺织印染、制药等重点行业“控源减排”关键技术200余项，有力地支撑了主要污染物减排任务的完成；突破了城市污水处理厂提标改造和深度脱氮除磷关键技术，为城市水环境质量改善提供了支撑；研发了受污染原水净化处理、管网安全输配等40多项饮用水安全保障关键技术，为城市实现从源头到龙头的供水安全保障奠定科技基础。

二是紧密结合重点流域污染防治规划的实施，选择太湖、辽河、松花江等重点流域开展大兵团联合攻关，综合集成示范多项流域水质改善和生态修复关键技术，为重点流域水质改善提供了技术支持，环境监测结果显示，辽河、淮河干流化学需氧量消除劣Ⅴ类；松花江流域水生态逐步恢复，重现大麻哈鱼；太湖富营养状态由中度变为轻度，劣Ⅴ类入湖河流由8条减少为1条；洱海水质连续稳定并保持良好状态，2012年有7个月维持在Ⅱ类水质。

三是针对水污染治理设备及装备国产化率低等问题，研发了60余类关键设备和成套装备，扶持一批环保企业成功上市，建立一批号召力和公信力强的水专项产业技术创新战略联盟，培育环保产业产值近百亿元，带动节能环保战略性新兴产业加快发展，其中杭州聚光研发的重金属在线监测产品被评为2012年度国家战略产品。

四是逐步形成了国家重点实验室、工程中心—流域地方重点实验室和工程中心—流域野外观测台站—企业试验基地平台等为一体的水专项创新平台与基地系统，逐步构建了以科研为龙头，以野外观测为手段，以综合管理为最终目标的公共共享平台。目前，通过水专项的技术支持，我国第一个大型河流保护机构——辽河保护区管理局已正式成立。

五是加强队伍建设，培养了一大批科技攻关团队和领军人才，采用地方推荐、部门筛选、公开择优等多种方式遴选出近300个水专项科技攻关团队，引进多名海外高层次人才，培养上百名学科带头人、中青年科技骨干和五千多名博士、硕士，建立人才凝聚、使用、培养的良性机制，形成大联合、大攻关、大创新的良好格局。

在2011年“十一五”国家重大科技成就展、“十一五”环保成就展、全国科技成果巡回展等一系列展览中以及2012年全国科技工作会议和今年初的国务院重大专项实施推进会上，党和国家领导人对水专项取得的积极进展都给予了充分肯定。这些成果为重点流域水质改善、地方治污规划、水环境管理等提供了技术和决策支持。

在看到成绩的同时，我们也清醒地看到存在的突出问题和矛盾。水专项离国务院的要求和广大人民群众的期待还有较大差距，仍存在一些不足和薄弱环节。2011 年专项审计中指出水专项“十一五”在课题立项、成果转化和资金使用等方面不够规范。“十二五”我们需要进一步完善立项机制，提高立项质量；进一步提高项目管理水平，确保专项实施进度；进一步严格成果和经费管理，发挥专项最大效益；在调结构、转方式、惠民生、促发展中发挥更大的科技支撑和引领作用。

我们也要科学认识解决我国水环境问题的复杂性、艰巨性和长期性，水专项亦是如此。刘延东副总理指出，水专项因素特别复杂、实施难度很大、周期很长、反复也比较多，要探索符合中国特色的水污染治理成套技术和科学管理模式。水专项不是包打天下，解决所有的水环境问题，不可能一天出现一个一鸣惊人的大成果。与其他重大专项相比，水专项也不会通过单一关键技术的重大突破，实现整体的技术水平提升。在水专项实施过程中，妥善处理好当前与长远、手段与目标、中央与地方等各个方面的关系，既要通过技术研发实现核心关键技术的突破，探索出符合国情、成本低、效果好、易推广的整装成套技术，又要综合运用法律、经济、技术和必要行政的手段来实现水环境质量的改善，积极探索符合代价小、效益好、排放低、可持续的中国水污染治理新路。

党的十八大报告强调，要实施国家科技重大专项，大力推进生态文明建设，努力建设美丽中国，实现中华民族永续发展。水专项作为一项重大的科技工程和民生工程，具有很强的社会公益性，将水专项的研究成果及时推广并为社会经济发展服务是贯彻创新驱动发展战略的具体表现，是推进生态文明建设的有力措施。为广泛共享水专项“十一五”取得的研究成果，水专项管理办公室组织出版水专项“十一五”成果系列丛书。该丛书汇集了一批专项研究的代表性成果，具有较强的学术性和实用性，可以说是水环境领域不可多得的资料文献。丛书的组织出版，有利于坚定水专项科技工作者专项攻关的信心和决心；有利于增强社会各界对水专项的了解和认同；有利于促进环保公众参与，树立水专项的良好社会形象；有利于促进专项成果的转化与应用，为探索中国水污染治理新路提供有力的科技支撑。

最后，我坚信在国务院的正确领导和有关部门的大力支持下，水专项一定能够百尺竿头，更进一步。我们一定要以党的十八大精神为指导，高擎生态文明建设的大旗，团结协作、协同创新、强化管理，扎实推进水专项，务求取得更大的成效，把建设美丽中国的伟大事业持续推向前进，努力走向社会主义生态文明新时代！

周生贤

2013 年 7 月 25 日

前　言

水质站网是开展水质监测工作的基础，是准确掌握流域和区域水质状况及水系水质变化趋势所不可缺少的重要组织手段。随着国民经济的快速发展，点源与非点源废（污）水排放量逐年增加，流域内的江河、湖泊都受到不同程度的污染，原先布设的水质监测站网已不适应客观形势发展的需要。因此，无论是从提高监测水平，全面掌握流域内水质状况，以满足水污染防治工作的要求，还是从有效地利用资金、避免浪费的经济角度来看，对原有水质监测站网进行优化设计都是十分必要的。

当前水危机的原因是社会水循环的过度参与，不仅极大地影响和破坏了自然水循环规律，也反过来制约了社会水循环的可持续性。迄今为止，人们对二元水循环耦合作用仍认识不足，只致力于自然水循环系统的监测，而缺乏对社会水循环进行系统研究。在流域水资源评价中，论证自然水循环水量平衡较多，考虑社会水循环水质影响较少，评价结果往往与现实状况不符，不能客观反映某一流域或区域可利用水资源量到底有多少。因此，只开展降水、径流、蒸发、渗漏等自然水循环测量是不够的，还要开展取水、输水、用水、排水等社会水循环监测。只有这样，才能有效控制水污染和改善水环境，这是解决水危机的重要环节。

本书旨在围绕流域饮水安全、粮食安全、生态安全为目标，着眼于流域整体水循环系统，在调查流域水循环现状基础上，通过系统分析流域水循环要素，划分流域自然水循环和社会水循环单元，分别设计可满足监测需要的自然水循环监测体系和社会水循环监测体系。通过自然水循环与社会水循环的二元耦合作用分析与设计，构建流域面向水质安全的水循环监测体系平台，建立水循环监测信息共享机制，实现流域水循环监测断面、监测项目、监测方法、监测手段、监测信息共享，为保障流域和区域水质安全提供技术支撑，满足流域和区域水资源管理与保护、水功能区监测及管理、水质评价及预测的需要。

本书的基本思想是通过水的自然循环与社会循环耦合作用来加强水质监测站网的设计，把关注点集中在水质监测站网优化设计方面，而不是关注样品采集、储存和分析或数据储存和检索的方法上。

本书第1章概述了流域水质监测发展历程与现实目标任务，引入了水质监测站网优化设计的主题；第2章从水的自然循环和社会循环角度对水资源的独特性质和全球水资源分布等进行了分析，并对中国水资源的数量与质量进行了分析评价；第3、4章分别对松花江流域自然水循环状况与社会水循环状况作了详细分析，为站网优化设计奠定了基础；第5章介绍了流域水循环水质监测体系现状情况，并对松花江流域河流、湖泊水库、饮用水水源地、水功能区、农业灌区、入河排污口的监测覆盖率进行了统计与分析；第6章根据松花江流域水循环特征及现有水质监测体系状况，结合流域水资源管理与保护工作需求，提出了流域水循环水质监测站网优化设计方案；第7章介绍了依托松辽流域水资源管理系统构建水循环监测信息共享平台的建议，并从组织体制、政策法规、管理制度与技术方法等方面，提出了加强流域水循环监测信息共享机制建设的构想。

本书由范晓娜、李云鹏、李环、朱景亮、陈姗姗撰写。魏民、蒋宏伟、杨帆、张蕾、张继民、张静波、高峰、傅春艳、冯吉平、李昭阳、续衍雪、李娜、王宪泽、贾曼莉、杨广云、赵慧媛、李晓涛、杜兆国、侯炳江、李志毅、武保志、苏保健、孔繁立、高薇等做了大量研究工作。李青山、汤洁、白焱、佟守正为本书的完成提供了指导，使本书得以顺利完成。在项目研究和书稿的撰写过程中，得到中国水利水电科学研究院、松辽流域水环境监测中心、吉林大学、中科院东北地理农业生态研究所、黑龙江省水文局、吉林省水文水资源局等部门的大力支持。本书的出版得到了水体污染控制与治理科技重大专项——松花江水污染防治与水质安全保障关键技术及综合示范项目——松花江流域水质水量联合调控技术及工程示范课题（2008ZX07207-006）的资助，在此表示感谢。

由于写作仓促，水平所限，对诸多问题的研究和认识还比较粗浅，书中缺点或错误在所难免，敬请广大读者批评指正。

编者

2013年11月

目　录

第1章　总论

1.1 水质监测基本概念

1.1.1 水质监测

水质监测是经取样得到关于水的物理、化学和生物特征的定量监测数据的过程，即监视和测定水体中污染物的种类、污染物的浓度及变化趋势，评价水质状况的过程。

获取定量水质监测数据依赖于监测站网的目的。如果监测目的是为了研究河流的部分区域，比如要知道给定排污对下游的直接影响，对获得描述该河段的资料来说，采样断面位置不是很关键的。但是当监测目的是为了研究整个河流或整个流域时，采样断面位置的选择就显得非常重要。

《中华人民共和国水污染防治法》规定："国家污染物排放标准由国务院环境保护部门根据国家水环境质量标准和国家经济、技术条件制定。各省（区）对不能达到质量标准的水体，可以制定严于国家污染物排放标准的地方污染物排放标准，并报国务院环境保护部门备案。"也就是说，水污染物排放标准是国家对人为污染源排入水环境的污染物浓度或总量所作的限量规定，其目的是通过控制污染源排污量的途径来实现水环境质量标准或水质目标。

根据《中华人民共和国水污染防治法》和《中华人民共和国水法》的要求，水质管理的重点已从河流水质限制到排水水质限制的转移，使得河流监测目标从测定河流超标转移到评价水质整体趋势上来了。这种目标的转移对水质监测站网提出全新要求。为了达到这个目标，水质趋势分析不会去找"水质临界点"即河流超标可能性很大的采样点，而是为了研究在流域内确定水质监测河段位置上可以得到该河流的信息特征，并和其他监测站点结合得到整个流域系统的信息特征。

1.1.2 监测站网

监测站网是指在流域内或者区域内，由适量的水质监测实验室与地表水、地下水、大气降水水质站和水生态监测站组成的水环境与水生态监测活动和监测信息收集系统。

水质站是为掌握水环境与水生态变化动态，收集和积累水体的物理、化学和生物等监测信息而进行采样和现场测定位置的总称。在监测目的、对象和内容方面可具有单一或多重性，在自然地理空间分布上具有唯一性。

水质站按设站目的与作用，分为基本水质站和专用水质站。为公共服务目的、经统一规划设立，能获取基本水环境与水生态要素信息的水质站为基本水质站；为科学研究、工程建设与运行管理等特定目的服务而设立的水质站为专用水质站。基本水质站按其重要性分为重点水质站和一般水质站。重点水质站是为流域或区域水资源开发、利用、保护与管理等提供重要的水资源质量、水环境与水生态要素信息，长期和系统监测自然环境演变和分析人类活动对水资源与水生态环境的影响而设立的；一般水质站为重点水质站以外的基本水质站。

根据监测目的或服务对象的不同，监测站网可以分成跨省（自治区、直辖市）和设区市等行政区界、集中式饮用水水源地、其他各类水功能区、入河排污口、水生态等专业监测网或专用监测网。监测站网设计应遵循以下原则：

（1）流域与区域相结合，区域服从流域，以流域为单元进行统一规划；

（2）与水文站网规划、流域水资源综合管理规划和相关专项规划相结合；

（3）与当地经济发展水平相适应，以满足水资源管理的要求为目标；

（4）布局合理、作用明确、相对稳定、适度超前，具有较强的代表性；

（5）与监测技术发展水平相适应，实验室监测、移动监测与自动在线监测相结合；常规监测、动态监测和应急监测相结合。

众所周知，永久性监测站点位置是水质监测站网设计中最关键的设计因素，如果监测的水样不能代表水体，水样采集频率、监测信息说明和报告提交方式就都变得没有意义了。在监测站点选址过程中要考虑三个不同级别的设计准则：

（1）宏观位置——在流域内确定水质监测河段；

（2）微观位置——在河段内确定水质采样断面；

（3）代表性位置——河流横断面上的各采样点。

宏观位置实质上是一个要设立监测站点的河段，在这个河段上要采集到河流横断面水质样品，而微观位置的设计则提供了一个固定的位置。从一个水质监测站网中所采集的信息，其实用性在很大程度上取决于设计者在监测站网设计中对各个等级给出的考虑。宏观位置是监测机构特定目标的函数，而确定一条完全混合带的微观位置则是水力学和河流混合性质的函数。

本章首先讨论选择水质监测站网优化设计的基本原则及内容，在本书的第 6 章中将给出松花江流域水循环水质监测站网优化设计的具体方案。

1.2 水质监测工作状况

水质监测是管理水资源重要的基本手段。水质动态信息是政府控制水污染实施监督管理的依据。水质监测是水资源保护的基础性工作之一，通过开展水质监测工作，可以了解和掌握流域水质状况与变化趋势，为开展水资源保护与管理工作提供依据。

30年来，松花江流域水质监测经历了从简单的水化学监测到复杂的水资源质量监测、水污染监测，再到包括微量有毒有机物监测和水生生物监测，监测能力和监测水平不断提高。在新时期规划理念不断更新和完善的前提下，流域水环境监测站网设置规模不断扩大，监测内容得到扩展和延伸，监测针对性和目的性更加明确，形成了常规监测和动态监测相结合的流域、省（自治区）、地（市）三级监测网络，为开展水资源保护和管理提供了重要的技术支撑。

1.2.1 发展历程

松花江流域水质监测工作经历了三个阶段：第一阶段为1984—1989年，主要任务是收集江河天然水质资料，监测天然水化学成分；第二阶段为1990—1999年，是松花江流域水质监测工作步入全面发展阶段，水污染监测工作在松花江流域开始全面展开；第三阶段为2000年至今，是水质监测工作相对快速发展阶段，现已建成了覆盖全流域的水质监测网络体系，监测项目涵盖污染状况的绝大部分指标，实现了对水质的有效监测。同时，注重保证监测数据的可靠性，全流域水利部门的水环境监测机构全部通过国家级计量认证考核。

1985年，在长春市召开的第一次松花江流域水质监测工作与站网规划会议上，松花江流域共规划设置了81个监测站，主要河流的源头区设立了背景断面，主要城市的入境处、中段、出境处分别设置了对照、控制和削减断面，基本形成了比较有效的、以掌握水资源质量状况为目的的水质监测站网。

20世纪90年代，水质监测经历了全面发展阶段。由于流域水系污染日益严重，污染物排放量快速增长，原有的监测断面已不能满足水质管理的需要，因此完善地表水监测站网规划，加快站点设置成为了站网工作的重点。1996年松辽流域水资源保护局根据形势发展和监测管理需要，围绕不同阶段工作重点和要求，对监测站网进行了补充完善和优化调整。通过优化调整，筛选出一批流域重要监测站点，初步形成了流域、省（市）两级监测站网。1997年5月，松辽流域水环境监测中心根据《中华人民共和国水污染防治法》规定和水利部有关要求，编制完成了《松花江流域省界水体水环境监测站点建设规划》，从1999年开始有计划、有目的、分期分批地实施松花江流域省界水体监测工作。

进入21世纪，为适应经济社会发展和水资源保护与管理需要，在不断完善监测管理体系的同时，松花江流域水环境监测站点也不断增加，功能从单一的水资源质量监测向省界水体监测、水功能区监测、水源地监测、入河排污口监测、水生态监测相结合的新模式转变，其发展步伐不断加快。水质监测手段也不断得到改进，从固定监测向固定监测、移动监测与自动监测相结合的方向转变；从常规监测向常规监测、动态监测与应急监测相结合的方向转变。

2000年，按照水利部《关于做好全国水质监测规划编制工作的通知》（水文质［2000］42号）要求，组织松辽流域各省（自治区）水环境监测中心开展了松花江流域片水质监测规划编制工作。规划结合流域水资源分布特点和水环境状况，以及水资源保护与管理的要求，分为监测站网建设、监测能力建设和信息系统建设三大部分，对地表水、地下水、大气降水监测站点全面规划，体现了流域、区域相结合进行水资源统一管理的思路。综合考虑上下游和各区域间的关系，将地方站网规划与流域站网规划相结合，统筹兼顾，强调水质、水量并重的原则，充分考虑了水功能区管理的需求，突出了快速、准确、高效的应急监测要求，力求满足水资源开发利用、保护与管理等多方面的需要。规划明确提出了建设流域、省（自治区）和地（市）三级监测网络，而且第一次将监测能力建设规划、技术培训规划和信息系统建设规划与监测站点规划同步考虑，使规划协调性、综合性更强，为建设和完善松花江流域水环境监测能力与技术队伍，加快水质监测事业向规范化、科学化、现代化方向发展步伐奠定了基础。

2006年起，松辽流域水资源保护局依据水功能区监督管理有关要求，组织开展了松花江流域、辽河流域重点水功能区水质监测工作。

1.2.2 监测优势

松花江流域水质监测工作起始于江河、湖库的水资源质量监测，服务于水资源开发利用和保护，是水资源管理与保护的一项重要的基础性工作。依据《水法》及水利部的“三定”职责，流域机构的水质监测主要侧重于为水资源的开发、利用、管理与保护服务，其特点是在站点设置上以流域为单元并充分考虑与水文站的结合，监测站网具有流域管理与量质结合的优势。由于流域机构的水质监测与水文监测同属水利部门，水文数据可以共享，在监测水质数据时，即可得到同步水文监测数据，因此，在测得污染物浓度的同时又能通过水文特征数据的计算获知污染物的通量和总量以及污染物的迁移转化规律，这是任何其他行业水质监测所不具有的优势；在监测频次上，由于与水文站结合，在采样上具有便利的条件，监测频次高，代表性强；在服务方向上，由于与水资源管理、水工程调度相结合，监控入河排污状况、核定纳污总量及省界水体水质状况，使水质监测具有服务于水行政执法的鲜明特征。正是由于具有水利行业水质监测的特点和优势，才能为流域水资源管理和保护担当站岗和放哨的重任，为维持河流健康生命、担负河流生态代言人的历史使命奠定坚实的基础。

1.2.3 监测能力

水质监测是水资源管理的重要组成部分。水质监测在防治水体污染、制定水资源保护标准方面发挥着重要作用。我国水质监测任务十分重大，历经多年的发展，已经取得一定成绩，常规监测日趋成熟，水质自动监测正在有计划地逐步开展。随着国家对有机污染物项目监测工作的重视，一些监测机构率先引进了各种先进的分析仪器设备，提高了相关的监测能力。

2002 年水利部颁布了《水文基础设施建设及技术装备标准》（SL 276—2002）及后续补充规定，并先后为各流域、省级水环境监测机构开展地表水水质全分析配备了完整的监测仪器设备，旨在提高流域、省级水环境监测机构饮用水水源地水质监测及分析技术手段，全面加强各流域、省级水环境监测机构开展饮用水水源地水质 109 项指标全分析监测的能力，保障各地水环境监测机构能顺利完成水质全分析的监测任务。

经过近几年的发展，全国各级水环境监测机构在地表水环境监测能力方面已取得长足进步。同样，松辽流域水环境监测中心经过多年的积累和努力，已完全拥有饮用水水源地水质 109 项指标全分析所需的硬件设备和专业技术人才队伍。到目前为止，松辽流域已建成由流域、省（自治区）、地（市）33 个水环境监测中心组成的三级水质监测体系，水质监测站点由 258 个扩展到 375 个，基本覆盖了流域主要江河湖库，专职监测人员 296 人，技术力量较强，实现了对地表水水质的有效监测。

但同时也应该看到，目前流域内各级水环境监测中心在地表水环境监测方面的监测能力依然参差不齐。大多数水环境监测中心能够正常开展地表水的常规监测，但能实现饮用水水源地 109 项指标全分析的实验室数量非常有限，特别是有机污染物的监测能力较为欠缺。从目前来看，各级水环境监测中心只有以科学、实用、统一的分析测试方法作为指导，配以专业化的技术人才作为支撑，不断加强监测队伍的交流与合作，才能保证并逐步提高现有技术水平，尽快缩小各地水环境监测中心之间的业务能力差距，实现流域监测能力的整体提升。

1.2.4 监测方法

水质监测分析方法是有效开展地表水环境监测的基础，其整体水平对于反映我国水环境质量状况、实施流域水污染防治以及管理部门制定相关决策具有关键性作用。

目前，我国的地表水环境监测方法以物理、化学监测方法为主，生物监测日益受到重视，遥感技术也被逐渐应用于水环境质量监测中。物理、化学监测方法主要适用于地表水环境质量标准基本项目，这些方法大多经典成熟。生物监测方法可及时反映污染物的综合毒性效应，以及对水环境的潜在危害，水环境监测部门也已普遍使用。遥感技术可大尺度反映水环境质量的变化，其应用范围在逐步扩大。随着国家经济的不断发展，人们环境意识的不断增强，以及科学技术水平的提升，地表水环境监测方法在不断更新，尤其是在有机污染物监测方面，分析方法和手段正在由有机综合指标向单个有机物浓度分析、微量分析向痕量和超痕量分析的转变，这与发达国家的监测发展趋势一致。

目前，我国现有的水环境质量监测方法总量丰富，但体系庞杂分散，方法在不同程度上存在陈旧、烦琐的问题。在建立更加科学、实用的监测方法的过程中，水环境监测人员也同时被一些难题所困扰。主要表现在：

（1）分析方法滞后于分析技术发展。现有国家标准、行业标准以及推荐的标准分析方法是经典的、可靠的。但对于金属项目，现有的标准分析方法较多采用的是一个分析方法只针对一个项目，如对元素逐一进行分析的原子吸收光度法，既费时又耗材。早已在水环境监测系统内得到广泛应用的电感耦合等离子发射光谱仪（ICP-AES）可以进行多元素同时分析，但对于这种同样可靠、技术先进的分析手段却依然没有统一的分析方法。目前，这些监测分析方法已经与持续更新的监测仪器严重不匹配。

（2）缺失的标准分析方法亟待建立。现行地表水环境质量标准还没有达到一个项目配套一个标准分析方法的最低要求。现有监测方法未能完整地涵盖地表水环境质量标准的109项标准项目，许多监测项目采用的是《水和废水监测分析方法（第四版）》中的分析方法。而且对于一些重点控制的污染物，缺乏更加简易、快速的现场分析方法，不利于突发性水污染事件的应急监测。值得一提的是，对于集中式生活饮用水地表水源地特定项目，一半以上的目标物质没有标准分析方法，而已有的方法较多采用相对落后的分析技术，并且是对每个项目进行逐一分析，同样费时费力。

（3）先进的分析技术需要进一步规范。针对地表水环境质量标准补充项目和特定项目中的有机化合物，其样品前处理已有国家标准方法，如采用手工液液萃取、简易顶空等方法。先进的吹扫捕集、顶空提取、固相萃取、凝胶渗透色谱等样品前处理技术的标准方法有待进一步规范。在分析技术方面，已有国家标准方法分析有机化合物时，气相色谱法较多采用的是填充柱，目前已广泛普及的毛细管柱和仪器联用技术对多目标物质同时进行分析（包括气相色谱 / 质谱联用、液相色谱 / 质谱联用等）的环境监测分析方法有待进一步完善。

由此可见，当务之急是根据水环境监测技术发展的需要，建立和完善水环境监测标准体系，积极组织力量，系统地、有计划地开展水环境监测标准方法、技术规范的编写和完善工作，为更好地承担监测任务奠定良好的基础。

1.2.5 质量管理

水质监测质量保证和质量控制技术是保证水质监测数据具有代表性、准确性、精密性、可比性和完整性的重要基础，是水质监测工作的重要组成部分。

20 世纪 90 年代，随着各级水环境监测机构的监测能力逐步加强和提高，全国开始有组织、有系统地推进水环境监测质量保证和质量控制工作，以普及质量保证和质量控制基本知识、制定水环境监测技术规范、建立监测方法、研制和生产标准样品与质控样品为依托，以监测质控考核和技术培训为主线，逐步探索出一条具有中国特色的质量管理模式。在组织机构、管理制度、技术标准编制、技术人员培训、标准物质研究等方面均取得长足的发展。

进入21世纪初，在水质监测能力建设突飞猛进发展的基础上，水质监测的质量保证也发生了根本性的转变。首先，质量保证与质量控制从名称上逐步概括为“质量管理”，虽然这只是文字上的一个变化，但说明我国水质监测的质量保证与质量控制的理念有了新的含义，水质监测的质量管理在原有从主要监测环节实施质控措施的基础上更加强调和注重监测质量管理的系统性、全面性，各级水环境监测机构也正是按照全程序质量管理的理念实施水质监测的行为；其次，通过近20年计量认证评审的实施，全国水环境监测机构的质量体系日臻完善与合理，质量体系的要求和规定已经覆盖了从监测任务的受理到监测工作的准备、监测的实施、结果的报出、对结果的反馈与申诉等各个环节，同时各级水环境监测机构更加重视质量体系的执行和运用，将持续改进和不断完善的预防机制落在了实处。

众所周知，水质监测数据是水质监测生产过程的重要“产品”，行之有效的质量管理是监测数据质量保证的根本。因此，水环境监测机构在接受上级领导机构及第三方的公证审核性监督的同时，应建立完善的质量巡查、同步监测、实验室比对、质控考核、质量管理体系运行情况检查等质量管理制度，建立行之有效的质量监督检查和质量评定机制，并应用制度的监督管理和法制约束能力，树立监测信息的法律地位，保持监测结果的严肃性，促进质量管理工作的开展。正是基于这种思想，2011年，水利部印发了《水质监测质量管理监督检查考核评定办法等七项制度的通知》（水文质［2011］8号），并组织全国水利系统16个流域直属监测中心和255个省级水环境监测中心及其分中心开展了水质监测质量管理监督检查考核评定工作。

1.2.6 目标任务

随着流域国民经济建设的发展，水资源管理正在实施重大战略调整，从传统的资源开发管理转向“资源开发与保护为一体”的综合管理。这就要求水质监测不仅要掌握面上水资源质量状况，还要对用水和排污进行有效监控。《水法》对水质监测提出了明确的要求，要求县级以上地方人民政府水行政主管部门和流域管理机构应对水功能区的水质状况进行监测，发现重点污染物排放总量超过控制指标的，或者水功能区的水质未达到水域使用功能对水质的要求的，应当及时报告有关人民政府采取治理措施，并向环境保护行政主管部门通报。2001年，水利部党组提出了“从工程水利到资源水利，从传统水利向现代水利、可持续发展水利转变”的治水新思路，水利部提出的“人与自然（河流）和谐相处”、“维持河流健康生命”，这是国家可持续发展战略在水利行业的具体体现。新时期、新的形势对水质监测提出了更高的要求，为适应新的形势要求，流域水资源监测工作必须进行一系列的转变。

按照国家《水法》、《水污染防治法》等有关法律法规和国务院“三定”方案，水利部门负责江河湖库、地下水的水量、水质等监测职责。目前，水功能区管理和水功能区水质监测工作已全面展开，新形势对水质监测提出新的和更高的要求，为水资源保护监督管理提供全方位的技术支撑。全面掌握各水功能区水质状况是优化水资源配置、核定水域纳污总量，提出水功能区污染物控制总量及排污削减量的基础。查清污染源，加大水功能区水资源保护的水质监测力度，是当前面临的主要任务。围绕职能转变，水利部门提出了“拓展传统的、单一的、具体的水质监测模式，以服务于水功能区管理、入河污染物总量控制、取水许可及省界水质监督需要为宗旨，发挥流域监测中心的组织、协调、规划、指导作用，健全各级水质监测管理体制，建立水资源保护水质监测技术体系，进一步提升监测能力，探索和完善水质监测新模式”的工作目标。水资源保护工作的需要，就是水质监测的主要目标和任务。新的工作目标，为今后一段时间的监测工作指明了方向，也提出了更高的要求。新任务、新目标的实施也为水资源保护的有效实施和水资源的可持续利用奠定了更坚实的基础。

1.2.7 存在问题

虽然松花江流域水质监测体系和能力已经有了一定的基础，但面对新时期水利发展形势与要求，还存在着一些亟待解决的问题。

（1）水质监测能力与《水法》赋予的职责不相适应

目前流域内各级水质监测中心由于采样能力（采样车）不足，使得监测的频次无法满足当前水功能区管理的要求。各级水质监测实验室基础设施较差，监测仪器设备老化严重，大型仪器设备配备不平衡，与水质管理的要求还存在很大差距。由于机动监测能力不足，监测系统灵活性、机动性、快速反应能力差，无法及时掌握突发性水污染事故以及洪水淹没、河流断流与水库调度等重要过程的水质突变情况，同新时期水资源管理与保护对水质监测工作的要求极不适应。

（2）水质监测能力与所承担监测任务需求不相适应

由于历史原因，松花江流域水质监测能力基础薄弱，地市级水质监测能力不足尤为突出，一个分中心 3～5 个分析人员，承担 10 余个甚至几十个断面采样任务，每人进行 4～5 个水质项目分析的情况比较普遍，在面对目前大量水功能区、饮用水水源地、入河排污口监测需求的时候捉襟见肘，对于水生态监测、有毒有机物监测方面更是无从下手。监测能力不足已成为制约水质监测工作的重要瓶颈，不能很好地适应所承担监测任务的需要。在水质监测站网设计中，综合考虑站网布局与实验室监测能力的关系是监测站网设计需要解决的重要问题。

（3）水质监测队伍人员素质、基础研究与发展不相适应

按照最严格水资源管理制度，迫切要求水质监测工作在监测的深度、广度及快速反应上能为水资源管理与保护提供决策支撑。但是，目前水质监测工作队伍的人员专业配置、区域分布、人员培训、基础研究等方面与新形势的发展要求不相适应，使得水质监测在水量、水质结合分析评价等信息的深加工，以及开发生态监测项目等方面还不能满足水资源管理的需要。

（4）信息处理及时性、针对性与管理工作需要不相适应

流域内各级水质监测中心虽已进行了一些信息化建设的尝试，建设了若干水质数据库，但数据库结构不统一，标准化程度低，信息管理的软、硬件落后，部分水质信息仍然以人工数据处理、通过邮政信件传输，每年年底或第二年初再对水质数据进行整编，时效性、针对性差，不能适应和满足当前信息化管理工作的要求。

1.3 水质监测站网状况

水质监测是水资源管理与保护的一项重要基础性工作，而监测站网是水质监测的基础。站网的科学规划与建设均与水资源质量监测、污染监测数据的代表性、准确性密切相关。松辽流域水资源保护机构根据不同时期水资源保护的任务和目标制订了相应的站网建设规划和优化调整方案，使水质监测为水资源保护和管理提供准确可靠的信息。

1.3.1 站网规划与实施

1.3.1.1 水利部门监测站点

1976 年到 1985 年的 10 年，是我国水质监测工作逐步进入全面发展的初期阶段，开始以水体污染项目监测为主，并逐步建设全国水环境监测网。在此阶段各流域开展了大量水质监测基础工作，全国范围内逐渐形成了较为完整、以评价江河流域水资源质量为主要功能的水质监测网络。

1984 年，由各流域水环境监测中心牵头，组织流域内各省、自治区水文总站进行以流域为单元的水质站网规划。1986 年，在水文站网基础上，遵循经济、合理、高效的设站原则，完成了第一部全国水质监测站网规划，规划站点 3015 个，其中，与水文站结合，可做到水质水量同步监测、资料配套的站点占 65%，水系水质本底值站点 160 个。

1985 年，松辽流域水质站网规划和初步建设方案编制完成。根据流域内水系的特点，将其分为黑龙江和辽河两大流域 11 个水系，其中黑龙江流域含额尔古纳河、嫩江、松花江干流、第二松花江、乌苏里江（包括绥芬河）五大水系；辽河流域含东辽河、西辽河、辽河干流、图们江、鸭绿江、辽宁沿海诸河（包括大洋河、碧流河、大凌河、小凌河、六

股河及其他小分水系）六大水系。水质站按三类划分：第一类为基本站，是为长期收集水系水质变化动态和为积累水质基本资料而设置的站；第二类是辅助站，是为配合基本站进一步掌握污染状况而设置的站，测定项目和测次频率视污染情况而定；第三类是专用站，是为某种专门用途而设置的站。按上述分类方法，松辽流域共规划设置 258 个监测站，282 个断面。

1996 年，松辽流域水资源保护局根据形势发展和监测管理需要，围绕不同阶段工作重点和要求，对监测站网进行了补充完善和优化调整。通过优化调整，水质监测站达到 204 处，供水水质站 6 处，河道水质污染监控站 94 处，主要河流重点河段水质测报站 42 处，监视性动态监测站 3 处，水质调查站 4 处。

1997 年 5 月，松辽流域水环境监测中心根据《水污染防治法》规定和水利部有关要求，编制完成了《松花江流域省界水体水环境监测站点建设规划》。1999 年，正式开始有计划、有目的地对 25 个松辽流域省界水体实施了监测，2007 年增加到 41 个，2013 年达到 60 个。

1.3.1.2 环境保护部门监测站点

1973 年，国家计委召开了第一次全国环境保护大会，强调要加强环境保护监测工作。1974 年以后，吉林、黑龙江省相继建立了省环境保护监测站，流域内的 18 个地、市、盟和 4 个县也相继建立了环境保护监测站，流域内初步形成了省、市和县三级环境保护监测网。在松花江干流及主要支流上建立了一些长期固定的水质监测断面。

水质监测以松花江、嫩江、牡丹江、辉发河、饮马河为重点，逐步扩大到其他支流，到 1978 年流域内开展水质监测的河流共有 13 条，湖泊泡沼有 15 个，共设置水质监测断面 94 个。

1979—1985 年，松花江流域内各省区环境保护监测机构逐步完善，水质监测工作逐步向技术规范化、站点网络化的方向发展。1985 年，流域内地面水质监测共布设了 170 个断面，分布于 32 条河流及湖泊水库上。

1.3.2 建设多功能站网

1998 年以来，国务院机构改革“三定”方案和修订后的《水法》、《水污染防治法》相继出台实施，并进一步明确了流域水资源保护的职能。党中央提出的以人为本，实现全面、协调、可持续发展的科学发展观对水资源监测工作提出了新的要求。水资源监测要围绕水资源可持续利用的需求提高服务水平，拓展服务范围，在常规水质监测的基础上，逐步开展河流水生物监测，大型引水工程、水资源调度水量水质监测、突发水污染事故应急监测等。为此，必须不断加强流域机构和省区水资源监测能力建设，改善和提高水资源监测能力，逐步建立“常规监测与自动监测相结合、定点监测与移动监测相结合、定时监测与实时监测相结合”的水资源监测新模式，满足提高水资源保护管理行政能力和管理决策的科学技术水平，维持良好的流域生态环境，在水资源开发、利用、配置、管理和保护中发挥应有的作用，保障流域社会经济与生态环境可持续协调发展的需要。因此，要求在监测站网设计方面要在以往掌握面上水资源质量情况的基础上向水功能区水量水质监督性监测方面转变，重点加强对省界缓冲区、入河排污口、供水水源地，特别是大型引水工程水源地、水资源调度等水量水质监测。

2000年，水利部印发了《关于做好全国水质监测规划编制工作的通知》及《水质监测规划编制大纲》（水文质字[2000] 42号文），要求编制为实现新时期目标服务的水质监测规划。根据水利部要求，松辽流域水资源保护局依据《松辽流域水功能区划》和《松辽流域水资源保护规划》，组织编制了《松辽流域水质监测规划》，对流域水质监测站网建设进行了优化调整，重点加强了水功能区控制断面和入河污染物总量控制河段水质断面的设置，加强了监测系统的机动能力、快速反应能力、自动测报能力建设。规划按照现代化、科学化、规范化管理的要求，以提升水质监测工作的整体水平为目标，充分考虑水资源管理与保护及社会经济发展的需要，立足于为水资源的可持续利用提供全方位服务。规划内容包括水质监测站网、水质监测能力建设、水质信息系统能力建设、水质技术标准化建设等。这是第一次对流域水质监测工作进行的较全面系统的规划，形成了以流域水质监测站网为重点的流域、省、地（市）三级站网，具有掌握流域水资源、水功能区、供水水源地、界河界湖、水利工程等水质状况的功能和作用。

1.3.3 存在的主要问题

（1）站点代表性研究有待加强

单个监测站点能够监测和反映河流、湖泊、水库某一较小河段或区域范围内水质状况，其作用范围与所处水体的水文情势、自然社会环境等因素有关，需要与其他站点一起共同组合完成流域或区域水质状况的监测，站点密度越大，信息越准确，但由于水质监测站网不可能无限制设置监测站点，需要在经济合理前提下，寻找代表性与经济合理性平衡点，以尽可能少监测站点来客观地反映一定区域内的水环境状况。但由于现代社会人类活动的影响，打破了原来天然水体所具有的污染降解规律，排污、取水以及水利工程建设等都对河湖状态产生了巨大的影响，不同区域发展也各具差异，因此需要开展站点布设研究，为水质站网布设提供更为可靠的实践基础和理论依据。

（2）与经济发展的适应性较差

由于各地经济发展不一致，监测站网布局和实际开展监测工作距离相差甚远。目前，水质监测站点多数设在人口稠密、经济发达的地区和大中城市的河段、湖泊上，经济发达或相对发达地区的监测站网覆盖率达到或接近100%；而在人口稀少、经济不发达和距城市较远的河段、湖泊等水域，监测站却布设稀少或根本未设站，造成了监测成果的可比性很差，急需加快欠发达地区的监测站点布局。另外，近年一些地区根据经济发展的需求，调整水功能区划，扩大了开发利用区段的数量，而且调整变化快、区域多，给站网设计和实施工作也带来一定的困难。

（3）站网布局与管理不相适应

目前，流域水质监测站点多以掌握地表水水资源质量功能为主，不能全面反映供水水源地、排污控制等水功能区水质状况，不适应经济发展和水资源保护工作的需要。并且存在着部分区域水质站稀少，湖泊水库监测站点普遍偏少等布局不尽合理的问题。仅有部分地区开展了地下水监测，大气降水也没有开展水质监测工作。因此，无论地表水监测站网，还是地下水和大气降水水质监测网，都急需进行补充、调整、完善或建立。

（4）水质与水量监测需要加强

随着人们对水环境的认识进一步加深，认识到不仅仅水质是重要的用水指标，水量和水生态也是重要的用水指标。长期以来，水环境监测工作侧重于水质监测，也结合了一定的水量监测，水生态监测则刚刚起步，对于划定并落实水功能区纳污红线，核定水功能区的纳污能力、限制入河污染物排放总量乃至维系整个水生态良性发展的需求都还远远不够。因此，流域水质监测站网设计应当随着这一认识的提高，进一步推进水质与水量、水生态监测的结合。

1.4 监测站网优化设计

随着国民经济的快速发展，点源与非点源废（污）水排放量逐年增加，流域内的江河、湖泊都受到不同程度的污染。原先布设的水质监测站网已不适应客观形势发展的需要。因此，无论是从提高监测水平，全面掌握流域内水质状况，以满足水污染防治工作的要求，还是从有效地利用资金、避免浪费的经济角度来看，对原有水质监测站网进行优化设计都是十分必要的。

1.4.1 优化设计起因

众所周知，水质与水量密切相关，两者相互依存，互相影响。过去一般将水质与水量作为相互独立的两件事，由不同的部门主管，使两者互相割裂，相互制约，既不利于水环境管理，也不利于水资源保护。实际上，由于人类经济活动、土地利用等流域下垫面条件的变化，不仅导致自然水循环及水资源数量的变化，而且导致河流湖库水污染和水环境质量退化，并由此引发了一系列生态与环境问题，过去单一监测方法已不能反映受到不同程度污染的水量分布情况，评价结果往往与现实状况不相符合。因此，只有开展水质与水量联合监测，才能给出分布在一条河流上每个河段的水质和水量，科学评价出不同代表年份的不同质量的水资源分布特征，为政府开发利用和保护水资源提供决策依据。

当前水危机的原因是社会水循环的过度增加，不仅极大地影响和破坏了自然水循环规律，也反过来制约了社会水循环的可持续性。迄今为止，人们对二元水循环耦合作用认识不足，水的循环被人为所割裂，只是致力于对自然水循环进行系统监测，而对社会水循环缺乏系统研究；在流域水资源评价中，论证自然水循环水量平衡较多，考虑社会水循环水质平衡影响较少，评价结果往往与现实状况不相符合，不能客观反映某一流域或区域可利用水资源量到底有多少。因此，只开展蒸发、降水、径流等自然水循环监测是不够的，还要开展取水、输水、用水、排水等社会水循环监测。只有这样，才能有效控制水污染和改善水环境，这是解决水危机的重要环节。

1.4.2　优化设计目标

本书旨在围绕松花江流域饮水安全和生态安全为目标，着眼于流域整体水循环系统，在调查摸清松花江流域水循环监测现状基础上，通过系统分析流域水循环要素，划分松花江流域自然水循环和社会水循环单元，分别设计可满足监测需要的自然水循环监测体系和社会水循环监测体系。通过综合分析自然与社会两大水循环系统的相互关系，构建松花江流域面向水质安全的水循环监测体系和监测断面平台，并提出建立水循环监测信息共享机制建议，以实现松花江流域水循环监测断面、监测技术、监测信息、评价结果共享，为建立松花江流域水质水量联合调控技术体系提供基础平台，为保障松花江流域水质安全提供技术支撑，满足水资源管理与保护、水功能区监测及管理、水质分析预测的需要。

1.4.3　优化设计原则

（1）坚持统筹兼顾的原则

在认真总结分析水质监测站网现状和存在问题的基础上，本着水质与水量结合，自然循环与社会循环结合，统一规划、合理配置的原则，结合水功能区管理提出水质站网设计方案，重点加强流域已确定的重要江河、湖泊、省界水体、重要供水水源地、主要入河排污口的站点设置，以保证对全水域或某重点水域起到控制作用。

（2）坚持注重实效的原则

保证监测质量是站网优化设计的基本要求，优化设计后的各监测站点的监测数据必须能真实地反映流域水质的客观状况。因此，对站网进行优化设计必须从实际出发，以有利于保证监测质量为准则。在原有站网布设薄弱的区域增设新站点，在站网过于集中的区域，应根据实际情况，适当撤并或将部分站点疏散转移到合适的位置，以保证全面掌握水质状况。

（3）坚持经济实效的原则

站网优化设计应根据不同河道、湖库水质变化的实际情况，将监测站点从功能和职责上加以区分和规范。按突出重点、兼顾一般原则，将少数地理位置重要、技术设备比较好的监测站确定为中心重点站，保留多功能职责，负责综合性的监测任务。这样既可以突出重点，保证质量，又可以减少不必要的劳动，把节省下来的资金用于人员培训、更新设备、改善监测条件上，从而促进水质监测工作的提高和发展。

（4）坚持便于实施的原则

站网优化设计应充分考虑水体的水文（流向、流速、流量）、气候、地质、地貌等特征，在水体入河排污口、水土流失区、取水水源地、湖泊水库出入口等重要的水资源管理与保护工作点设置站点和断面。应尽可能与现有水文站相结合，以便取得水质、水量的同步资料，便于整理统计，提高资料的使用价值。所设监测站点在实际开展工作中，应保证取样安全可靠、传递快速、人员生活供给有保障。为此，要尽量将监测站点设置在河床顺直、水流平缓、交通和生活等条件比较便利的地方。

1.4.4 优化设计内容

1.4.4.1 水循环监测体系现状调查

（1）水循环监测现状调查

收集、整理松花江流域已有水文、水质、水量等监测数据，调查松花江流域现有水质水量监测网络，全面掌握监测断面分布、控制范围、分布密度、监控指标、监测目的等基本情况。

（2）水循环监测现状分析

在水循环监测现状调查的基础上，结合流域水文特征和水循环特点，对现有监测站点的科学性和合理性进行分析和论证，找出现有监测体系的不足之处及需要改进之处。

1.4.4.2 自然水循环监测体系研究

（1）自然水循环监测站网设计

在现有流域水环境监测站网基础上，把自然水循环中地表水和地下水作为一个整体，查清流域内河流水系、湖泊、水库地表水体的空间分布、各水体的天然补给来源、径流过程、地表水和地下水的互补关系、排泄去向，并考虑社会水循环和自然水循环之间的相互影响，提出可以满足自然水循环监测需要的水质监测站网设计方案。

（2）自然水循环监测技术研究

结合自然水循环各环节特点，开展自然水循环监测技术研究。运用常规监测、移动监测、自动监测等数据采集技术，实现对地表水和地下水监测。应用遥感技术与同位素示踪技术实现对地下水的动态监测。

1.4.4.3 社会水循环监测体系研究

（1）社会水循环监测站网设计

社会取水、用水、排水过程改变了天然状态下流域降水、蒸发、产流、汇流、入渗、排泄等水循环特征，将松花江流域社会水循环的“取水—输水—用水—耗水—排水”五大过程作为一个整体，结合流域社会经济发展用水和排水情况，提出可以满足社会水循环监测需要的水质水量监测站网设计方案。

（2）社会水循环监测技术研究

在系统分析社会水循环各环节关系的基础上，结合社会水循环各环节的特点，系统建立社会水循环监测技术体系，探索社会水循环水质水量同步监测技术，构建社会水循环监测体系框架，为实现水量、水质的联合调控提供技术支撑。

1.4.4.4 水循环信息共享机制研究

水循环系统本来是一个相互联系、相互影响的统一整体，由于体制原因，目前对水循环各环节的监测分属于不同部门。水利部门主要监测降水、地表水和农村用水；城建部门主要监测城市用水；农业部门主要监测农业用水和土壤水；国土资源部门主要监测地下水；环保部门主要监测废(污)水。不仅如此，部门和属地管理人为割裂了水循环系统的内在联系，不利于对水循环系统整体的科学认知和对水资源问题深层次的揭示。因此，面向水质安全水循环监测体系设计，应考虑行业部门和属地之间的协调，实现水循环监测信息共享。

水循环信息共享机制研究，既包括环保、水利、城建、农业、国土资源等不同部门之间的信息共享机制研究，又包括流域机构与省市地方行政部门之间的信息共享机制研究。从保障流域整体水质安全的角度出发，打破行业之间和部门之间垄断，在原有行业部门水质监测网络的基础上，提出统一监测断面、监测项目、监测方法、监测手段的监测技术体系，提出多部门监测信息共享机制的建议，为整合松花江流域水质监测体系创造良好的外部条件，为流域水污染防治提供良好的信息基础。

1.4.5 优化设计路线

松花江流域水质安全水循环监测体系优化设计路线见图 1-1。

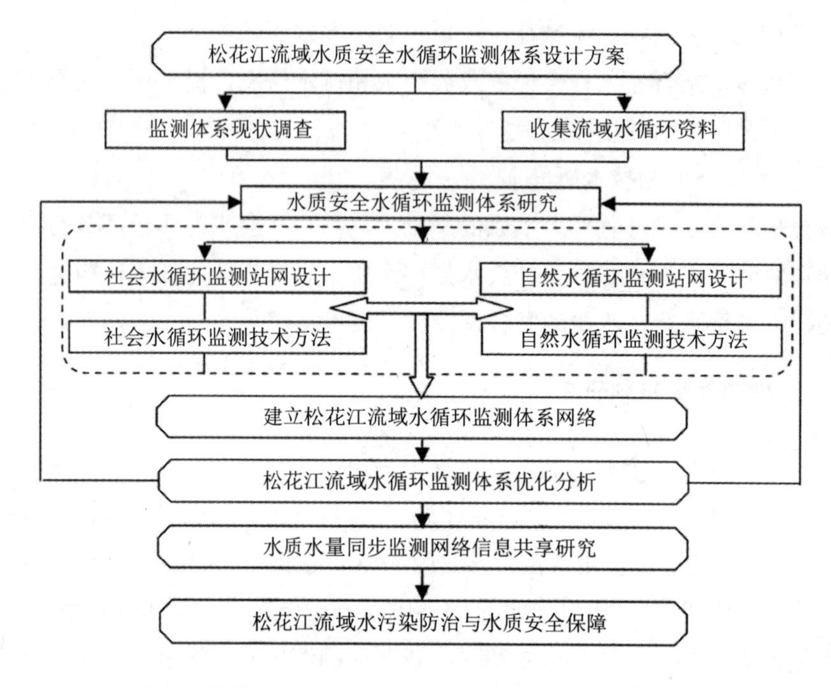

图 1-1 松花江流域水质安全水循环监测体系技术路线图

第 2 章　水循环与水资源

2.1　水循环

水循环是指地球上的水在太阳辐射和重力作用下，以蒸发、降水和径流等方式往返于大气、陆地和海洋间周而复始的运动过程。在水循环过程中，大气中水汽主要来源于海洋上的蒸发，约有 15% 来自海洋的水汽由大汽环流带到陆地上空，这些水汽形成陆面上降水的 89%。另外 11% 的陆面上降水来自陆地本身的蒸发所产生的水汽。按多年平均来说，海洋中的水量保持平衡，陆地上各类水体中水量也收支相抵，水体中水不断更新补充，使淡水周而复始，不断净化。

2.1.1　自然水循环

水是人类生产和生活不可缺少的自然资源，也是世间万物赖以生存、发展的生命之源。水是构成人体的重要成分，占成人体重的 60% ～ 70%，哺乳动物含水 60% ～ 68%，植物含水 75% ～ 90%。如果没有水，物种就要灭绝，人类无法生存，地球将成为一片死寂之地。

水是可再生的循环型资源。水在自然界中以固态、液态、气态这 3 种方式存在，在水圈、大气圈、岩石圈、生物圈范围内处于往复不停循环运动状态中。在太阳辐射和地心吸引力的作用下，水从海洋蒸发变成云（水汽），云被风输送到大陆上空，又以雨或雪的形式降落到地面，部分蒸发，部分渗入地下或汇入河川形成地下径流和地表径流，最终又回归大海。水的这种周而复始的循环运动称为水的自然水文循环，简称水文循环。

水文循环过程可分为大循环和小循环两种类型，如图 2-1 所示。大循环就是从海洋上蒸发的水汽随大气运动进入大陆上空，在适当的条件下凝结，又以降水的形式降落到地表，一部分降水可被植被拦截住或被植物散发，降落到地面的水可以形成地表径流。渗入地下的水一部分以地下径流形式进入河道，成为河川径流一部分；一部分向深层渗透，在一定的条件下溢出成为不同形式的泉水。地表水、地下水和返回地面的部分地下水，最终沿着江河水系或地下水系注入海洋。

大循环是由许多小循环组成的复杂过程，从海洋蒸发的水汽，其中一部分被气流带至大陆上空，遇冷凝结降雨，在海洋边缘地区部分降雨形成径流返回海洋，部分水汽则蒸发上升，随同海洋输送来的水汽向内陆输送至离海洋更远的地方凝结降雨，然后再蒸发到上空气团中去，这样愈向内陆水汽愈少，直至远离海洋的内陆，由于水汽含量很少而已不能形成降雨为止。这种循环过程称为内陆循环。在内陆循环过程中，形成径流回到海洋的水分，对内陆循环不再发生作用，而蒸发后吹向内陆的水分则继续参加水分循环，这种水分包括大气下层的水汽，土壤上层的水分，冰川积雪区的水分，所有这些水分，经过再蒸发顺着气流的运行而推向内陆，增加内陆循环的水汽。一个地区如地面和地下储水比较丰富，蒸发水汽量较多，内陆循环就比较活跃。在内陆循环旺盛的地区，活跃的内陆循环在促进凝结降水方面起了一定的作用，因此增大陆面蒸发，对改善陆地降水状况，特别是温湿状况是有好处的。

小循环分为两种：一是海洋小循环，就是从海洋表面蒸发的水汽，在海洋上空成云致雨，然后再降落到海洋表面上，这样的局部水循环过程，称为海洋小循环；一是陆地小循环，就是从陆地表面蒸发的水汽，在内陆上空成云致雨，然后再降落到大陆表面上，这样的局部水循环过程，称为陆地小循环。

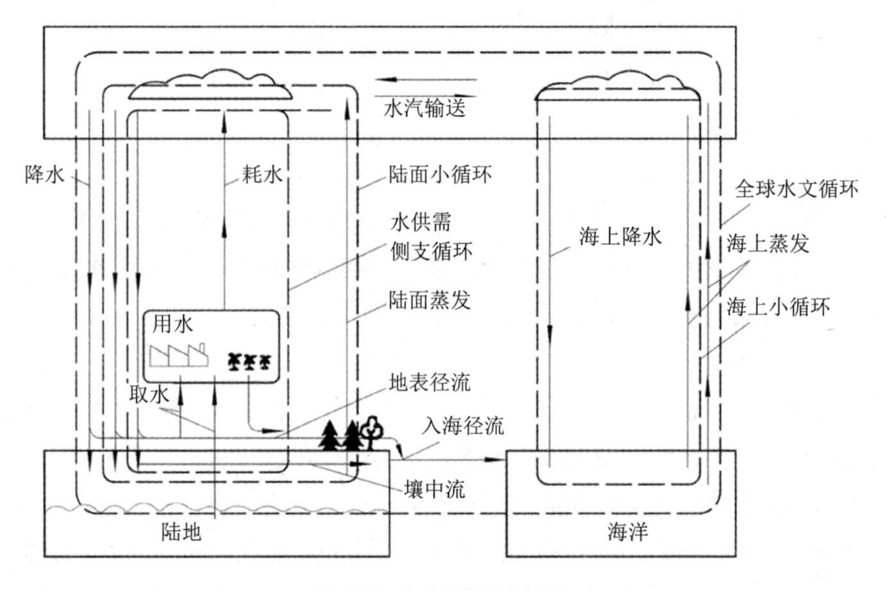

图 2-1 水文循环示意图

2.1.1.1 自然水文循环总量

全球淡水补给依赖于海洋表面的蒸发。每年海洋要蒸发掉 50.5×10^4 km^3 的海水，即约 1.4m 厚的水层。此外，陆地表面还要蒸发 7.2×10^4 km^3 的水。

全部降水中有 80% 降落到海洋中，即 45.8×10^4 km^3/a，其余 11.9×10^4 km^3/a 的降水降落于陆地表面。每年陆地表面的降水量超过蒸发量，地表降水量和蒸发量之差就形成了全球地表径流和地下水径流总量，大约 4.7×10^4 km^3/a。地球每年的水循环中，海洋以及陆地的蒸发可以看成是水循环的起点，通过蒸发、输送、降水、径流等复杂的过程，完成水的循环运动。

蒸发量的多少在一定程度上影响着当地的降雨和气候。不同地区的蒸发量一般并不相同，有些甚至相差很大。例如，非洲纳米比亚的温德霍克地处高原，沿海为沙漠，西面为大西洋，气候较热，蒸发量大，全年蒸发量为 3 467mm；而欧洲俄罗斯首都莫斯科全年蒸发量为 300mm，前者比后者多蒸发近 11 倍。

2.1.1.2 自然水文循环作用

地球上的各种水体通过蒸发（包括植物蒸腾）、水汽输送、降水、下渗、地表径流和地下径流等一系列过程和环节，把大气圈、水圈、岩石圈和生物圈有机地联系起来，构成一个庞大的水循环系统。在水循环系统中，水在连续不断地运动、转化，使地球上各种水体处于不断更新状态，从而维持全球水的动态平衡。

（1）直接影响气候变化

通过蒸发进入大气的水汽是产生云、雨和闪电等现象的主要物质基础，而空气中水汽的含量将直接决定区域的湿润状况。水循环还可使部分海洋水汽随大气流深入大陆内部，在一定程度上减轻内陆的干燥程度，改变其自然景观。自然水循环又同时维持着地球热量的平衡。水循环使得不同时段、不同地域内的水热状况得到重新分配，如水通过蒸发形式在某个时间和地区将太阳辐射转变为潜能，经过水循环，在另一个时间和地区内又通过降水形式将潜能释放。海洋中的暖流由低纬地区流向高纬地区时所释放的热量提高了周围地区的气温；寒流由高纬地区流向低纬地区时吸收了热量，降低了周围地区的气温。

（2）改变局部地形地貌

降水形成的径流冲刷和侵蚀地面，形成沟溪江河；水流搬运大量泥沙，可堆积成冲积平原；渗入地下的水溶解岩层中的物质，富集盐分输入大海；易溶解的岩石受到水流强烈侵蚀和溶解作用，可形成岩溶等地貌。

（3）提供生物生存用水

水是万物生命之源，不仅滋养着世间万物，而且对人类的生存发展和食物生产具有不可替代的作用。据资料显示，生产 1kg 小麦需水 0.5 ～ 1.0m^3，生产蔬菜、水果需水量则更大；而发展畜牧业也需要大量的水，一头羊每天需水 0.015 ～ 0.02m^3，一头牛每天需水 0.05 ～ 0.08m^3，同时还需要考虑草场、饲料地的灌溉用水问题；此外，渔业生产更离不开水。水除了用于农、牧、林业之外，工业生产也更加离不开水。

（4）造就巨大再生资源

水文循环造就了巨大的、可以重复使用的再生水资源，使人类获得永不枯竭的水源，为一切生物提供不可缺少的水分；大气降水把天空中游离的氮素带到地面，滋养植物；陆地上的径流又把大量的有机质送入海洋，供养海洋生物；而海洋生物又是人类食物和制造肥料的重要来源。水文循环所带来的洪水和干旱，也会给人类和生物造成威胁。

（5）造就巨大能源基地

地表水体载舟航运是自远古以来利用频率最高的一项功能，而温度较高的地下水又是一种干净的热能资源。此外水力发电的开发和利用又为人类带来了另一个巨大的能源基地。据世界能源会议的资料，全世界的水能资源理论容量为 50.5×10^8 kW，可能开发的水能资源储算装机容量为 22.61×10^8 kW，占理论容量的 45%。而地球上水能资源的贮量及可开发的水能资源分布不均匀，可开发的装机容量 22.61×10^8 kW 中，亚洲为 9.05×10^8 kW，约占世界总量 40%。全球每年可开发的水能发电量为 9.8×10^{12} kWh，其中亚洲为 3.54×10^{12} kWh，占 36%，见表 2-1。

表 2-1 各洲可能开发的水资源

地点	可能开发的装机容量 /10^8 kW	可能开发的水能发电量 /（10^{12} kWh/a）	陆地面积 / km^2	每平方公里可能开发水能发电量 /（10^4 kWh/a）
亚洲	9.05	3.54	4348	8.14
欧洲	2.63	0.92	1050	8.76
非洲	4.37	2.02	3012	6.71
南美洲	3.29	1.85	3061	6.04
北美洲	2.90	1.27	2139	5.94
大洋洲	0.37	0.20	895	2.33
总计	22.61	9.80	14505	6.76

注：资料引自联合国教科文组织，1985。

亚洲水能资源总量是丰富的，但利用时间上每年只有 3 910h，低于世界平均水平。按发电量计算，每平方公里可能开发的水能发电量以南美洲最高，每年为 8.98×10^4 kWh，其次是欧洲，每年为 8.76×10^4 kWh，亚洲居第三位。按人口计算，平均可开发的水能发电量全球每年每人为 2 261kWh，最高的是大洋洲，每年每人为 9 090kWh；其次是北美洲，每年每人为 5 200kWh；第三是南美洲，每年每人为 5 150kWh 发电量。见图 2-2。

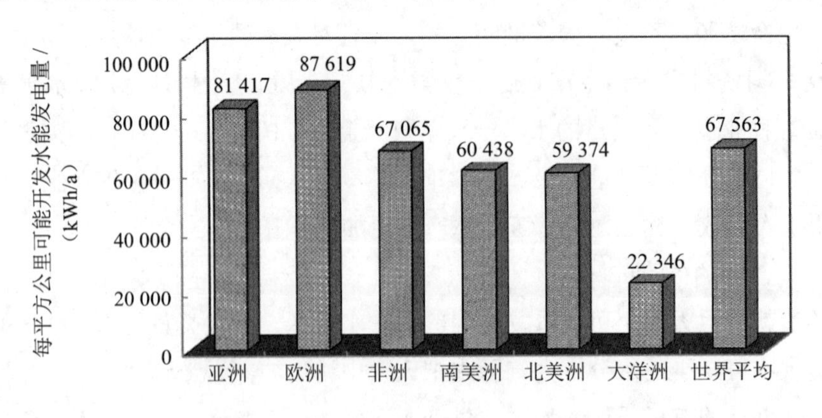

图 2-2 每平方公里可能开发水能发电量

2.1.1.3　自然水文循环特点

（1）水在自然界中通过蒸发、降水等过程循环流动，给人类带来了巨大的能源和自然资源，但水循环并非是一个简单的蒸发、降水重复过程。水资源的质与量及其分布状况是自然历史发展的产物，它既有历史继承性的一面，又有不断变化发展新生性的一面。虽然目前还难以详细地研究水文循环历史演化的全貌，但地史学、地貌学、古水文地质及古气候研究成果已经证明了水文循环是个不断演化过程。同时，自然水文循环又是一个错综复杂动态平衡系统。在水循环的过程中涉及蒸发、蒸腾、降水下渗、径流等各个环节，而且这些环节相互交错进行。例如蒸发现象既存在于海洋、江河、湖沼和冰雪等水体表面，也存在于土壤、植物的蒸发和蒸腾作用，甚至连动物、人体也无时无地不在进行水分的蒸发。虽然我们常常将蒸发看成是水循环的起点，但是实际上，水的整个循环过程是无始无终的，蒸发贯穿于水循环的全过程，如降水、径流过程中随时随地都存在蒸发现象。正是水循环的这种复杂动态系统特性，使得水在地球上不断得以循环往复更新，滋养着地球上的万物。

（2）在水的自然循环中，不但存在水量的平衡关系，而且还存在着水质的动态平衡关系，即水质的可再生性。水质的动态平衡关系体现在水由雨、雪降落到地面和自然水体之后，挟带一定量的有机或无机物质，在水的地下、地表径流的运动中，这些物质通过物理稀释、化学反应或被水中的微生物所分解，使得水质维持在原有水平上，在水的整个运动过程中形成一个动态平衡。

2.1.2　社会水循环

除了水的自然循环外，还有水的社会循环。人类活动不断地改变着地表植被的性质和状态，干扰水气在地表水和大气界面上的转换，形成人类活动对水文循环过程的影响。人类在生产、生活活动中取水、用水、耗水、排水造成局部水文循环，成为陆面水文循环中的一个侧支，并对陆面水文循环产生影响。

2.1.2.1　社会水循环概念

水的社会循环是指在水的自然循环中，人类不断地利用其中的地下径流或地表径流满足生活与生产活动之需而产生的人工水循环。最典型的社会水循环莫过于城市用水了，例如，城市从自然水体中取水，经过净化处理后供给工业、商业、市政和居民使用，用水户产生的污水、废水经排水系统输送到污水处理厂，处理之后又排入自然水体，从而构成了社会循环，见图 2-3。

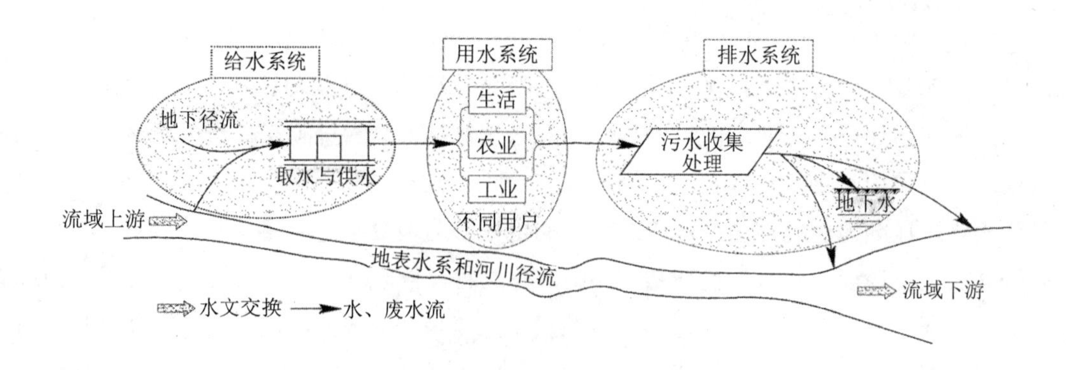

图 2-3 水的社会循环示意图

由图 2-3 可以看出，水的社会循环系统可分成给水系统和排水系统两大部分，这两部分是不可分割的统一有机体。给水系统是自然水的提取、加工、供应和使用过程，它好比是水社会循环的动脉；而用后污水的收集、处理与排放这一排水系统则是水社会循环的静脉，两者不可偏废任何一方。在这之中，人类使用后的污水若不经处理直接排入水体，超出了水体自净的能力，则自然健康的水体将被破坏，水体遭受污染，从而也将进一步影响人类对水资源的利用。由此可见，在水的社会循环中，污（废）水的收集与处理系统是能否维持水社会循环的可持续性的关键，是连接水社会循环与自然循环的纽带。

2.1.2.2 社会水循环影响

当前水危机的原因是水的社会循环量和质（污染物）的过度增加，社会水循环不仅极大地影响和破坏了原有的自然水循环规律，也反过来制约了社会水循环的持续性。迄今为止，人们在水资源评价中，论证自然水循环水量平衡较多，考虑社会水循环水质平衡影响较少，评价结果往往与现实状况不相符合，不能反映某一区域不同水质类别的水到底有多少数量，分布在什么地方。因此，只开展自然水循环蒸发、降水、径流监测不够全面，同时还要监测社会水循环取水、输水、用水、排水过程，才能有效控制水污染和改善水环境，这是解决水危机的重要环节。

社会水循环对水环境影响方式可分两种：一种是对水环境的间接干预，即通过人类活动引起环境的变化影响水资源系统的输入输出过程；另一种是以改变水循环系统结构方式直接干扰、改变水环境和水资源的自然状态。

水在社会循环中形成的生活污水和各种工业废水是天然水体最大的污染来源。随着工农业生产的发展，城镇的扩增，人口的增多，对水的需求量日益增加，同时也使废水排放量增加。由于未经处理的废水会使某些有害物质进入水体，引起天然水体发生物理和化学上的变化，使水质变坏，即水体受到污染。

2.1.3　社会与自然水循环关系

整个水环境系统包括水的自然循环和社会循环。水在自然循环和社会循环过程中总会混入多种多样的杂质，其中包括自然界各种地球化学和生物过程的产物，也包括人类生活和生产的各种废弃物。水体中的各种物质在水体中进行循环与变化，当水中某些杂质的数量达到一定程度后，就会对人类环境或水的作用产生许多不良影响，这就是水的环境效应。

水的社会循环是水自然水文循环的一个附加组成部分，是水文循环的一个带有人类印记的特殊的水循环类型。即使是这样，社会循环仍旧包含于水的地球大循环之下，并且对它产生强烈的相互交流作用，不同程度地改变着世界上水的循环运动。也就是说，水的社会循环依赖于自然循环，又对水的自然循环造成了不可忽视的负面影响。实际上，人类社会水循环不仅仅包括从河道取水供自身之饮用和生活，也包括为了维持工农业生产和人工生态系统的取水和用于获取水力能源的使用。而且，在某种程度上，为了维持人工生态系统的良好生存和发展，其所需要的水资源数量往往更加庞大而又易于被忽略。图 2-4 为水的自然循环和社会循环示意图。

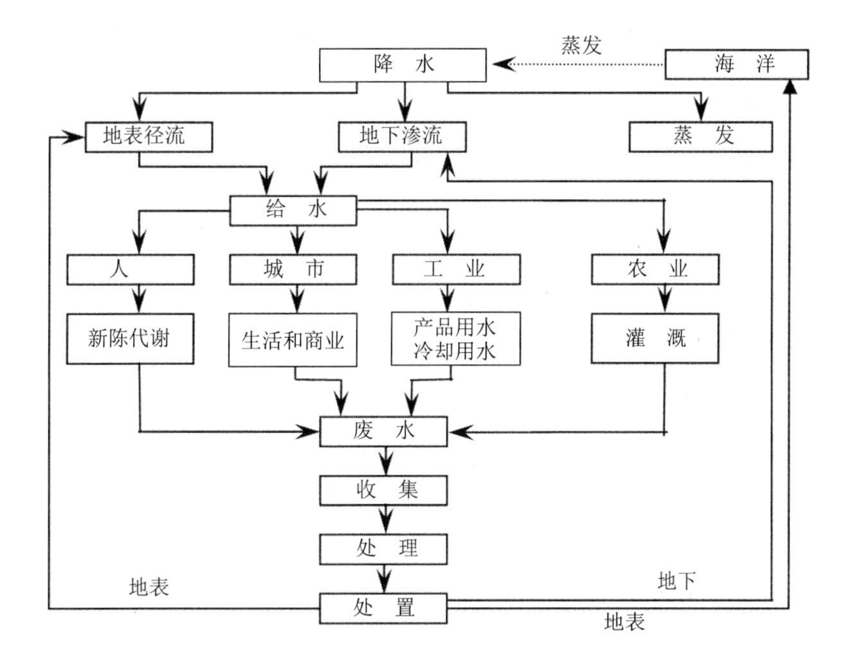

图 2-4　水的自然循环和社会循环示意图

开发利用水资源是人类对水资源时空分布进行干预的直接方式。修建水库、水坝、引水渠、开采地下水等，通过人为干扰，使自然系统的结构发生改变，形成新的水文情势。社会水循环对自然水循环的负面影响主要包括以下几点：

2.1.3.1 水循环时空变化

由于人类活动的介入，使得地球上完全按照自然循环规律进行的水文循环的途径发生了相应的变化。例如，人工创造的“水往高处流”、“人工降雨技术”等，把本来不是在某个地方的水资源转移到某地以获取更大的利益。人工水库、人工运河、大坝、长距离跨流域引水等水利工程都大规模地截流水量，改变水循环的途径，这些用水活动都在不同程度上影响了当地的水文循环，进而也影响着全球的水循环和热量平衡。

目前发达国家的水电开发率平均已经达到60%以上，有的国家甚至高达90%以上。中国是世界上拥有大坝最多的国家，迄今为止除了怒江和雅鲁藏布江外，所有大小江河的干流或支流上都有密如蛛网的水坝，总数竟然超过万座。大坝已经被看作是解决洪水或水灾、解决能源供需矛盾和实现大面积农业灌溉的优先选择。然而，拦截地表水有可能使下游河段过水量减少，甚至干涸，导致河流对地下水补给量的锐减，区域地下水位降低，入海水量减少；从地表水体引水或跨流域调水，会加大地表水的分支流域，使水的更新周期延长，水流的分散性增强，有可能影响地表水的更新周期和运动节律，形成新的水量、盐分、沙量的平衡关系；地下水的开发利用也会产生类似的问题。例如1964年竣工的阿斯旺大坝，它一度成为埃及的骄傲，它结束了尼罗河年年泛滥的历史，生产了廉价的电力，还灌溉了农田。然而近年来人们发现，它也破坏了尼罗河流域的生态平衡，引发一系列灾难：两岸土壤盐渍化，河口三角洲收缩，血吸虫病流行等。

2.1.3.2 水循环数量变化

人类提取的径流量每年达到全球可更新水资源总量的10%左右，显著地改变了地表河流的入海量，使得不同层次区域上水循环量发生了显著的变化。

据加拿大安大略都市排水委员会的研究成果：在城市化前当地降水量中，约有50%入渗补给地下水，10%形成地表径流，40%消耗于蒸发、蒸腾；城市化后，向地下水的转化量明显减少，一般只有32%，蒸发、蒸腾减少为25%，由下水道排放的地表径流急剧增大到43%，与此同时，由于大量生活污水进入河网，加上城市面源、点源污染，地表水和地下水水质也都发生了明显变化。

再如咸海，咸海是世界上较大的内陆湖，是阿姆河与锡尔河的归宿，流域面积为67×10^4 km^2，水域面积为6.45×10^4 km^2，平均容积1 000 km^3，水深大部分为20～25m，最深达67m。20世纪50年代后，由于阿姆河、锡尔河上游兴建水库，开挖运河，扩大灌溉面积，使两河原来入海水量$54.8\times10^8 m^3$减少到$30\times10^8 m^3$，1960—1973年水位下降3.5m，水面面积缩小7 000km^2，1974年后锡尔河已基本上没有长年入海径流，阿姆河的入海径流也减少了75%。到1979年咸海水位下降5m，水面缩小1.08×10^4 km^2。到1980年9月水位下降7m，水面缩小1.5×10^4 km^2。在这个过程中海水含盐量不断增高：1965

年为 10%，1970 年为 11.48%，1975 年为 12.68%，1980 年为 16%。渔业产量大幅度下降：1963 年捕捞量为 48×10^4 公担，1979 年只有（4 ～ 5）$\times10^4$ 公担。

2.1.3.3 水循环质量变化

水体经过人类用水循环的干扰以后，在水中化学物质的种类和数量上都有了极大增加。污染源包括未处理的污水、化学排放物、石油的泄漏和外溢、倾倒在废旧矿坑和矿井中的垃圾，以及从农田中冲刷出的和渗入地下的农用化学品。人类活动排出的废水中通常含有大量的氮、磷等营养物质，排入水体后易引起富营养化而可导致水体缺氧、黑臭、鱼类等水生生物死亡。其实，水质退化问题常常和水资源的可用量下降同样严重，甚至是更加重要，但是长期以来却很少有人重视这个问题，特别是在落后地区。

在人类发展史上，大约一万年以前出现的“农业革命”，把人类从只是单纯作为自然生态系统食物链的天然环节中解放出来，逐步发展了生产力，促进了人类初步的稳定繁衍。从 18 世纪开始的“工业革命”，人类攫取自然资源的能力以及高度膨胀的消费欲望，极大地刺激着生产力的发展。但是，长期以来，水环境退化却没有得到世人应有的重视，致使水质污染情况日趋严重。19 世纪中期，世界发达地区暴发了各种大规模流行病，人们开始建设下水道和污水处理设备。但是，人类活动对水质的破坏与影响事例比比皆是，从来没有停止过，而且愈演愈烈。世界主要河流半数以上已经被严重地耗竭和污染，周围的生态系统受到毒害，并使其质量下降，威胁着依赖这些生态系统人们的健康和生计。

根据环境保护部《2011 年中国环境状况公报》，全国地表水总体为轻度污染。湖泊水库富营养化问题仍突出。长江、黄河、珠江、松花江、淮河、海河、辽河、浙闽片河流、西南诸河和内陆诸河十大水系监测的 469 个国控断面中，Ⅰ～Ⅲ类、Ⅳ～Ⅴ类和劣Ⅴ类水质断面比例分别为 61.0%、25.3% 和 13.7%。主要污染指标为化学需氧量、五日生化需氧量和总磷。此外，全国以地下水源为主的城市，地下水几乎全部受到不同程度的污染，全国地下水质量状况不容乐观。根据环境保护部最新统计信息表明，2011 年对全国 200 个城市开展了地下水水质监测，共计 4 727 个监测点。水质为优良—良好—较好水质的监测点比例为 45.0%，较差—极差水质的监测点比例为 55.0%。

根据环境保护部《2011 年中国环境状况公报》，松花江水系总体为轻度污染，主要污染指标为高锰酸盐指数、总磷和五日生化需氧量，42 个国控断面中，Ⅰ～Ⅲ类、Ⅳ～Ⅴ类和劣Ⅴ类水质断面比例分别为 45.2%、40.5% 和 14.3%。松花江干流为轻度污染，主要污染指标为化学需氧量、总磷和氨氮，11 个国控断面中，Ⅲ类和Ⅳ类水质断面比例分别为 72.7% 和 27.3%。松花江支流总体为中度污染，主要污染指标为高锰酸盐指数、氨氮和五日生化需氧量，14 个国控断面中，Ⅰ～Ⅲ类、Ⅳ～Ⅴ类和劣Ⅴ类水质断面比例分别为 42.9%、28.5% 和 28.6%。省界河段总体为轻度污染，主要污染指标为总磷、高锰酸盐指数和氨氮，6 个国控断面中，Ⅰ～Ⅲ类和Ⅳ类水质断面比例分别为 66.7% 和 33.3%。

虽然水的社会循环对自然循环造成了强烈冲击，施加着不可忽视的影响。但是，只要在水的社会循环中，注意遵循水的自然循环规律，节约用水，不轻易跨流域调水；重视污水的处理程度，使排放到自然水体中的再生水能够满足水体自净的环境容量要求，就不会破坏水的自然循环，从而使自然界有限的淡水资源能够为人类持续地利用。

2.2 水资源

水资源是指地球全部可供利用的天然淡水的总称。广义的解释把地球上岩石圈、水圈、大气圈和生物圈中一切形态的水都视为水资源的潜在量，即全球水储量。从可利用角度看，水资源包括经人类控制并直接可供灌溉、发电、给水、航运、养殖等用途的地表水和地下水，以及江河、湖泊、井、泉、潮汐、港湾和养殖水域等。

陆地上各种水体都处于全球水循环过程中，不断得到大气降水的补给，通过径流、蒸发而排泄，并在长时期内保持水量的收支平衡。在多年均衡状态下，水体的贮存量称为静态水量，水体的补给量称为动态水量，前者与后者的比值即为更替周期。更替周期长的水体，如湖泊为17年，深层地下水为1 400年，取用后难以恢复，一般不宜作为长期稳定的供水水源；更替周期短的水体，如河水为16天，浅层地下水约为一年，取用后容易恢复，是人类开发利用的主要对象。水资源开发利用应以参与水循环的动态水量为上限，不宜动用静态水量。

2.2.1 水资源独特性质

水资源是发展国民经济不可缺少的重要自然资源。水资源不同于土地资源和矿产资源，有其独特的性质，只有充分认识它的特性，才能合理、有效地利用。

（1）循环性和有限性。地表水和地下水不断得到大气降水的补给，开发利用后可以恢复和更新。但各种水体的补给量是不同的和有限的，为了可持续供水，多年平均的利用量不应超过补给量。循环过程的无限性和补给量的有限性，决定了水资源在一定数量限度内才是取之不尽、用之不竭的。

（2）时空分布不均匀性。水资源在地区分布上很不均匀，年际年内变化大，给开发利用带来许多困难。为了满足各地区各部门的用水要求，必须修建蓄水、引水、提水、水井和跨流域调水工程，对天然水资源进行时空再分配。因兴修各种水利工程要受自然、技术、经济、社会条件的限制，只能控制利用水资源的一部分或大部分。由于排盐、排沙和生态环境的需要，河流应保持一定的入海水量，对地下水要适度开采。

（3）开发利用广泛性。在国计民生中，水资源的用途十分广泛，各行各业都离不开水，不仅用于农业灌溉、工业生产和城乡生活，而且还用于水力发电、航运、水产养殖、旅游娱乐等。这些用途又具有较强的竞争性。随着国民经济和社会发展，用水量不断增加是必然趋势，不少地区出现了水源不足的紧张局面，水资源短缺问题已成为当今世界面临的重大难题之一。

（4）经济上的两重性。由于降水和径流时空分布不均，形成因水过多或过少而引起洪、涝、旱、碱等自然灾害；由于水资源开发利用不当，也会造成人为灾害，如垮坝事故、土壤次生盐渍化、水体污染、海水入侵和地面沉降等。水的可供利用及可能引起灾害，决定了水资源在经济上的两重性，既有正效益也有负效益。水资源的综合开发和合理利用，应达到兴利、除害的双重目的。

2.2.2　全球水资源分布

2.2.2.1　水资源数量

地球上形态各异（气态、液态或固态）的水构成了水圈，这些自然水的总量基本上是一个恒定的数值。全球水储量共约 13.86 亿 km^3，其中包括海洋水在内的全部咸水储量占总储量的97.5%，约13.51 亿 km^3，而淡水储量包括冰川与永久积雪、地下淡水、河流等水体、大气中的水分和生物体中的水分等在内，只占总储水量的 2.5%，约 0.35 亿 km^3，其中人类难以利用的如冰川和永久积雪、永冻地层中的冰就占淡水总储量 69.5%，大都储存在南极和格陵兰地区，地下淡水量占淡水总储量 30.1%，人类能够开发利用的地下水只占其极少一部分。

通过全球水文循环，每年在全球陆地上形成的可更新淡水量为 4.7 万 km^3/a，其中外流区河流的入海径流为 4.35 万 km^3/a，冰川融化产生径流量为 0.25 万 km^3/a，内流区河流径流约 0.1 万 km^3/a。

2.2.2.2　水资源差异

水是一种具有波动性的能源，在时间和空间上分布不均且很难测量。空间上，世界各大洲自然条件不同，降水和径流量差异较大（表 2-2）。

表 2-2　世界各大洲年降水及年径流分布

大洲	面积	年降水		年径流		径流系数
	$\times 10^4 km^2$	mm	$\times 10^3 km^2$	mm	$\times 10^3 km^2$	
亚洲	4 347.5	741	32.2	332	14.41	0.45
非洲	3 012.0	740	22.3	151	4.57	0.25
北美洲	2 420.0	756	18.3	339	8.20	0.45
南美洲	1 780.0	1 596	28.4	661	11.76	0.41
南极洲	1 398.0	165	2.31	165	2.31	1.00
欧洲	1 010.0	790	8.29	306	3.21	0.39
澳洲	761.5	456	3.47	39	0.30	0.09
大洋洲（诸岛）	133.5	2 704	3.61	1 566	2.09	0.58
全球陆地	14 902.5	798	118.88	314	46.85	0.39

注：资料引自《中国资源科学百科全书》水资源学中的数字。

淡水资源的分布极不均衡，在不同国家之间，降水量和径流量的分布相差悬殊。如非洲扎伊尔河的水量占整个大陆再生水量的30%，但该河主要流经人口稀少的地区，一些人口众多的地区严重缺水。如美洲的亚马孙河，其径流量占南美总径流量的60%，但它也没有流经人口密集的地区，其丰富的水资源无法被充分利用。有些地方一年中基本上没有降水，如南美洲智利北部的阿塔卡马沙漠，最长的干旱期为375天，它的常年降水量接近于零，该区的阿里卡城实测年降水量为0.7mm，1845—1936年的91年中从未降水。而另一些地区则降水频频，如夏威夷群岛中考爱岛的韦阿利尔，1920—1958年平均年降水量为12 244mm，每年有300多天下雨。

世界上水资源丰富的国家有加拿大、巴西、前苏联、中国、美国、印度尼西亚、印度等。其中，加拿大每人占有103 607m^3，是世界平均数的11.7倍。巴西每人占有46 808m^3，是世界平均数的5.3倍；前苏联每人为19 521m^3，是世界平均数的2.2倍；印度尼西亚每人13 825m^3，是世界平均数的1.6倍；美国每人9 912m^3，是世界平均数的1.1倍。我国每人占有量只有世界平均值的4/1（表2-3）。

表2-3 世界各主要国家年径流量、人均和单位面积耕地占有水量

国家	年径流量/10^8m^3	单位面积产水量/10^4km^2	人口/亿（1990年）	人均水量/（m^3/人）	耕地/10^6hm^2	单位耕地面积水量/（m^3/hm^2）
巴西	69 500	81.5	1.49	46 808	32.3	215 170
前苏联	54 600	24.5	2.80	19 521	226.7	2 4111
加拿大	29 010	29.3	0.28	103 607	43.6	6 6536
中国	27 115	28.4	11.54	2 350	97.3	2 7867
印尼	25 300	132.8	1.83	13 825	14.2	178 169
美国	24 780	26.4	2.50	9 912	189.3	13 090
印度	20 850	60.2	8.50	2 464	164.7	12 662
日本	5 470	147.0	1.24	4 411	4.33	126 328
全世界	468 000	31.4	52.94	8 840	1 326.0	35 294

注：资料引自《中国资源科学百科全书》水资源学中的数字。

每公顷耕地平均水量最高的是巴西，为215 170m^3，是世界平均数的6.1倍；其次是印尼为178 169 m^3，是世界平均数5.0倍；第三是日本，为126 328 m^3，是世界平均数的3.6倍；第四是加拿大，为66 536 m^3，是世界平均数的1.9倍；中国每公顷耕地平均水量为27 867 m^3，只有世界平均数的79%。

从世界范围来看，人均水资源量随着人口的增加仍在不断下降，根据联合国资料，目前世界上大部分地区，尤其是发展中国家地区面临着严重的水短缺局面。21世纪如果人口增长的趋势还没有得到有效遏制的话，人类社会面临的水危机将更加严峻。

2.2.3 中国水资源数量

2.2.3.1 水资源分布

中国水资源是指中国国土上可利用的天然水的总称。在中国水资源评价中，以全部河川年径流量和部分通过水文循环补给更新的年地下水（又称浅层地下水）资源量为代表。20世纪80年代，全国多年平均河川年径流量为27 115亿m^3，占全世界径流量的5.8%。我国的河流数量虽多，但地区分布却很不均匀，全国径流总量的96%都集中在外流流域，面积占全国总面积的64%，内陆流域仅占4%，面积占全国总面积的36%；我国冰川的总面积约为5.65万km^2，总储水量约29 640亿m^3，年融水量达504.6亿m^3，分布于江河源头，冰川融水是我国河流水量的重要补给来源，对西北干旱区河流水量的补给影响较大，我国的冰川都是山岳冰川，可分为大陆性冰川与海洋性冰川两大类，其中大陆性冰川约占全国冰川面积的80%；我国湖泊的分布很不均匀，1km^2以上的湖泊有2 800余个，总面积约为8万km^2，多分布于青藏高原和长江中下游平原地区，其中淡水湖泊的面积为3.6万km^2，占总面积的45%左右。此外，中国境内每年由降水补给的浅层地下水多年平均年资源量约8 288亿m^3，其中山丘区为6 762亿m^3，平原区为1 873亿m^3。但山丘区浅层地下水的几乎全部，平原区浅层地下水近一半在枯季回归河流，成为河川年径流量的一部分。独立于河川径流量之外的浅层地下水年资源量约为1 009亿m^3。因此，全国水资源总量是河川年径流量与这部分地下水量之和，即28 124亿m^3。

根据2011年中国水资源公报，全国水资源总量为23 256.7亿m^3，松花江、辽河、海河、黄河、淮河、西北诸河北方6区水资源总量4 917.9亿m^3，占全国的21.2%；长江（含太湖）、东南诸河、珠江、西南诸河南方4区水资源总量为18 338.8亿m^3，占全国的78.8%。全国流域水资源分区水资源量见表2-4。

表2-4　2010年中国各水资源一级区水资源量　　单位：亿m^3

水资源一级区	降水总量	地表水资源量	地下水资源量	地下水与地表水资源不重复量	水资源总量
全国	55 132.9	22 213.6	7 214.5	1 043.1	23 256.7
北方6区	19 517.8	4 022.4	2 509.2	895.5	4 917.9
南方4区	35 615.1	18 191.2	4 705.3	147.6	18 338.8
松花江	4 070.5	987.3	420.5	190.1	1 177.4
辽河	1 481.0	332.1	179.8	77.9	410.0
海河	1 658.5	135.9	237.3	162.0	297.9
黄河	3 888.5	620.9	411.2	118.5	739.4
淮河	2 672.8	643.3	399.0	249.3	892.6
长江	16 603.3	7 713.6	2 138.0	124.0	7 837.6
其中：太湖	412.6	173.6	43.8	20.3	193.8
东南诸河	2 909.1	1 414.7	392.6	8.4	1 423.0
珠江	7 420.0	3 676.8	862.7	15.3	3 692.2
西南诸河	8 682.7	5 386.0	1 311.9	0.0	5 386.0
西北诸河	5 746.6	1 303.0	861.4	97.7	1 400.6

2.2.3.2　水资源特点

（1）水资源总量多，人均占有量少

我国多年平均年水资源总量为 28 124 亿 m^3，其中，多年平均河川径流量为 27 115 亿 m^3，按照 20 世纪 80 年代末各国统计资料，仅次于巴西、前苏联、加拿大居世界第 4 位。由于中国人口众多，人均水资源占有量为 2 220m^3，仅为世界人均水量的 1/4，是一个贫水国家。我国黄河、淮河、海河流域（片）人均水资源占有量在 350 ～ 750 m^3，松辽流域（片）人均水资源占有量只有 1 700 m^3，这些地区的用水紧张情况将长期存在。现在全国每年缺水约 400 亿 m^3，其中全国城市年缺水量为 60 亿 m^3。655 个城市中，已有 400 多个存在不同程度的缺水，其中又有 110 个城市严重缺水。随着工业化、城市化的快速推进，人口的不断增加，城市的缺水问题将越来越严重。

（2）水资源量年际、年内变化大

除了人均水资源量偏低外，水资源时间分布不均匀，旱涝灾害频繁。我国降雨主要受太平洋暖湿气流和西伯利亚寒潮的影响，不同年份、不同季节降雨量变化大，南方降雨比较丰沛，北方普遍干旱少雨，导致北方城市和沿海城市严重缺水。由于季风气候影响，各地降水主要发生在夏季。由于降水季节过分集中，大部分地区每年汛期连续 4 个月的降水量占全年的 60% ～ 80%，不但容易形成春旱夏涝，而且水资源量中大约有 2/3 左右是洪水径流量，形成江河的汛期洪水和非汛期的枯水。而降水量的年际剧烈变化更造成江河的特大洪水和严重枯水，甚至发生连续大水年和连续枯水年。据水利部统计，1980—2000 年水文系列与 1956—1979 年水文系列相比，黄河、淮河、海河和辽河 4 大流域降雨量平均减少 6%，地表水资源量减少 17%。海河流域因沿线多为严重缺水地区，地表水资源量更是锐减 41%，“北少南多”的水资源格局进一步加剧。

（3）水资源地区分布相差悬殊

我国水资源地区分布十分不均，相差悬殊，由东南向西北递减。水资源的空间分布和我国土地资源的分布不相匹配，占中国国土面积 47% 的西北干旱和半干旱带，年水资源量只占全国的 7%，而占全国面积约 1/3 的东南湿润和十分湿润带，却拥有全国水资源量的 81%，在西北、东南之间占全国面积 19% 的半湿润带，则占全国水资源量的 12%。

（4）水资源利用效率低，浪费严重

截至 2007 年，我国农业用水利用系数仅为 0.47，远低于发达国家 0.7 ～ 0.8 的水平。农业用水有一多半在输水、配水和田间灌溉过程中被白白浪费了。一些年久失修的灌区，跑冒滴漏现象严重，有效利用系数只有 0.2 ～ 0.4。按 2000 年可比价格计算，我国万元 GDP 用水量虽然从 20 世纪 80 年代初的 2 909 m^3 下降到 2007 年的 297 m^3，但仍是世界平均水平的两倍多。

2.2.4 中国水资源质量

2.2.4.1 河流水资源质量现状

长期以来的粗放型增长模式，使得我国江河流域普遍遭到污染，且呈上升趋势。近年来，城市污水处理设施建设速度加快，城市污水处理能力逐步提升，但由于历史原因以及城市污水处理厂与污水管网建设不配套、运行资金缺乏、监督体制不完善等诸多原因，污水真实处理率还相当低，水环境质量还远没有得到改善。

2001—2010 年我国河流水资源质量状况分析可以看出，我国河流水质总体趋势是Ⅰ～Ⅲ类水体所占比例 60% 左右，劣Ⅴ类水体比例居高不下，这说明我国河流水质退化的趋势仍未得到扼制，详见图 2-5。

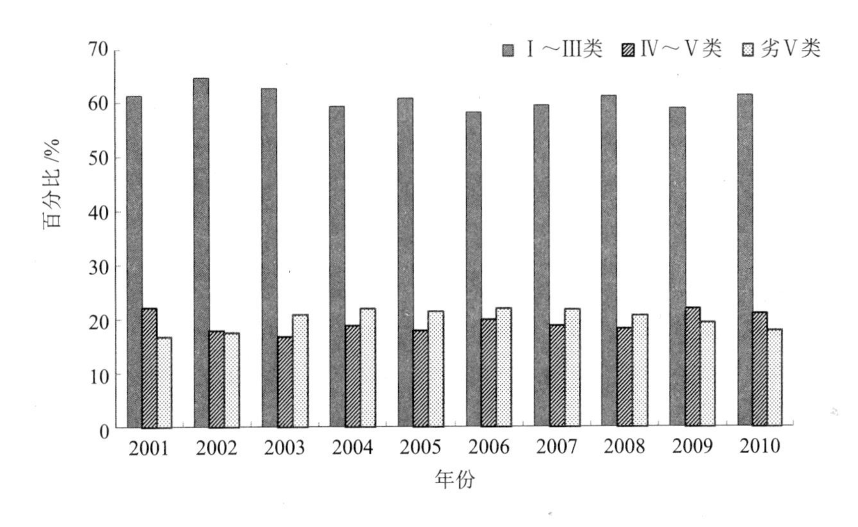

图 2-5 2001—2010 年我国河流水资源质量状况

2011 年全年河流总评价河长 189 359.3km，其中Ⅰ～Ⅲ类水河长占总评价河长的 64.2%，Ⅳ～Ⅴ类水河长占 18.6%，劣Ⅴ类水河长占 17.2%；汛期总评价河长 188 000.3km，其中Ⅰ～Ⅲ类水河长占总评价河长的 62.8%，Ⅳ～Ⅴ类水河长占 21.8%，劣Ⅴ类水河长占 15.4%；非汛期总评价河长 188 519.5km，其中Ⅰ～Ⅲ类水河长占总评价河长的 65.0%，Ⅳ～Ⅴ类水河长占 16.9%，劣Ⅴ类水河长占 18.1%，汛期Ⅰ～Ⅲ类水河长比例较非汛期低 2.3 个百分点，但劣Ⅴ类水河长比例较非汛期较汛期高 2.7 个百分点。2011 年全国河流全年水质类别比例见图 2-6。

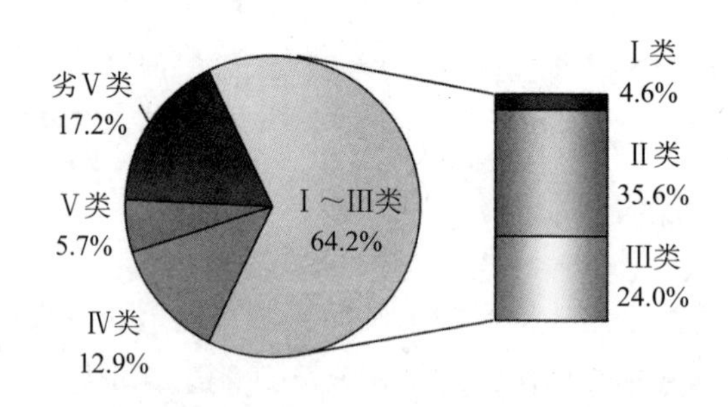

图 2-6 2011 年全国河流全年水质类别比例

2.2.4.2 主要湖泊水资源质量

2011 年对全国 103 个主要湖泊的 26 898.6km^2 水面进行了水质评价。全年总体水质为Ⅰ～Ⅲ类的湖泊有 43 个，占评价湖泊总数的 41.7%、评价水面面积的 58.8%；Ⅳ～Ⅴ类湖泊 40 个，占评价总数的 38.9%、评价水面面积的 16.5%；劣Ⅴ类湖泊 20 个，占评价总数的 19.4%、评价水面面积的 24.7%。营养化状况评价结果显示，中营养湖泊有 32 个，富营养湖泊有 71 个。在富营养化湖泊中，处于轻度富营养状态的湖泊有 42 个，占富营养化湖泊总数的 59.2%；中度富营养状态的湖泊 29 个，占富营养化湖泊总数的 40.8%。

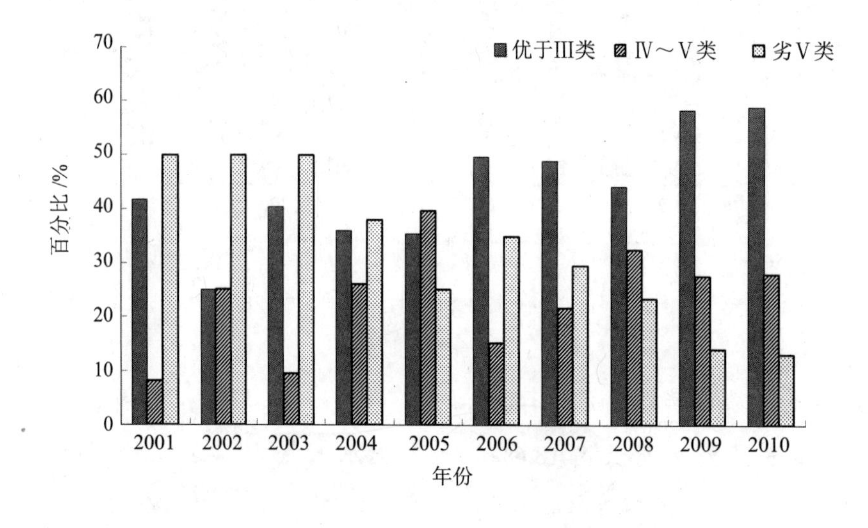

图 2-7 2001—2010 年全国湖泊水质现状

2.2.4.3 主要水库水资源质量

2011 年对全国 471 座主要水库的 1 383.5 亿 m^3 蓄水量进行了水质状况评价。全年水质为Ⅰ～Ⅲ类的水库有 382 个，占评价水库总数的 81.1%、评价蓄水量的 90.4%；Ⅳ～Ⅴ类水库 68 个，占评价水库总数的 14.4%、评价蓄水量的 8.1%；劣Ⅴ类水库 21 个，占评价水库总数的 4.5%、评价蓄水量的 1.5%。在进行营养状况评价的 455 座水库中，中营养水库 324 座，富营养水库 131 座。在富营养水库中，处于轻度富营养状态的水库 110 座，占富营养水库总数的 84.0%；中度富营养水库 20 座，占富营养水库的 15.3%；重度富营养水库 1 座，占富营养水库的 0.7%。

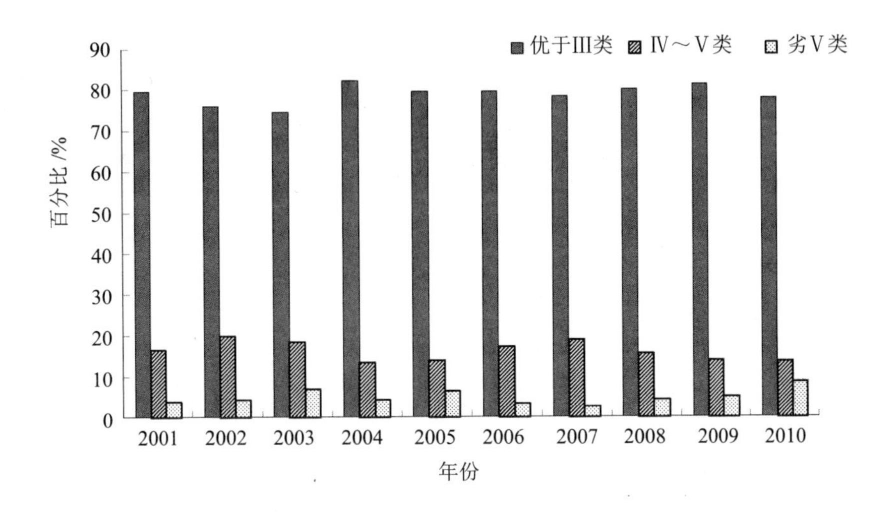

图 2-8 2001—2010 年全国水库水质现状

2.2.4.4 省界水体水资源质量

2011 年对全国 452 个省界断面的水质状况进行了评价。全年水质为 I ～III类的省界断面占评价断面总数的 55.7%，IV～V类断面占 23.7%，劣V类断面占 20.6%。主要超标项目是化学需氧量、高锰酸盐指数、氨氮、五日生化需氧量等。2011 年全国省界断面水质评价成果见图 2-9。

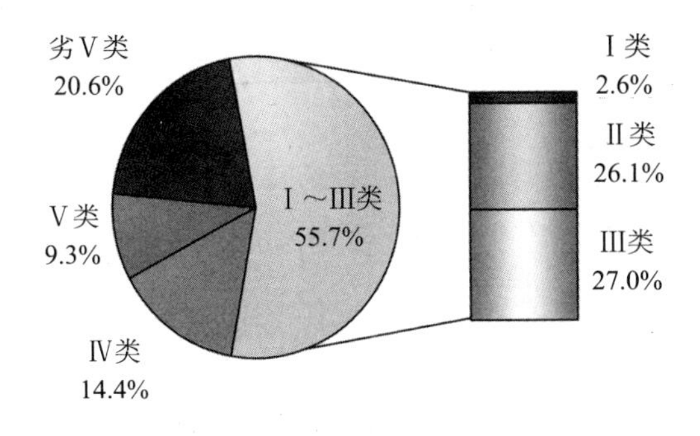

图 2-9 2011 年全国省界断面水质类别分布图

2.2.4.5 饮用水水源地水资源质量

2011 年对全国 634 个集中式饮用水水源地的水质合格状况进行了评价。其中，河流类饮用水水源地 380 个，占评价水源地总数的 59.9%；湖泊类饮用水水源地 20 个，占评价水源地总数的 3.2%；水库类饮用水水源地 234 个，占评价水源地总数的 36.9%。

按全年水质监测频次的合格率统计，水质合格率在 80.0% 及以上的集中式饮用水水源地有 452 个，占评价水源地总数的 71.3%，其中全年水质合格率达 100% 的水源地有 352 个，占评价总数的 55.5%。全年水质均不合格的水源地有 31 个，占评价水源地总数的 4.9%。从水源地水体类型看，水质合格率在 80.0% 及以上的湖泊类水源地占湖泊类水源地评价总数的 85.0%，高于水库类水源地的 76.5% 和河流类水源地的 67.4%。2011 年重点集中式生活饮用水水源地水质合格评价成果见表 2-5。

表 2-5 2011 年全国重要集中式生活饮用水水源地水质合格状况

水源地类型	评价数 / 个	合格率＝0	80% ≤合格率≤ 100	合格率＝ 100%
全国	634	4.9	71.3	55.5
河流类	380	5.0	67.4	49.7
湖泊类	20	10.0	85.0	75.0
水库类	234	4.3	76.5	63.2

2.2.5 中国水污染状况

2.2.5.1 近十年污染物排放情况

（1）废水排放情况

自 2001 年以来，废水排放总量呈持续上升趋势。其中，生活污水排放量始终呈增长趋势，而工业废水排放量近年来总体上稳中有降。

表 2-6 全国废水及其主要污染物排放量年际对比

年度	废水排放量 / 亿 t			化学需氧量排放量 / 万 t			氨氮排放量 / 万 t		
	合计	工业	生活	合计	工业	生活	合计	工业	生活
2001	433.0	202.7	230.3	1 404.8	607.5	797.3	125.2	41.3	83.9
2002	439.5	207.2	232.3	1 366.9	584.0	782.9	128.8	42.1	86.7
2003	460.0	212.4	247.6	1 333.6	511.9	821.7	129.7	40.4	89.3
2004	482.4	221.1	261.3	1 339.2	509.7	829.5	133.0	42.2	90.8
2005	524.5	243.1	281.4	1 414.2	554.7	859.4	149.8	52.5	97.3
2006	536.8	240.2	296.6	1 428.2	542.3	885.9	141.3	42.5	98.8
2007	556.8	246.6	310.2	1 381.8	511.0	870.8	132.4	34.1	98.3

年度	废水排放量 / 亿 t			化学需氧量排放量 / 万 t			氨氮排放量 / 万 t		
	合计	工业	生活	合计	工业	生活	合计	工业	生活
2008	571.7	241.7	330.0	1 320.7	457.6	863.1	127.0	29.7	97.3
2009	589.7	234.5	355.2	1 277.5	439.7	837.8	122.6	27.3	95.3
2010	617.3	237.5	379.8	1 238.1	434.8	803.3	120.3	27.3	93.0

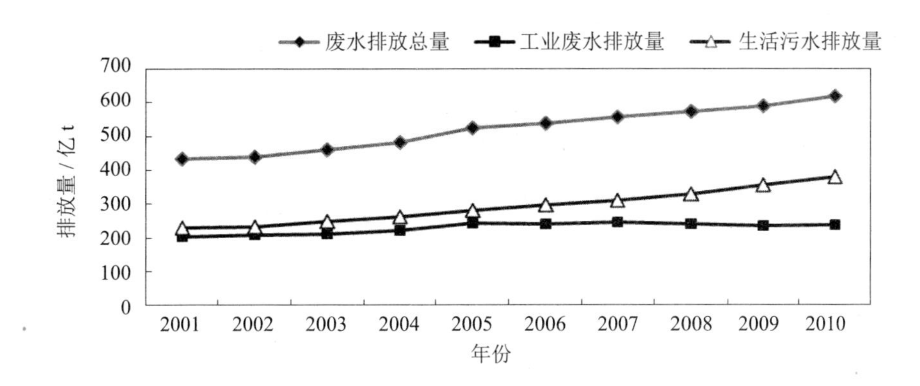

图 2-10　全国废水排放量年际对比

（2）化学需氧量排放情况

“十一五”期间，全国废水中化学需氧量排放总量、工业废水中化学需氧量排放量和生活污水中化学需氧量排放量均呈现逐年下降趋势。2010 年全国化学需氧量排放总量较 2005 年下降了 12.5%。

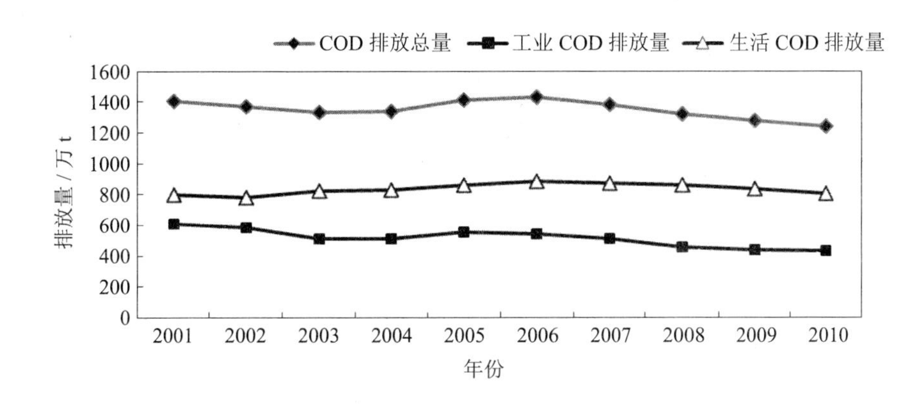

图 2-11　全国化学需氧量排放量年际对比

（3）氨氮排放情况

“十一五”期间，全国废水中氨氮排放总量、工业废水中氨氮排放量和生活污水中氨氮排放量均呈现下降趋势，且工业氨氮排放量下降较快。

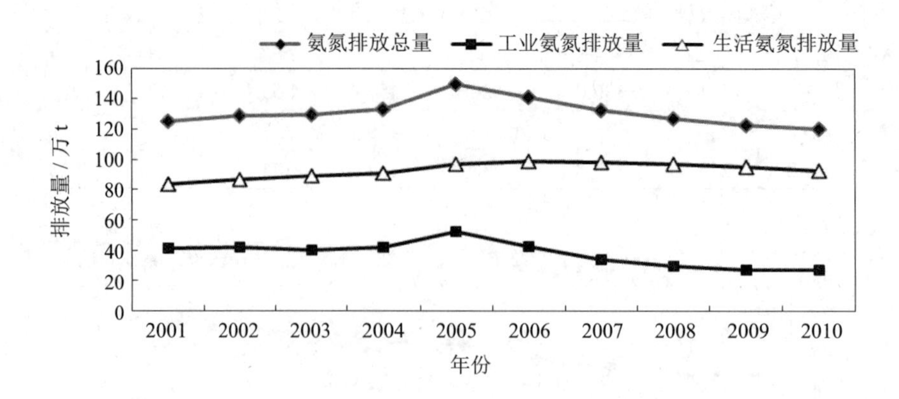

图 2-12 全国废水中氨氮排放量年际对比

2.2.5.2 十大流域污染物排放情况

（1）废水排放情况

2011 年，松花江、辽河、海河、黄河、淮河、长江、珠江、东南诸河、西南诸河和西北诸河十大流域废水排放量分别为 25.9 亿 t、27.9 亿 t、67.1 亿 t、40.9 亿 t、90.3 亿 t、213.9 亿 t、110.9 亿 t、64.1 亿 t、6.1 亿 t 和 12.2 亿 t。

表 2-7 十大流域废水排放情况 单位：亿 t

排放源	松花江	辽河	海河	黄河	淮河	长江	珠江	东南诸河	西南诸河	西北诸河
工业	8.1	10.8	22.8	14.8	33.1	70.8	31.1	31.6	2.8	5.0
生活	17.8	17.1	44.3	26.1	57.2	142.9	79.9	32.4	3.2	7.2
集中式	0.007	0.011	0.035	0.011	0.033	0.183	0.055	0.059	0.004	0.004
总计	25.9	27.9	67.1	40.9	90.3	213.9	110.9	64.1	6.1	12.2

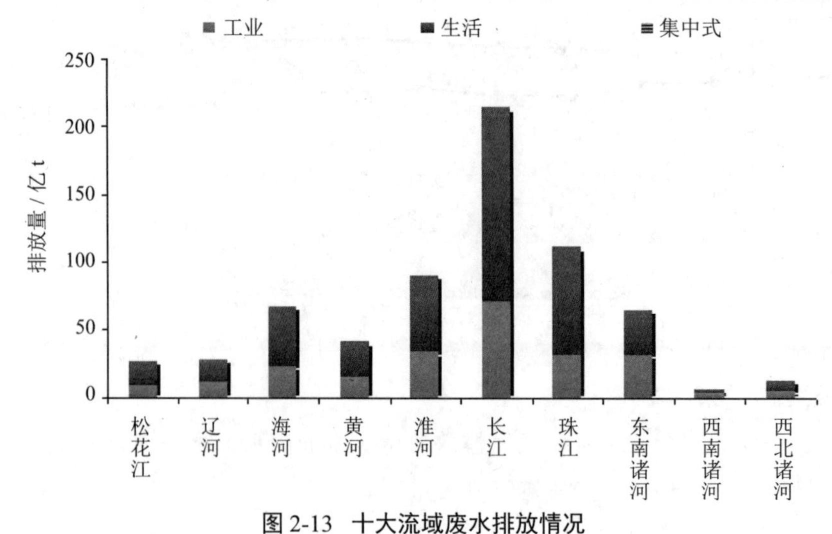

图 2-13 十大流域废水排放情况

（2）化学需氧量

2011 年，松花江、辽河、海河、黄河、淮河、长江、珠江、东南诸河、西南诸河和西北诸河十大流域废水化学需氧量排放量分别为 242.6 万 t、176.8 万 t、274.9 万 t、197.8 万 t、358.1 万 t、673.9 万 t、317.2 万 t、130.2 万 t、33.1 万 t 和 95.2 万 t。

表 2-8　十大流域化学需氧量排放情况　单位：万 t

排放源	松花江	辽河	海河	黄河	淮河	长江	珠江	东南诸河	西南诸河	西北诸河
工业	17.9	15.9	33.4	40.2	36.1	93.7	51.9	25.1	13.4	27.3
农业	167.7	118.1	175.2	88.7	198.6	249	102.4	34.3	3.2	48.8
生活	55.7	41.8	64.5	67.8	121.4	322.9	160.7	69.8	15.8	18.5
集中式	1.27	1.09	1.78	1.07	1.97	8.3	2.24	1.08	0.69	0.62
总计	242.6	176.8	274.9	197.8	358.1	673.9	317.2	130.2	33.1	95.2

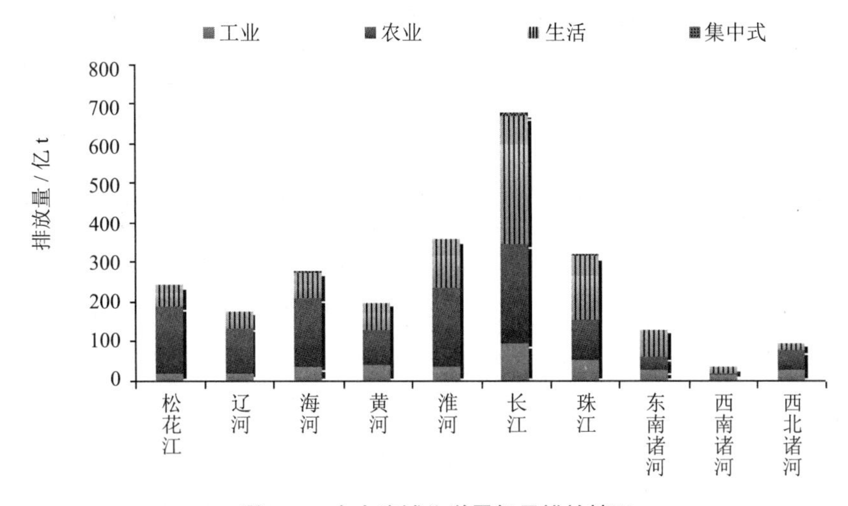

图 2-14　十大流域化学需氧量排放情况

（3）氨氮

2011 年，松花江、辽河、海河、黄河、淮河、长江、珠江、东南诸河、西南诸河和西北诸河十大流域氨氮排放量分别为 15.1 万 t、14.0 万 t、24.2 万 t、19.3 万 t、37.6 万 t、85.0 万 t、37.6 万 t、18.1 万 t、2.7 万 t 和 6.8 万 t。

表 2-9　十大流域化学需氧量排放情况　单位：万 t

排放源	松花江	辽河	海河	黄河	淮河	长江	珠江	东南诸河	西南诸河	西北诸河
工业	1.1	1.3	3.0	3.7	3.1	8.7	3.1	1.7	0.2	2.2
农业	5.2	4.5	9.2	4.0	14.8	27.2	10.7	5.0	0.5	1.5
生活	8.6	8.1	11.9	11.5	19.4	48.3	23.6	11.3	2.0	3.0
集中式	0.14	0.14	0.15	0.13	0.21	0.78	0.23	0.09	0.09	0.04
总计	15.1	14.0	24.2	19.3	37.6	85.0	37.6	18.1	2.7	6.8

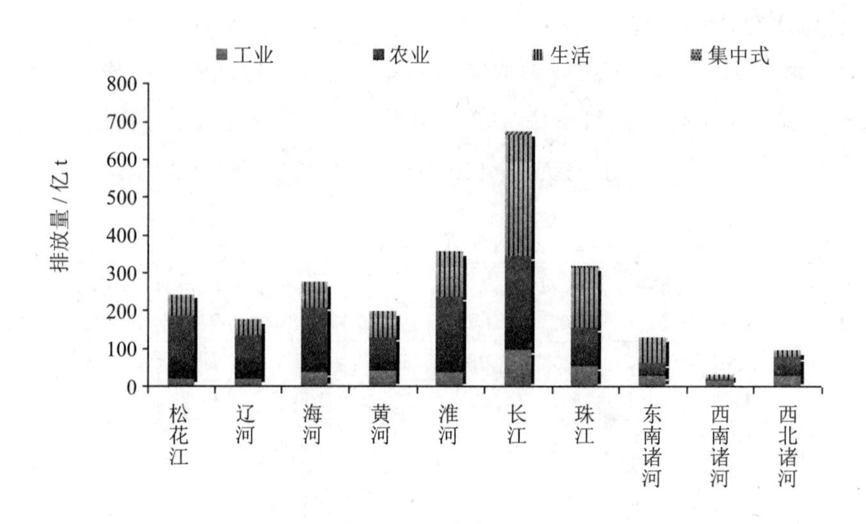

图 2-15 十大流域氨氮排放情况

2.2.6 水资源面临问题

水资源问题在全世界引起广泛重视，主要是20世纪后半叶许多国家用水量急剧上升，一些地区出现水危机，引起世界有关组织对水资源问题及其影响的重视。为此，联合国在1977 年召开世界水会议，把水资源问题提高到全球的战略高度考虑。但是随着人口膨胀、工业发展、城市化、集约农业的发展和人们生活的改善，水的供需矛盾越来越突出。1998 年世界环境与发展委员会（WCED）提出的一份报告中指出：“水资源正在取代石油而成为在全世界范围引起危机的主要问题。”1991 年国际水资源协会（IWRA）在摩洛哥召开的第七届世界水资源大会上，则进一步提出：“在干旱半干旱地区国际河流和其他水源地的使用权可能成为两国间战争的导火线”的警告。21 世纪面临的最大挑战之一是为逐渐增长的人口提供所需的水，平衡不同需水者之间的需求。

为了应对上述越来越突出的水资源问题，联合国于 2003 年首次发布《联合国水资源开发报告》，并于 2006 年 3 月在墨西哥召开的第四届“世界水资源论坛”上公布了《联合国水资源开发报告 II》，这份报告的标题为“水资源——我们共同的责任”，对全球淡水资源做了迄今为止最为全面的分析和评估，并对可持续利用、提高使用效率提出了多项建议。2009 年 3 月在土耳其伊斯坦布尔召开的第五届“世界水资源论坛”上公布了《联合国水资源开发报告III》，这份报告的主题是“架起沟通水资源问题的桥梁”。议题涵盖干旱、全球气候变化以及与水问题相关的健康、能源和农业问题，并探讨解决水问题的新技术和方案。2012 年 3 月在法国马赛召开的第六届“世界水资源论坛”上公布了《联合国水资源开发报告IV》，这份报告提出：“在世界各地用水需求不断增加的同时，很多地区的淡水供应却因气候变化而有可能减少。”据报告推测，水资源压力将加剧某些国家之间、国家内部各部门之间或地区之间的经济差异。

《联合国水资源开发报告》预测到 2025 年，全世界将有 30 亿人口缺水，涉及的国家和地区达 40 多个。21 世纪水资源正在变成一种宝贵的稀缺资源，水资源问题已不仅仅是资源问题，更成为关系到国家经济、社会可持续发展和长治久安的重大战略问题，并提出了一些值得重视的具体问题。

（1）许多河流面临枯竭。世界各地主要河流正以惊人的速度走向干涸。滋养着人类文明的河流在许多地方被掠夺式开发利用，未来的水资源已严重受到威胁。河流的枯竭将对人类、动物以及地球的未来造成一系列毁灭性影响。

（2）许多河流受到污染。工业化、城市化和集约农业的迅速发展，使许多水域和河流受到严重污染。每天有 200 万 t 的垃圾被倾倒入水中，包括工业、化学、人们用过的和农业废物（化肥、杀虫剂、杀虫剂残留物）等。有一项估算显示世界废水的产量在 1500km^3 左右。假设 1L 废水要污染 8L 淡水，那么全球受到污染的淡水总量可能会达到 12000km^3。报告指出，河流周围生态系统的“恶化和中毒”已威胁到依赖河流来灌溉、饮用及用作工业用水的人们的健康与生计。

（3）气候变化引发一些地区水文异常。据研究，北纬 30 度到南纬 30 度地区降水量将可能增加，但许多热带和亚热带地区的降雨则可能减少和变得不稳定。从一个经常出现的特殊天气条件的趋势来看，洪水、干旱、泥石流、台风等将可能增加，而河流在枯水期的流量将可能进一步减小，因为污染物量和浓度的增加以及水温的增加，水质将不可避免地恶化。最近的估算表明，今后一段时间的气候变化将使全球水紧张程度提高 20%。

（4）水资源浪费严重。世界许多地方因管道和渠沟泄漏及非法连接，有多达 30%到 40%甚至更多的水被白白浪费掉了。

（5）城市用水紧张。到 2030 年，城镇人口比例会增加到近 2/3，从而造成城市用水需求激增。报告估计将有 20 亿人口居住在棚户区和贫民窟，缺乏清洁用水和卫生设施。

（6）农业用水供需矛盾更加紧张。到 2030 年，全球粮食需求将提高 55%，这意味着需要更多的灌溉用水，而这部分用水已经占到全球人类淡水消耗的近 70%。

（7）水力资源开发不足。发展中国家有 20 多亿人得不到可靠的能源，而水是创造能源的重要资源。欧洲开发利用了 75%的水力资源。然而在非洲，60%的人还用不上电，水力资源开发率很低。

2.3　水循环研究进展

2.3.1　国内研究进展

近年来，我国水文科学研究取得了很大的变革和发展，但与国际前沿相比在不同尺度水文循环及其界面过程方面的研究仍较为薄弱。从20世纪90年代开始，我国开始重视大陆尺度水循环演化与区域地下水演化研究，1994年两院院士张宗枯首先在国内提出开展“大陆水圈水循环演化研究”的科学建议，从此拉开了我国大尺度水循环研究序幕。国家攀登计划、国家“九五”和“十五”计划、国家“973”计划、国家自然科学基金以及国土资源部、水利部等各部委科研计划都安排了一些涉及水循环问题科研项目。这些研究课题的实施，为水循环的研究奠定了基础，也取得了一些突破性的进展研究成果。

一是在水文循环要素研究进展方面，代表性的研究成果有：在降水量研究方面，对“暴雨时空分布统计循环研究”、“研究暴雨中期预报研究”等，取得一些有价值的新成果；在径流研究方面，对流域产流理论、计算方法以及模拟模型研究，尤其是，数值地貌学的理论和方法被应用于流域汇流研究，取得了一些成果；在蒸发研究方面，关于作物蒸腾土壤与潜水蒸发的研究取得较大进展，提出了一些计算新公式。

二是在水文循环过程研究进展方面，代表性研究成果有：“土壤—植物—大气系统水分运移界面过程研究”、“陆地水循环与缺水地区生态恢复机理问题”、“陆面过程和模式的研究”、“全球变化的水—碳循环模式问题”、“土—根界面过程对单根吸水的影响研究”及“土壤水势—植物叶面水势—蒸腾速率关系研究”等。

我国水文循环过程的另一个研究方面是全球气候变暖与水循环的关系研究。如“全球变暖、水循环加快与西北气候由暖干向暖湿的转型问题”，提出了以1987年左右为界，西北地区的气候由暖干向暖湿转型的看法；“全球变暖与海—陆—气相互作用”、“海洋在全球气候变化中的作用”、“气候变化对陆地水循环影响研究的问题”，指出目前主流的水文－气候模型单向连接方法存在诸多问题，并提出了改进意见。

此外，对区域水分内循环过程的研究也取得了重要成果，揭示出在我国自然条件下，当地蒸发的水分通过再循环形成的降水约占当地总降水量的10%等新事实。

三是在水循环研究方法和技术手段方面，主要的研究进展有：内陆河流域水资源转化关系的进一步认识与定量研究，在天然水循环的大模式下又附加了社会水循环，进一步认识和研究了“以水为纽带形成的水资源—社会经济—生态环境相互依存、相互制约的定量关系”；基于“单元模型思想”，采用“水文系统识别方法”，提出水文系统与生态系统耦合的模型体系；基于“水文系统识别理论”，从系统的角度，把水资源看成一个系统，来定量研究水资源量的转化关系；水文非线性系统理论的研究与应用、“3S”技术在水循环中的利用；提出了水资源可再生性的理论，是水资源承载力和水资源可持续利用的一种突破性认识和发展；提出了干旱区水资源承载能力的计算方法。

对于人类活动影响，国内外充分注意到了这一点，主要进行了两方面修正：一是人工取用水对于水资源评价的影响，目前国内外多采用“统计－还原”的手段进行修正，即将人工耗用水统计的计算量加到实测水资源量中，作为天然水资源量评价结果；二是下垫面变化造成的水资源演变，目前国内外常常采用“一致性”修正或是在评价模型中设置相应变量的方式进行处理。

1988 年，在中国科学院及中国自然科学基金支持下，我国开展了“中国气候与海平面变化及其趋势和影响的初步研究”中第 4 课题——气候变化对西北、华北水资源影响及趋势预测，这是在我国最早研究水循环（自然循环）的运动。研究了在西北、华北各个流域的自然水循环系统与水质水量的关系。在“八五”“九五”期间我国也十分注重自然水循环对水质水量的影响状况，最近一阶段由于人类的活动对环境的影响越来越大，对环境的破坏也越来越严重，所以慢慢开始研究人类的各种活动对水质水量的影响。

人工循环包括取水—输水—用水—耗水—排水五个基本的环节，将这五个环节看作一个整体，我国现阶段是从各环节的相互关联分析入手，理清人工循环交界面工程布局及规模，结合流域社会经济发展用水和排水情况，分析计算各交界面受人工控制的水量和水质通量，但这方面上的研究还不是很深入，因此有待于进一步研究。

模拟结果表明，河网水量模型的计算结果与实测数据吻合得很好，虽然出现极个别的较大误差，但也可以找出合理的原因；河网水质模型也能够清晰地反映河网内的污染物浓度。而通过水量水质实时监测决策支持系统可以对沿河水情信息和污染物信息进行很好的监测和预报。

西安理工大学蒋晓辉研究了“自然—人工”二元水循环模式，他结合国家自然科学基金，以黄河中、上游和汉江上游为例，采用现代系统科学的方法，研究了二元模式下河川径流的变化规律，并对河川径流合理的描述方法进行了探索，获得丰硕的理论和实践成果，为水资源合理开发利用提供了科学依据。

雷晓辉、白薇等对于基于二元演化模式的流域水文模型，把重点放在考虑人类活动对流域下垫面状况改变的条件下，流域产流特性的演变情况，提出一个假设：对任何一类流域下垫面，其水文响应（降雨径流关系）是固定的，不会因其面积、位置等因素而发生变化。在这个假设的基础上所有的问题归结到寻找每一种下垫面的水文响应。根据这个假设，提出建立基于二元演化模式的流域水文模型的 3 种方法：实验法、统计法、水文模型法。

张军民以新疆玛纳斯河流域为靶区，根据已有的分布式水文循环模型及水文监测资料统计分析，得出结论：绿洲引水对 2 000m 以上的山地暂无影响，但平原区水循环发生了以社会水循环为主导的二元分化。李建新、李潄宜等为确保 21 世纪初期首都北京水资源可持续利用，在官厅、密云水库上游主要河流和重点区域建立水质水量监测系统，及时掌握该地区的水质水量变化动态和突发事件，完善了水资源监管能力。

高前兆、仵彦卿等通过对我国西北内陆区水循环分析，剖析了河西内陆河流域的水循环特点；揭示了流域内的水资源以水循环为纽带，相互转化并互相联系；并对山区消耗水量，走廊、盆地、人工绿洲建设引起的地表水与地下水转化的变化和消耗水量的增加，以及内陆河下游水分亏缺问题作了分析评价；并提出了传递流域水循环整体概念、评价山区与平原绿洲之间的局部水循环、积极探讨了在西部开发中实施内陆河流域综合治理的良性循环等问题。关胜等人综合运用流动注射技术、电化学技术、现代传感技术、自动测量技术、自动控制技术、计算机应用技术、现代光机电技术的全智能化产品对COD进行自动监测并且取得了一定的效果。

评价模式上，目前国内外在水量上仍然采取分离评价的模式，或是单一的评价模式。在水量－水质方面也采用分离评价的模式，国内水资源评价中对于水质的评价采取的是各类水质代表河长法。

广泛应用于水资源评价实践的主要是水量均衡方法，经过20多年的发展，对水资源各均衡项大多界定的比较明晰。同时水资源评价模型技术亦逐步发展起来，包括新安江模型和地表－地下水资源联合评价模型等，近年一些学者也尝试将分布式水文模型技术引入到水资源评价中来。

张杰等通过多年研究，对水环境以及水循环理念有着比较独到的见解，他撰写出《水健康循环原理与应用》一书，该书从地球上水运动规律出发，研究了人类用水与水文循环的关系，指出人类用水退水的社会循环应服从自然水文循环的规律，实现社会用水健康循环。只有这样，自然水环境才能维系，水资源方可持续利用。该书系统地阐述了地球上水资源及其循环规律、我国社会水循环现状与水环境退化的原因、论述健康水循环的理念、实施方略与途径、提出城市排水系统的现代观和人类循环型用水的新模式，最后通过实践经历来分析用水环境恢复理论与社会用水健康循环的方法进行的供水系统－再生水供应系统、污水与海水资源有效利用、水环境恢复工程等方面的规划研究。

目前，松花江流域水循环的研究比较少，而且尚没有一个完整的社会水循环理论体系。吉林大学张建伟从系统论、综合信息论的观点出发，选取有代表性的松原市，对地下水循环状况以及水污染情况进行信息整理并提出建议方案。

黑龙江省环境保护局李平从松花江污染类型，污染特征等方面分析了松花江水污染现状，从全流域工业结构与布局及城市环境保护基础设施建设等多方面分析了松花江污染成因，并有针对性地提出了松花江流域管理模式、污染防治措施、体制建设及建立市场化机制等具有可操作性水污染防治对策。

张杰、李冬等基于社会用水健康循环的全新理念对第二松花江的水循环进行分析规划，显示了各地区水健康循环所带来的巨大社会、环境和经济效益。

周林飞、李青山等在湿地生态环境需水量概念内涵剖析的基础上，将生态环境需水量分为存量（蓄水量）与通量（耗水量）两个部分。提出了基于生态水面法的湿地生态环境需水量计算模型，应用该方法对扎龙湿地长序列水面面积数据进行了频率分析，继而对松花江典型湿地进行特点分析。

李青山等在分析了第二松花江支流伊通河新立城水库藻类污染成因的基础上，提出了从水库管理和现有水处理系统的改进入手，加强新立城水库外源污染控制对策措施和内源污染治理措施。在生态环境需水量方面综合分析生态环境需水的现有计算方法，结合霍林河流域河流、湖泊、湿地生态系统类型的特点，建立适合于研究区域不同生态系统类型的生态环境需水计算方法。

吉林大学汤洁等通过收集第二松花江水质水量、径流等数据分析其取排水量和径流变化对河流水质的影响变化程度，进一步分析流域社会水循环的特点与规律性；通过收集第二松花江流域自然水循环中蒸发、降水、径流量的数据，分析流域自然水循环特点与规律性；对比分析流域自然水循环与社会水循环的关系。

2.3.2 国外研究进展

在国际方面，特别是 90 年代以后，通过一系列国际研究计划实施，如国际地圈生物圈（IGBP）的“水循环的生物圈”方面核心计划（BAHC），世界气候变化（WCRP）的全球能量与水循环实验（GEWEX），又如日本的“健全的水循环系统研究”、瑞典的“一维土壤—植被—大气传输模式研究”（SWAT）、德国开展水文学区域研究、澳大利亚开展的从 1 小时到 1 年的大气与陆面间能量和水交换研究项目、印度的陆地—海洋—大气耦合模式等项目，在不同尺度上开展水文循环研究。

一是中小尺度水循环系统研究：研究范围一般小于 200km，主要研究水、热通量从大气进入不同植物、积雪场、不同土壤和不同水体后的迁移机理。发展从植被到大气环流模式网格单元时空尺度上的土壤—植被—大气系统中能量和水的通用模式（SVAT）。具有代表性的研究成果是农业水循环模拟模型（ACRU，Agricultural Catchments Research Unit，Schulze，R.E.1995），它是一个多用途的具有物理概念的确定性模型。

二是中尺度水循环系统研究：研究范围为 200 ～ 2000km，主要利用遥感技术研究植被—水的可利用性—蒸散发—气候之间的关系；利用大气环流模式研究水循环对下垫面变化的响应，修正大气环流模式，预测区域环境变化、区域开发对水循环的影响。目前研究表明，在 200 ～ 2000km 尺度上地表的非均一性，能形成强烈的大气对流。区域尺度上植被叶面的季节性变化对全球尺度的温度和降水（特别是高纬度地区）影响很大。高纬地区的温度与赤道的降水存在遥相关。陆地表面参数的变化对亚洲季风的形成、演化和强度有重要影响。

三是大尺度水循环系统研究：研究主要关注大气圈—水圈—冰雪圈—岩石圈—社会圈的水循环的综合影响研究利用 GCMS、遥感技术、世界气象观测网来预测水循环变化；模拟全球水循环及其对大气、海洋、陆面的影响；利用大气与陆面特征的全球观测值确定水循环和能量循环。美国把大陆水循环列入全球变化研究计划，认为“对较大区域和大陆尺度区域上水运动过程的大陆水循环由于它与生物、物理、化学和地质过程以及人类作用之间的极为复杂的相互作用，使之成为全球水循环中最为关键的子系统”。加拿大、英国、澳大利亚、日本、德国等科学家正在参加（GEWEX） 的密西西比河流域国际大型科学技术项目也属于此类研究。

20世纪60年代以来，用水问题在世界范围内已十分突出，加强对水资源开发利用的研究，对水资源管理和保护的研究，已是各国共同瞩目的重要课题。许多国际机构组织，如联合国本部（UN）、粮农组织（FAO）、世界气象组织（WMO）、联合国教科文组织（UNESCO）、联合国工农业发展组织（UNIDO）等对水资源均有研究项目，并积极促进开展国际合作交流。

1977年联合国在阿根廷马尔德普拉塔召开的世界水会议上，第一项决议中明确指出：没有对水资源的综合评价，就谈不上对水资源的合理规划和管理，要求各国进行一次专门的国家水平的水资源评价活动。联合国教科文组织在制定水资源评价的1979—1980年计划中，提出的工作有：制定计算水量平衡及其要素的方法，估计全球、大洲、国家、地区和流域水资源的参考水平，确定水资源规划和管理的计算方法。

80年代以后，国际水文科学协会及其他地下水委员会、国际水文地质学家协会，会同联合国教科文组织等联合召开了一系列有关水资源和地下水资源的国际协会。它反映了各阶段水资源研究和地下水资源研究的新动向。

1986年在捷克卡劳里娃里召开了国际水文地质学家协会第19届大会，主旨是地下水保护。一是讨论综合土地利用规划和农业区的地下水保护管理；二是讨论地下水保护区问题，其下分3个专题：与地下水保护有关的政策和法律的机构设置问题；孔隙、裂隙、岩溶含水层系统中的地下水保护；地下水系统中污染物质的动态作为划分保护区的基本依据。

1987年和1989年分别在罗马和德国的汉诺威举行了水资源开发评价研讨会，在研讨会上各国代表分别研究探讨了地下水水质水量问题、管理模型以及人类活动对水资源的影响和水资源的应用分析等。

在水循环模型研究方面，在全球面临资源短缺与环境恶化的背景下，世界气象组织于1979年组织并实施了世界气候研究计划。该计划的长期目标是改进和扩大对全球和区域气候的认识。研究表明，能量与水分循环是影响全球或区域尺度气候变化的主要因素。因此，世界气象组织于1988年启动了全球能量与水循环实验（Global Energy and Water Cycle Experiment, GEWEX），旨在观测和实验的基础上，研究气候变化条件下海洋—大气—陆面间能量与水分相互作用与转换及其对气候的反馈。其成果将用于改善蒸散发和降水的模拟能力，提高大气辐射和云雾模拟的精度，最终达到改进气候模式的目的。

为了进一步加强水循环研究，为水资源管理部门的决策提供科学依据，全球能量与水循环实验的未来计划主要强调以下几点：①继续开展水分观测试验、深入认识区域水分循环和水文特征；②加强对前阶段观测资料的整编、分析和研究；③研发区域性大气－陆面耦合模式，提高对降水、径流、旱涝等要素的预测精度；④开展气候变化对区域和流域水资源及生态环境影响的评价；⑤建立和加强与水资源管理部门的联系，使研究成果及时得到应用。

20世纪80年代中期以来，随着计算机技术、地理信息系统和遥感技术的发展，从水循环过程的物理机制入手并考虑水文变量的空间变异性问题，即分布式流域水文（水循环）

模型或称“白箱”模型的研究在国内外受到广泛重视，涌现出许多分布式或半分布式模型，如SHE模型、IHDM模型及TOPMODEL模型等。

西方发达国家研究水资源优化配置专家决策支持系统早于我国，已经利用现代信息技术建立了较为完备的水资源实时监控系统，建成了先进的、智能化的水资源配置专家决策支持系统，取得了巨大的社会经济效益，水质水量的研究也比较深入。韩国在水质水量的监测方面也取得了很大的进步，主要使用了遗传算法（GA）和地理信息系统（GIS）的方法设计有效的大型河流水质监测网络系统，利用地理信息系统将各个监测数据、主要参数进行分析与编辑，最终进行综合分析与评价韩国主要流域水质水量状况。

迄今为止，国内外水资源评价方法与实践均是基于“实测教还原”的一元静态模式，即通过实测水文要素后，再把实测水文系列中隐含的人类活动影响扣除，“还原”到流域水资源的天然“本底”状态。但是，随着人类活动日益加剧，还原比例越来越大，受资料条件等客观因素的限制和选取还原参数时人为主观随意性的影响，应用还原法难以获取“天然”和“人工”二元驱动力作用下的水资源量“真值”。同时，现行水资源评价方法还存一些问题，因此传统水资源评价方法和评价手段亟待改进。

水量的监测主要取决于水流的运动规律，目前国外研究水流运动规律的主要方法有三种：现场观测、物理模型试验及理论分析。由于实际工程问题边界几何形状的不规则和流动的非线性性质，理论分析解很难求得，因此，多采用实验手段和数值计算来解决。

描述河网地区河道水流运动的基本方程组是St.Venant方程组，包括连续方程和动方程，它属于非线性双曲型偏微分方程组。这类方程没有可普遍适用的解析解。随着计算机的出现和计算机技术的飞速发展，近三四十年来，在水流运动的数值计算方面也得蓬勃发展，形成了水力学的新分支——计算水力学。

Stoker是第一个将完整的St.Venant方程组用于河流洪水计算的，其后Kamphuis将显式方法用于模拟河道及水库的洪水。Cunge给出了数种显式差分格式的表达式及分析结果，对于每一计算时刻，关于计算断面的未知量，显式方法可以直接从代数方程组中得出结果。隐式方法要求解代数方程组，代数方程法求解。在迭代法中，Newton-Raphson方法以其收敛速度快的特点而较为普遍地用于求解非线性代数方程组中。Cunge等发现，对于随时间变化迅速的水流的模拟，若时间步长太大，由于线性化误差会出现数值不稳定，对于由截面在纵向及垂向变化迅速而引起的非线性，也会出现数值不稳定。同时时间步长还受精度、波形、Courant条件、空间步长及隐式格式类型的限制。

在水质监测方面国外技术水平相对较高。加拿大安大略省萨尼亚的加拿大道化学公司萨尼亚分公司将工业环境监测分为废水监测和空气排放监测，对其中每一类又根据异常排放监测和正常排放监测做了进一步细化，即目前安装在排水口用以补充现行异常排放水监测计划的最先进色谱仪，运用先进技术的同时也聘请高水平监测人员，对水质等指标监测取得很大成果。

第3章　松花江流域自然水循环状况

3.1　自然地理

松花江流域地处我国东北地区的北部，位于东经119°52′～132°31′、北纬41°42′～51°38′，东西宽920km，南北长1 070km。流域西部以大兴安岭为界，东北部以小兴安岭为界，东部与东南部以完达山脉、老爷岭、张广才岭、长白山等为界，西南部的丘陵地带是松花江和辽河两流域的分水岭。行政区涉及内蒙古、吉林、黑龙江和辽宁四省区，流域面积为56.12万km^2，其中内蒙古自治区15.86万km^2、吉林省13.17万km^2、黑龙江省27.04万km^2、辽宁省0.05万km^2。

松花江是我国七大江河之一，有南北两源。北源嫩江发源于内蒙古自治区大兴安岭伊勒呼里山，南源第二松花江发源于吉林省长白山天池，两江在三岔河汇合后始称松花江，东流到黑龙江省同江市注入黑龙江。

松花江流域三面环山，河谷阶地地形较为明显，主要平原为松嫩平原和三江平原。西部为大兴安岭，海拔高程700～1 700m；东北部为小兴安岭，海拔高程1 000～2 000m；东部与东南部为完达山脉、老爷岭、张广才岭和长白山脉，长白山主峰海拔高程2 691m，是流域内最高点；西南部的丘陵地带海拔高程250m左右。松花江流域山丘区面积占总面积的62.2%，平原区面积占37.8%。

松花江流域地处中纬度欧亚大陆东岸，太平洋西岸，属温带大陆性季风气候，流域东部距海较近，湿润多雨，西部接近蒙古高原，降水较少，多风沙天气。流域的气候特点是：春季干燥多风，夏季在太平洋副热带高压气候控制之下，多东南风，高温多雨，秋季晴冷温差大，冬季在蒙古高压气候控制之下，多为西北风，严寒漫长。

流域土地资源十分丰富，广泛分布有暗棕壤、灰化土、黑土、白浆土、黑钙土、盐渍土、沼泽土、冲积土和砂丘等。土壤质地绝大部分为黏壤土，少数为黏土及砂壤土。松花江无霜期100～160天，日照较充足，年日照时数为2 400～2 900小时，适于一年一季的农作物生长，是全国重要商品粮基地。

流域矿产资源品种多、储量丰富，石油、砂金、石墨、泥炭等储量均居全国之首，煤炭和天然气储量也很丰富，铜、铅、锌、钨、钼等有色金属的矿藏量大，分布广。

流域内松嫩平原地势低平、城市密集、人口众多、水资源开发利用程度较高；三江平原土地资源丰富，区内水资源开发利用程度已较高，但过境水资源丰富；松嫩平原周围山地主要包括西部的大兴安岭、北部的小兴安岭、东南部的张广才岭及长白山，该区河流发育，森林茂盛，人口及耕地较少，水资源相对丰富。流域已建大型水库 35 座，大型水库总库容 420.2 亿 m^3。松花江流域由于降水的时空分布不均，历史上洪涝灾害十分严重。一般全年降雨量的 80% 都集中在夏汛 6—9 月，加之松花江洪水下泄较快，而干流河床宽阔，洪水持续时间长，因此干支流下游平原地区易发生洪涝灾害。流域已建的大型水利枢纽在流域防洪、灌溉、发电等方面发挥了巨大作用，不仅提高了流域抵御水旱灾害的能力，而且为国民经济发展提供了重要的水源和廉价的能源，为流域经济社会的发展提供了支撑和保障。

3.1.1　地形地貌

松花江流域西、北、东三面环山，中、南部形成宽阔的松嫩平原，东北部为三江平原，东部为长白山系，大、小兴安岭屏峙于西北部和东北部，中南部为松花江和辽河两流域分水岭的低丘冈地，流域地貌的基本轮廓包括东部山地、松嫩平原、三江平原、大兴安岭、小兴安岭等。

西部为大兴安岭。大兴安岭以洮儿河为界，可分南、北两段，具有明显的不同地貌特征。松花江流域所辖的大兴安岭全长约 670km，山脉宽 200 ～ 300km，海拔高程 700 ～ 1 700m，北端伊勒呼里山、阿穆尔山为大兴安岭的分支。水系发育呈树枝状，主要有甘河、诺敏河、绰尔河、霍林河、洮儿河、乌力吉木伦河等，自西北向东南流至松嫩平原。发育于东坡的河流比降大，多峡谷，其他河流谷地宽广、平坦、比降小，曲流发育。河谷具有不对称现象，谷地中布满沼泽，而且在平缓斜坡及分水岭地区有广泛发育的沼泽。

东北部为小兴安岭。小兴安岭海拔高程一般 500 ～ 800m，东南高、西北低，东南部海拔在 800 ～ 1 000m，个别山峰超过 1 000m，围绕山峰的是低山和丘陵，海拔高度为 500m，西北侧为丘陵状台地。小兴安岭南坡山势浑圆平缓，水系绵长；北坡陡峭成阶梯状，水系短促。区内主要河流属于松花江水系的有汤旺河、呼兰河、讷谟尔河等。

东部山地位于松嫩平原以东，其范围北起三江平原南侧，向西延伸到辽东半岛，包括吉林、黑龙江两省东部山地和长白山区两个部分。山地海拔多在 500 ～ 1 000m，山势以中段偏南最高，向南或向北逐渐降低。东部山地包括完达山脉、老爷岭、张广才岭和长白山脉等。区内属于松花江水系的河流有辉发河、牡丹江等。

松嫩平原位于大、小兴安岭与长白山脉及松辽分水岭之间，主要由松花江和嫩江冲积而成。该地区地势较高，除哈尔滨－齐齐哈尔－白城的三角形地区外，海拔多在 200 ～ 250m。地面受流水切割，出现缓岗浅谷的波状起伏。在松花江与嫩江汇流的地带，由于地势低洼、水流不畅以及气候方面的原因，形成了面积较广的沼泽和湿地，如肇源、大安、安达等地都有大片沼泽。在松嫩平原西部，湖、泡星罗棋布，其中盐碱洼地和碱水湖泊分布比较广泛。

三江平原由黑龙江、松花江、乌苏里江三江共同冲积作用形成，因牵涉到松花江流域低平原的一部分，又称其为松花江下游低平原。三江平原地势低平，只有少数孤山、残丘散布其间，海拔高度一般为50～60m，地势由西南向东北缓倾斜。区内主要河流有松花江、内七星河、外七星河、挠力河、别拉洪河、浓江等平原河流，顺着总倾向向东北流注黑龙江和乌苏里江。

3.1.2 土壤植被

3.1.2.1 土壤

松花江流域土地资源十分丰富，分布有山地森林土、黑钙土、黑土、白浆土、盐渍土、草甸土、沼泽土、沙土、水稻土等。土壤质地绝大部分为黏壤土，少数为黏土及砂壤土。

山地森林土分布在山地、丘陵地或山岗上，主要土类有山地苔原土、棕色针叶林土、暗棕色森林土、草甸棕色森林土。

黑钙土分布在松嫩平原、大兴安岭东西两侧和松辽分水岭地区，是流域内主要的农业区。

黑土主要分布于流域内滨北和滨长铁道线两侧，位于黑龙江和吉林两省的中部地区。

白浆土主要分布于小兴安岭及长白山山地的西坡，位于黑龙江和吉林两省的东部。

盐渍土分布在松嫩平原，以安达为中心，包括松辽分水岭的内流地区，东到哈尔滨以西，北到甘南附近，位于黑龙江省西部、西南部及吉林省西部。

草甸土分布在干流河谷低地的狭窄地带及其主要支流的沿岸地区。

沼泽土主要集中分布在三江平原，其次是大兴安岭、小兴安岭及长白山地区，松花江的泛滥平原及嫩江下游地区在沿河两岸多呈带状分布。

松花江流域土壤随着太阳辐射由北向南逐渐呈现带状分布，大致自北向南土壤可分为棕色针叶林土、黑土、暗棕色森林土、黑土、草甸黑钙土、棕色森林土及草甸棕色森林土。在山区，由于水热条件随着高度的增加而变化，土壤的垂直地带性特征明显。

3.1.2.2 植被

松花江流域的植被类型主要可分为两类，即山岭、丘陵地区的森林和东北平原地区的草原。因纬度、气候的关系，大小兴安岭地区为亚寒带针叶林，长白山山地则属于寒温带针叶林与阔叶树混交林。在松嫩草原西北部，形成了环绕着草原的森林草原。在松辽大平原上是大片的草原。流域的气候自温湿的东部山区向西北渐变寒冷和干燥，也影响了植物在种类、分布、生态的差异。流域植物种类主要有三个区系，分别是大兴安岭兴安落叶松林区、东部山地红松阔叶混交林区、东北中部大平原草甸草原区，其特点是自东南向西北逐渐减少。

3.1.3　自然资源

松花江流域是东北经济区的一个主要组成部分，幅员辽阔，山河壮丽，流域内水系发育，水量充沛，生态环境良好，自然资源十分丰富。长白山、大小兴安岭、张广才岭和完达山逶迤起伏，纵横其中的松花江、第二松花江、嫩江川流不息；松嫩平原和三江平原土壤肥沃，茂密的森林生长着种类繁多的野生动植物，广阔的草原草质优良，众多的江河湖泊繁衍着各种鱼类，水利资源、地下矿产资源蕴藏丰富，为发展流域经济提供了极为有利的物质基础。

松花江流域内耕地 13.86 万 km^2，占流域土地利用面积的 24.70%，占全国耕地面积的 11.4%，耕地集中分布在松嫩平原和三江平原，而且大部分耕地地势平坦、集中连片，适于机械化作业和规模经营。流域内林地面积为 20.60 万 km^2，占流域土地利用面积的 36.70%，森林资源丰富，木材品种齐全，林质优良，分布集中，主要分布在大小兴安岭、完达山、张广才岭、长白山等地区，是我国最大的林区和木材供应基地。树的种类有 100 多种，主要有红松、白松、落叶松、樟子松、云杉、冷杉、水曲柳、黄波罗、胡桃楸、赤松、花曲柳、杨树、桦树、椴树、柞树、柳树等，其中树种优良且经济价值较高的有 50 多种，尤其是红松、白松、水曲柳、黄波罗、胡桃楸等是国内外少有的珍贵树种。流域内草地面积 11.17 万 km^2，占土地利用面积的 19.90%，主要集中在大兴安岭南北两侧的呼伦贝尔盟、兴安盟、吉林和黑龙江两省西部的广大地区以及三江平原等地，特别是松嫩平原的西部，以盛产羊草而驰名，草质好，适口性强，养育了许多优良种畜，在我国国民经济发展中占有重要的特殊地位。

松花江流域矿产资源比较丰富，在已探明储量的矿产资源中，能源矿产有石油、煤、炭，黑色金属矿产有铁、钛，有色及贵重金属矿产有铜、铅、锌、钨、锡、铋、钼等，稀有金属、化工原料及建材原料储量丰富，尤以石油、煤炭、黄金、石墨、钼、镍、耐火黏土等最为著名，其储量居全国前列，铜、锌、铅、钨等在全国也占重要地位。

3.2　气象水文

松花江流域地处温带大陆性季风气候区，春季干燥多风、夏秋降雨集中、冬季严寒漫长。多年平均气温在 5 ～－ 3℃，极端最高气温为 45℃（抚松站），极端最低气温－ 47.3℃（嫩江站），冻土深度 0.9 ～ 3.0m。全年日照时数 2 400 ～ 2 900 小时，无霜期 100 ～ 160 天。

流域多年平均降水量在 400 ～ 750mm，降水的时空分布极不均匀。降水量年内分布不均，6—9 月降水量占全年的 70% ～ 80%，降水年际变化也较大，最大年降水量约为最小年降水量的 3 倍，连续数年多雨和连续数年少雨的情况时有出现。降水量由东南向西北递减，东南部山区年降水量 700 ～ 900mm，干旱的西部地区仅有 400mm 左右。蒸发量从西南的 1 200mm 递减至东北的 500mm。

流域多年平均水资源总量 960.88 亿 m^3，其中地表水资源量 817.70 亿 m^3，地表与地下水资源不重复量 143.18 亿 m^3。人均水资源量 1 795m^3，耕地亩均水资源量 461m^3，在东北地区属水资源相对丰富地区。

松花江流域的洪水主要由暴雨产生，整个流域由局部地区一次暴雨产生大洪水的年份很少，大部分是地区性的洪水汇合而成，80% 以上的洪水发生在 7—9 月，洪水主要来自嫩江和第二松花江的上游山区。嫩江、松花江干流洪水一般为单峰型洪水，洪水过程比较平缓。第二松花江暴雨出现频繁，年内可能出现 2 ～ 3 次洪峰，个别年份可能出现 4 ～ 5 次洪峰。松花江流域一次洪水历时较长，较大支流一般为 20 ～ 30 天，第二松花江和嫩江为 40 ～ 60 天，松花江干流可达 90 天左右。

嫩江大洪水主要有 1794 年、1886 年、1908 年、1929 年、1932 年、1953 年、1955 年、1956 年、1957 年、1969 年、1988 和 1998 年洪水。1998 年洪水是以嫩江右侧支流来水为主的嫩江及松花江干流特大洪水。在嫩江江桥、大赉站为首位大洪水，在嫩江江桥站洪峰流量为 26 400m^3/s，相当于 500 年一遇，决口洪水还原后嫩江大赉水文站的洪峰流量达 22 100m^3/s，相当于 400 年一遇。第二松花江大洪水主要有 1856 年、1896 年、1909 年、1918 年、1923 年、1945 年、1953 年、1956 年、1957 年、1960 年和 1995 年洪水。1995 年洪水为第二松花江流域在新中国成立后最大的一次洪水，扶余站洪峰流量为 9 570m^3/s。松花江干流大洪水主要有 1932 年、1957 年、1960 年、1991 年和 1998 年洪水，其中 1998 年洪水在松花江干流哈尔滨站洪峰流量为 23 500m^3/s，相当于 300 年一遇。流域主要站设计洪水流量见表 3-1。

表 3-1 松辽流域主要站设计洪峰流量表

河流名称	站 名	设计洪峰流量 / （m^3/s）			
		$P = 0.5\%$	$P = 1\%$	$P = 2\%$	$P = 5\%$
嫩 江	大 赉	20 000	17 100	14 300	10 600
第二松花江	扶 余	13 400	11 900	10 400	8 400
松花江干流	哈尔滨	22 000	19 200	16 300	12 600
	佳木斯	27 500	24 500	21 500	17 500

松花江是一条少沙河流，嫩江大赉站多年平均输沙量 124 万 t，年输沙模数为 5.6t/km^2；第二松花江扶余站多年平均输沙量 255 万 t，年输沙模数为 32.9t/km^2；松花江干流佳木斯多年平均输沙量 1 011 万 t，年输沙模数为 19.1t/km^2。

松花江流域的河流从 10 月中旬至 11 月下旬开始封冻，在翌年 3 月中旬至 4 月中旬解冻，封冻期为 130 ～ 180 天，冰厚一般为 0.5 ～ 1.0m，最厚达 1.5m。

松花江流域冰凌洪水主要由解冻期冰坝造成，冰坝洪水主要发生在嫩江上游石灰窑至库漠屯河段和松花江干流依兰至富锦河段，总的来看，冰凌洪水造成的危害是局部的。

流域内洪涝、干旱灾害严重。春季风大雨少、蒸发量大，常发生春旱；夏秋季雨量集中，常发生洪涝灾害。低平原易涝，高平原易旱。水灾发生次数、造成的损失大于旱灾，但受灾面积小于旱灾。由于涝灾常与洪灾相伴而生，所以常把洪涝灾害称为水灾，其损失占水旱灾害总损失的 70%。在洪水灾害中，以暴雨洪水灾害最为频繁，造成的损失也最大。在 1990 年后发生的洪灾中以 1995 年和 1998 年最为严重，其中 1998 年发生在嫩江、松花江的洪灾是新中国成立以来流域内发生的最为严重的一场洪灾，造成直接经济损失达 480 亿元，灾区主要位于黑龙江、吉林两省的西部及内蒙古自治区的东部，受灾县、市 88 个，受灾人口 1 733 万人。

3.2.1　降水量

收集松花江流域内 1956—2000 年近 45 年降水量数据，流域水资源二级区、三级区降水量特征值分别见表 3-2 和表 3-3。

表 3-2　1956—2000 年松花江流域水资源二级区降水量特征值

水资源二级区	计算面积 / km^2	1956—1979 年均值 / mm	1956—2000 年均值 / mm	1971—2000 年均值 / mm	1980—2000 年均值 / mm
嫩江	298 502	443.2	463.8	464.9	487.3
第二松花江	73 416	683.5	695.6	691.5	709.4
松花江干流	189 304	583.7	591.6	582.6	600.6

表 3-3　1956—2000 年松花江流域水资源三级区降水量特征值

水资源三级区	计算面积 / km^2	统计参数			不同频率年降水量 / mm			
		年均值 / mm	C_v	C_s / C_v	20%	50%	75%	95%
尼尔基以上	67 775	515.6	0.15	2.0	579.5	511.5	461.5	395.5
尼尔基至江桥	99 678	481.9	0.18	2.0	552.7	476.6	420.7	348.9
江桥以下	131 049	423.2	0.20	2.0	492.2	417.7	363.5	294.1
丰满以上	42 616	775.1	0.14	2.0	865.0	770.4	699.1	605.4
丰满以下	30 800	585.5	0.18	2.0	671.8	579.2	511.4	423.6
三岔河至哈尔滨	30 823	563.4	0.17	2.0	642.3	557.8	496.4	415.8
哈尔滨至通河	59 795	595.3	0.17	2.0	678.4	589.6	524.3	439.2
牡丹江	38 909	623.5	0.15	2.0	700.8	618.5	558.0	478.2
通河至佳木斯干流区间	41 847	592.9	0.17	2.0	675.6	587.2	522.2	437.4
佳木斯以下	17 930	555.8	0.20	2.0	646.5	548.4	477.3	386.4

由上表可以看出，第二松花江水系降水量大于嫩江水系和松花江干流水系的降水量。本书通过收集整理第二松花江流域近 50 年降水量、径流等水文数据，进一步揭示松花江

流域降水量及径流量在时空上的分布特征。

3.2.1.1 降水年际和年代际变化

选取流域内具有代表性的第二松花江流域近 50 年来降水量、径流等水文数据，在数据特征分析的基础上，利用滑动平均法分析降水量变化趋势，分别运用 Mann-Kendall 秩次相关检验法和高斯权重法进行趋势性检验和空间差值分析，第二松花江流域年均降水量变化情况见图 3-1。

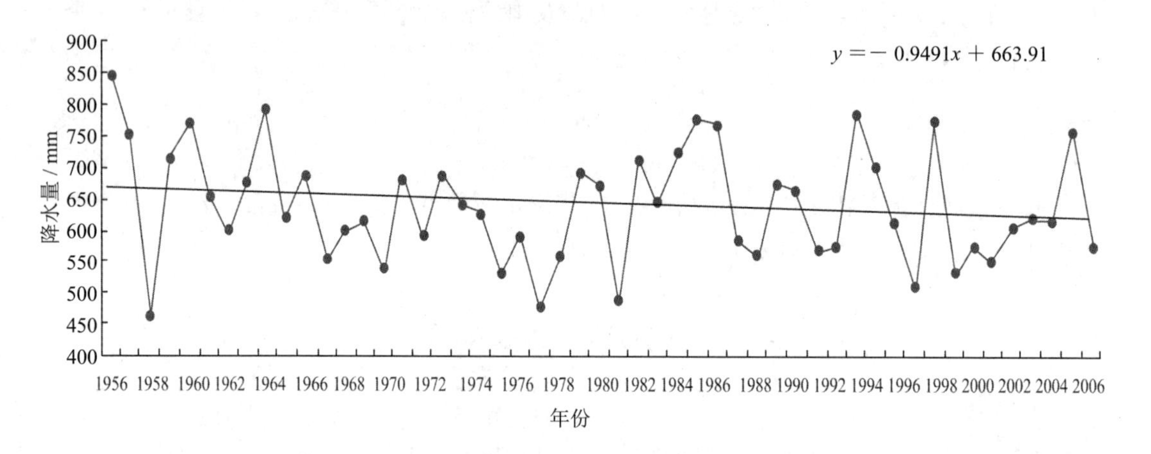

图 3-1 第二松花江流域年均降水量变化图

由图 3-1 可见，流域内近 50 年平均降水量为 639.24mm，呈下降趋势，但整体变化幅度较小。根据 1956—2006 年年均降水量分析流域内降水的年际变化，20 世纪 60 年代至 90 年代降水量处于一个较稳定阶段，50 年代末以及 90 年代中期出现了较大波动，最大值出现在 1956 年，降水量为 850.79mm，最小值出现在 1958 年，降水量为 464.39mm，两年间相差了近 1.8 倍，可见 50 年代后期降水量变幅较大。

从第二松花江流域年代际尺度的降水量变化趋势看，20 世纪 50 年代中期到 70 年代末降水量持续降低，20 世纪 70 年代降水量最少，大大低于近 50 年的平均值，20 世纪 80 年代降水量呈大幅上升，随后又持续下降，从 20 世纪 90 年代至今降水量均低于平均值，详见表 3-4。

表 3-4 第二松花江年代际尺度的降水量变化

时段 / 年	1956—1959	1960—1969	1970—1979	1980—1989	1990—1999	2000—2006	1956—2006
降水量均值 / mm	694.31	657.04	592.98	663.14	638.97	614.65	639.24

3.2.1.2 降水年内变化

由于受东亚季风的影响，流域内降水的年内分配极不均匀。一年中的主要降水集中在夏季，6—8 月的降水量占全年总降水量的 60% ～ 66%，其次为春季和秋季，冬季降水量最少。20 世纪初，夏季降水量比 90 年代末增长了 27.74%，四个季节的降水量在 20 世纪初均有明显回升的趋势。第二松花江流域近 50 年内降水量变化情况详见图 3-2。

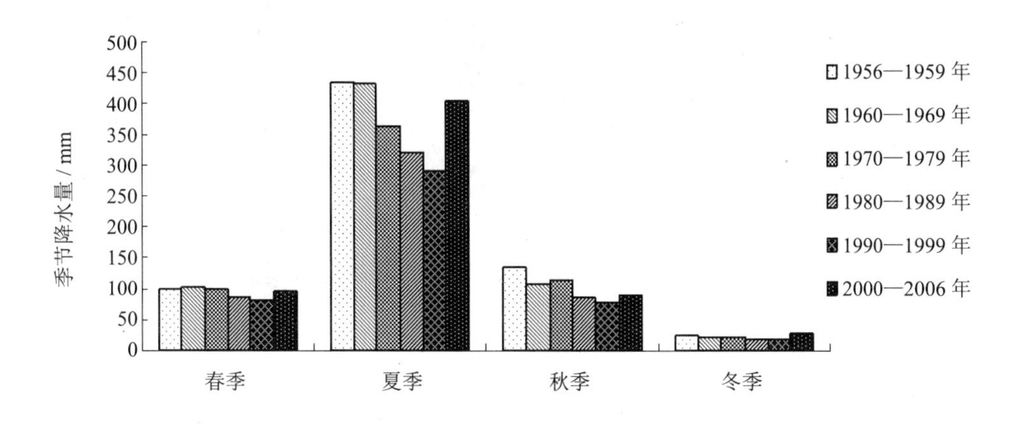

图 3-2 第二松花江流域 50 年内降水量变化

3.2.1.3 降水地区性分布特征

第二松花江流域降水量变化呈东南向西北递减，山区迎风坡大于背风坡，距海洋近水汽来源充沛地区大于距海洋远水汽条件差地区。东南部山区年降水量平均值在 700mm 左右；中部地区多年平均降水量在 500 ～ 600mm；西北部平原区地势平坦，降水量很少，多年平均降水量在 400mm 左右。其中，降水在白山水库区域形成高值区，该地区属亚温带大陆性气候，形成降水的水汽主要来源于太平洋，流入方向以西南和南为主。流域内白山和丰满两大水库都处于降水集中区域，水库的蓄水量受降水影响较大，是流域内防洪防涝的重点区域。流域源头到丰满水库区间降水量的变化幅度较小，丰满以下区间降水幅度明显增加，近 50 年降水量等值线见图 3-3。

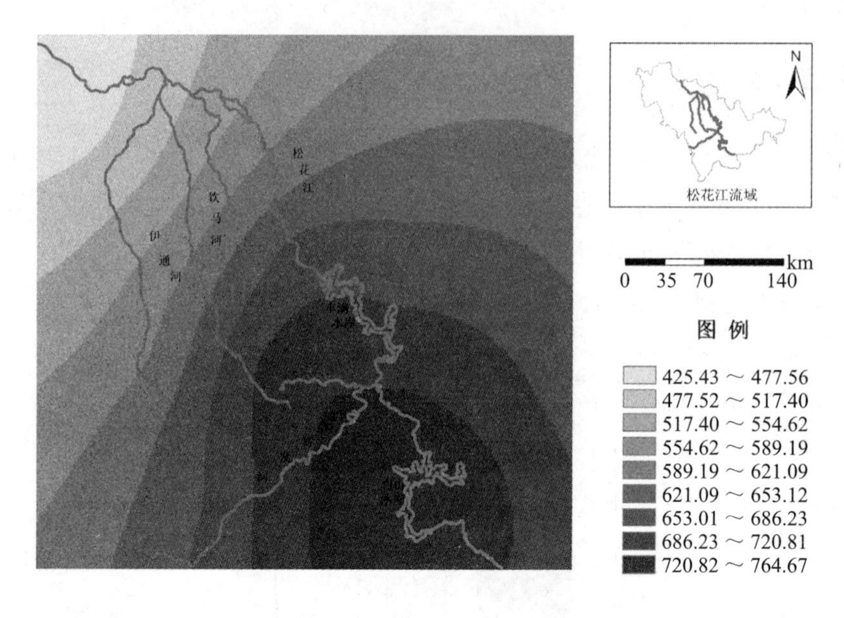

图 3-3 1956—2006 年第二松花江流域降水量等值线图（彩图见附图 9）

从图3-4可以看出，夏季降水所占比例在伊通河区域内形成高值区，并向四周逐渐降低。伊通河区域夏季降水的高比例主要因为汛期受蒙古气旋和华北气旋影响，形成多暴雨和局地暴雨，此外峰面过境及 8 月至 9 月上旬台风北上登陆后形成的大范围降水也是影响该区高降水的重要原因。降雨量最大的白山水库区域夏季降水所占比例为 60% ～ 65%，处于平均水平。

近 50 年内第二松花江流域夏季降水量所占比例见图 3-4。

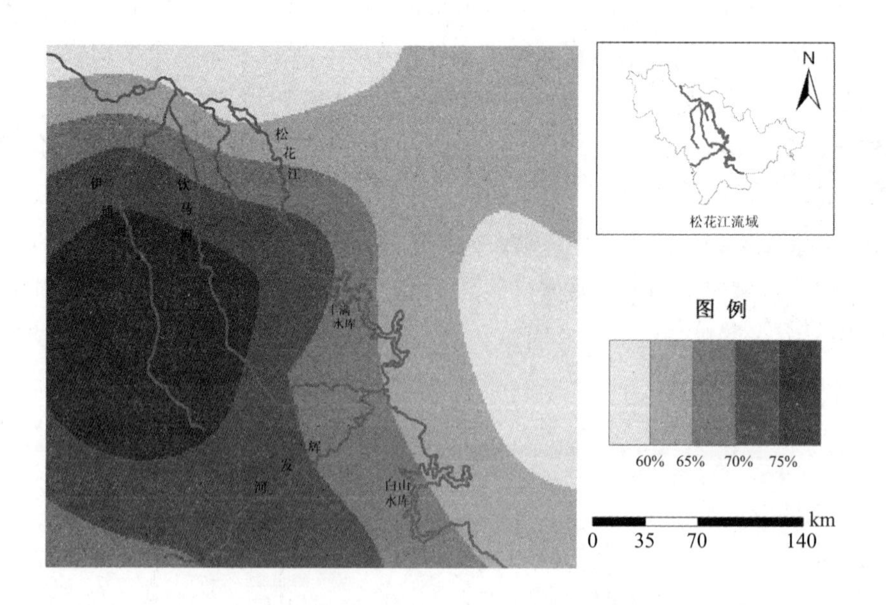

图 3-4 1956—2006 年第二松花江流域夏季降水量占年降水量百分率图（彩图见附图 10）

研究结果表明，近50年第二松花江流域降水量整体呈现小幅下降和丰枯交替现象，丰水年周期年数少于枯水年周期年数。降水主要集中在夏季，变化幅度较大；其次为春季和秋季，变化幅度较小。从年内变化看，近50年来春季和夏季降水呈平稳状态，秋季呈下降趋势，冬季几乎无变化。在空间分布上，流域内降水量呈现由东南至西北逐渐递减的趋势，白山水库和丰满水库处于高值区。

3.2.2 径流量

第二松花江流域河川径流量主要靠雨水补给，河川径流的季节变化和降水的季节变化关系十分密切。其季节性变化有春汛期、枯水期和汛期（夏汛）之分。在水流形态上又分为畅流期和封冻期。每年冬季降水普遍偏少，河流封冻，河川径流主要靠地下水补给，江河水量出现第一个枯水期（封冻期），径流量占全年径流量的5%～10%。由于冬季寒冷，积存在流域内的降雪及一部分水量（包括浅层地下水）冻结在河网内的冰面，在3、4月份春暖消融，形成春汛。一般河流春汛径流量占年径流10%～20%。由于春汛后雨水不多，逐渐进入汛前枯水期（即第二个枯水期）。6月中下旬第二松花江流域开始进入夏汛，降水主要集中在7、8月份，汛期四个月径流量占全年径流量的60%～80%。年径流的年际变化比年降水的年际变化大，其地区变化与年降水量相似。东南部山区径流的年际变化较小，西部平原区年径流的年际变化最大。流域内最大与最小年径流量比相差几十倍。第二松花江流域1956—2000年多年平均径流量268.5亿m^3，径流深171.5mm，详见表3-5。

表3-5 松花江流域1956—2000年天然年径流量平均值 单位：万m^3

水资源二级区	水资源三级区	水资源四级区	年均值
嫩江	尼尔基以上	固固河水库以上	470 515
		甘河	407 330
		固固河水库至尼尔基水库区间	273 867
	尼尔基至江桥	讷谟尔河	153 285
		诺敏河	519 381
		尼尔基至塔哈区间	27 729
		阿伦河	89 717
		音河	24 934
		雅鲁河	252 869
		绰尔河	226 952
		塔哈至江桥区间	25 769
	江桥以下	乌裕尔河、双阳河	101 384
		洮儿河	256 990
		霍林河	59 790
		江桥至白沙滩区间	9 864
		安肇新河	16 505
		肇兰新河	9 763
		白沙滩至三岔河区间	11 934

水资源二级区	水资源三级区	水资源四级区	年均值
第二松花江	丰满以上	辉发河	353 672
		丰满以上	990 136
	丰满以下	伊通河	49 688
		饮马河（不含伊通河）	92 731
		丰满水库至哈达山水库区间	154 884
		哈达山水库至三岔河区间	515
松花江干流	三岔河至哈尔滨	拉林河	386 695
		三岔河至哈尔滨区间	21 022
	哈尔滨至通河	阿什河	48 619
		呼兰河	388 138
		蚂蚁河	245 244
		哈尔滨至通河区间	236 156
	牡丹江	莲花水库以上	887 163
		莲花水库以下	133 240
	通河至佳木斯干流区间	倭肯河	139 507
		汤旺河	561 144
		通河至依兰区间	110 790
		依兰至佳木斯区间	134 863
	佳木斯以下	梧桐河	113 547
		佳木斯以下区间	190 644

由表 3-5 可以看出，嫩江、松花江干流的天然径流量较大，第二松花江径流量则相对较小。具体以研究吉林省内河流径流量为例分析流域径流特征，收集吉林省内松花江流域各个站点的多年平均径流量信息，并对吉林省内嫩江流域、第二松花江流域、松花江干流流域各个站点的平均天然径流量进行对比分析，详见表 3-6～表 3-8、图 3-5～图 3-7。

表 3-6 嫩江流域吉林段径流代表站多年平均天然径流量统计表 单位：万 m^3

站名	所在水资源四级区	多年平均天然径流量	汛期多年平均天然径流量
本务	洮儿河	24 101	19 705
洮南	洮儿河	170 138	134 155
白沙滩	白沙滩至三岔河区间	2 197 373	1 553 947
大赉	白沙滩至三岔河区间	2 392 474	1 587 895

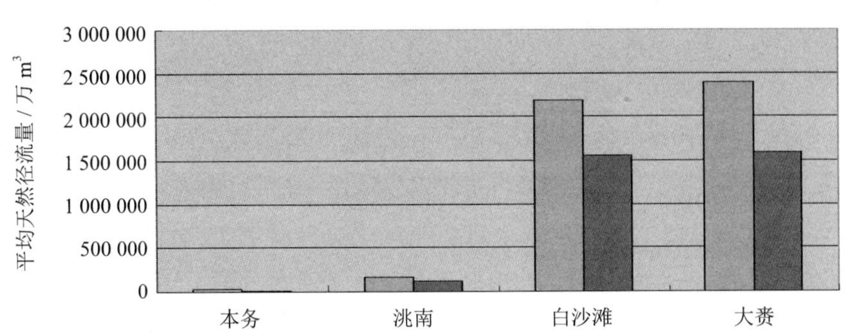

图 3-5　嫩江流域吉林段径流代表站平均天然径流量图

表 3-7　二松流域吉林段径流代表站多年平均天然径流量统计表　　单位：万 m^3

站名	所在水资源四级区	多年平均天然径流量	汛期多年平均天然径流量
东丰	辉发河	6 581	5 298
五道沟	辉发河	43 300	33 660
民立	辉发河	31 595	22 530
高丽城子	丰满以上	238 809	128 693
蛟河	丰满以上	74 101	50 033
大甸子	丰满以上	53 561	34 296
松江	丰满以上	43 764	26 283
伊通	伊通河	7 218	4 420
顺山堡	伊通河	55 278	50 432
农安	伊通河	37 010	29 781
长岭	饮马河	132 700	106 030
德惠	饮马河	92 880	80 415
浮家桥	丰满水库至哈达山水库区间	5 081	4 198

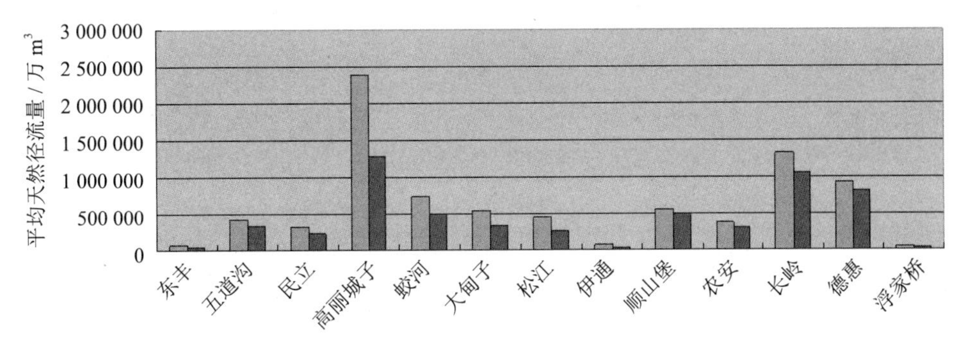

图 3-6　二松流域吉林段径流代表站多年平均天然径流量图

表 3-8 松干流域吉林段径流代表站多年平均天然径流量统计表 单位：万 m^3

站名	所在水资源四级区	多年平均天然径流量	汛期多年平均天然径流量
敦化	莲花水库以上	54 435	37 287
大山咀子	莲花水库以上	223 882	152 018

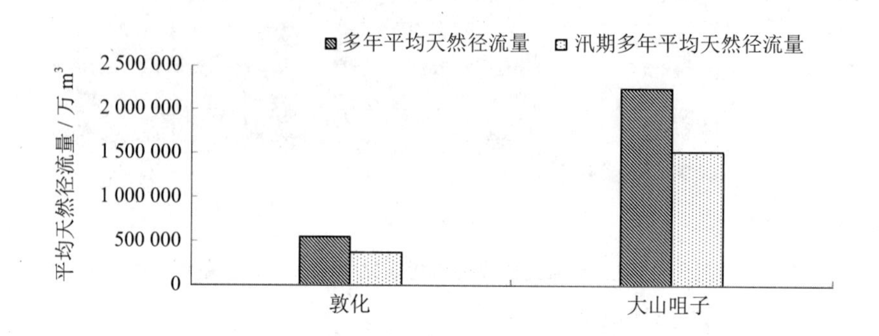

图 3-7 松干流域吉林段径流代表站多年平均天然径流量图

3.2.3 蒸发量

松花江流域水面蒸发量地区差异主要是受气温和湿度等因素综合影响，低温、湿润地区水面蒸发量小，高温、干燥地区水面蒸发量大。流域内多年平均水面蒸发量低值区发生在降水量大、气温较低的东南部山区，年蒸发量低于 800mm。中部低山丘陵区，年蒸发量一般在 800 ～ 1 000mm。西部平原区，年蒸发量一般大于 1 000mm。水面蒸发量主要集中在春末夏初的 5、6、7 三个月，占全年的 44% ～ 48%，其中 5 月份最大，蒸发量占全年的 14% ～ 17%。与高温期 7、8 月不同步，最大蒸发月份提前，其原因是春末夏初干旱少雨、空气相对湿度小、风力大所致。冬季的 12、1、2 三个月气温较低，水面结冰，蒸发量小，只占年蒸发量的 3.5% ～ 6.5%，其中 1 月份所占最小，占全年蒸发量的 0.9% ～ 1.8%。由于影响水面蒸发的温度、湿度、风速和辐射等气象要素年际变化不大，因此，水面蒸发量年际变化不大。松花江流域 1980—2000 年平均水面蒸发量，详见表 3-9。

表 3-9 松花江流域水资源区多年平均水面蒸发量 单位：mm

水资源三级区	水资源四级区	多年平均水面蒸发量	
尼尔基以上	固固河水库以上	526.66	607.17
	甘河	614.10	
	固固河水库至尼尔基水库区间	680.75	
尼尔基至江桥	讷谟尔河	552.63	850.91
	诺敏河		
	尼尔基至塔哈区间	870.44	
	阿伦河	829.67	
	音河		
	雅鲁河	874.44	

水资源三级区	水资源四级区	多年平均水面蒸发量	
尼尔基至江桥	绰尔河	1 037.35	850.91
	塔哈至江桥区间	940.94	
江桥以下	乌裕尔河、双阳河		1 039.11
	洮儿河	1 029.19	
	霍林河	1 058.68	
	江桥至白沙滩区间	1 029.47	
	安肇新河		
	肇兰新河		
	白沙滩至三岔河区间		
丰满以上	辉发河	700.86	683.37
	丰满以上	665.88	
丰满以下	伊通河	772.83	780.54
	饮马河（不含伊通河）	728.49	
	丰满水库至哈达山水库区间	840.29	
	哈达山水库至三岔河区间		
三岔河至哈尔滨	拉林河	722.72	780.51
	三岔河至哈尔滨区间	838.30	
哈尔滨至通河	阿什河		640.23
	呼兰河	679.30	
	蚂蚁河	660.87	
	哈尔滨至通河区间	580.53	
牡丹江	莲花水库以上	619.47	650.28
	莲花水库以下	681.10	
通河至佳木斯干流区间	倭肯河	662.96	598.90
	汤旺河	511.61	
	通河至依兰区间	622.13	
	依兰至佳木斯区间		
佳木斯以下	梧桐河	572.31	612.37
	佳木斯以下区间	652.43	

由上表可以看出，嫩江水系蒸发量大于第二松花江水系和松花江干流水系的蒸发量，最大值为嫩江江桥以下河段，蒸发量为 1 039mm，第二松花江水系蒸发量其次，其值一般在 600mm ～ 800mm，松花江干流水系年均蒸发量最小，而且各水资源三级区内的蒸发量数值也相差不大。

3.3　河流水系

松花江流域水系发育，支流众多，其上源由于受大兴安岭和长白山山地的控制，水系发育呈树枝状河网，支流河道长度较短；在中下游的丘陵和平原地区，河流多呈线状结构，河流较顺直，且长度较长。流域面积大于 1 000km^2 的河流有 86 条，大于 10 000km^2 的河流有 16 条。松花江流域主要河流基本情况详见表 3-10。

表 3-10 松花江流域主要河流基本情况表

河流水系	河长 / km	流域面积 / 万 km^2	主要支流
嫩 江	1 370	29.85	甘河、诺敏河、雅鲁河、绰尔河、洮儿河、霍林河、讷谟尔河、乌裕尔河
第二松花江	958	7.34	辉发河、饮马河
松花江干流	939	18.93	拉林河、呼兰河、蚂蚁河、汤旺河、牡丹江、倭肯河
合 计	3 267	56.12	

3.3.1 嫩江水系

3.3.1.1 嫩江江源

嫩江发源于大兴安岭伊勒呼里山的中段南侧，正源称南瓮河（又称南北河）。整个嫩江水系是松花江和黑龙江流域的分水岭。其山文走向是，大兴安岭山脉以北北东—南南西的方向屏障于西（右侧），支脉伊勒呼里山岭则为西—东走向趋于东（左侧）。由于大兴安岭山势较高，地形发育舒展，坡面广大，嫩江各大支流均发育在此坡面上，水网多呈树枝状。伊勒呼里山岭自西向东，山势逐渐低缓，西段为甘河、多布库尔河的支系顶源；东段支流较小，均北起南流汇入南瓮河。而南瓮河源头正处在东、西两段分水岭的中间，西起东流平行于伊勒呼里山岭的东段趋向，汇流入嫩江，综观嫩江上游全流域的水文地理形势，就集水面积而言，西坡面大于东坡面 2 倍以上，而南瓮河的集水面积又是北坡面（左岸）大于南坡面（右岸）3 倍以上。就支流的汇集而言，发源于流域分水岭的各条河流，均直接汇入南瓮河和嫩江。

3.3.1.2 嫩江干流

嫩江干流流经黑龙江省嫩江县、齐齐哈尔市、内蒙古自治区莫力达瓦旗与吉林省的大赉镇，最后在吉林省扶余县三岔河与第二松花江汇合，嫩江全长 1 370 km，流域面积为 29.7 万 km^2。嫩江左右两侧支流发育很不对称，右岸水系基本上受大杨树棋盘格式断裂构造格局的控制，水系呈格子状发育，且支流众多。左侧多低山丘陵，支流较小。集水面积在 10 000 km^2 以上的支流，右岸有甘河、诺敏河、雅鲁河、绰尔河、洮儿河等，左岸有纳莫尔河、乌裕尔河等。集水面积不足 10 000 km^2 而大于 5 000 km^2 的支流，右岸有那都里河、多布库尔河、阿伦河，左岸有门鲁河、科洛河。嫩江干流河道按其自然地理特点，大致可分为上、中、下游三段：

（1）上游段

从河源至嫩江县，全长 661 km，基本流向是由北向南，在嫩江县以上多为山地、森林覆盖，沼泽很多，河流具有山溪性特征。嫩江从河源起，顺流南下，水流湍急，河道蜿蜒，因地处原始林区，人烟稀少，加上地势高寒，交通闭塞，是一块尚待开垦的处女地。嫩江上游河段集水面积大于 5 000 km^2 的支流，右岸有那都里河、多布库尔河汇入；左岸有固固河注入。固固河汇口以下约 84km，即门鲁河汇入。到库漠屯，沿江两岸自然村屯和居民点开始增多，库漠屯水文站是嫩江上游地区主要控制站。嫩江流过库漠屯 35km 后，即到嫩江县城。

（2）中游段

由嫩江县至尼尔基镇（莫力达瓦旗）为中游河段，全长 122km，控制面积 12.93 万 km^2，两岸多低山丘陵，是山丘向平原的过渡地段，两岸阶地不对称，河谷在阿彦浅附近，谷宽 2 ～ 3 km，阿彦浅以下河谷逐渐开阔，水面宽 300 ～ 700 m，河床由砂及碎石组成。嫩江流经嫩江镇后，仍向南流，在县城下游约 4 km，右岸纳入较大支流甘河。再下行 88 km，为阿彦浅，该处的水文站也是嫩江中游的主要控制站，在阿彦浅以上是丘陵山区。由阿彦浅到莫力达瓦旗，河道距离 34 km，其间没有支流汇入。

（3）下游段

从尼尔基镇（莫力达瓦旗）起至三岔河河段，全长 589 km，控制面积 29.7 万 km^2。尼尔基镇以下，河流进入平原地带，河道蜿蜒曲折，沙滩、沙洲、汊河鳞次栉比，两岸滩地延展很宽，最宽处可达 10 余 km，滩地上广泛分布着湿地和牛轭湖。莫力达瓦旗以下，两岸汇入支流逐渐增多，在右岸有东诺敏河注入，其左岸正是讷谟尔河注入嫩江的河口所在，北部引嫩工程即位于本河段。拉哈至同盟，右岸有西诺敏河入口，在塔哈附近嫩江左岸有中部引嫩工程。嫩江从同盟至齐齐哈尔市段，河道两侧湿地广泛分布，自莫力达瓦旗下行约 90 km 于右岸的额尔门沁附近有阿伦河汇入。嫩江流经富拉尔基后，仍南流，并穿行黑龙江省的龙江县和泰来县之间，下行 40 余 km，右岸有雅鲁河在龙江县境哈拉台附近注入，再下行 30 余 km，右岸为内蒙古自治区扎赉特旗境内，在扎赉特旗努文木仁附近，有绰尔河注入。距绰尔河口下游 10 余 km，即到黑龙江省泰来县境内的江桥，江桥水文站是嫩江干流上的主要控制站。江桥以下，在杜尔伯特蒙古族自治县境内嫩江左岸有人工挖掘的南部引嫩工程。从江桥起嫩江再下行 252 km，到了吉林省镇赉、大安两县境有洮儿河流经月亮泡注入嫩江。嫩江由大安继续南流，约行 49 km 与第二松花江相汇，汇口处为吉林省扶余县三岔河。

3.3.1.3 嫩江支流

（1）甘河

甘河系嫩江中游段右岸汇入的一大支流，发源于大兴安岭东坡伊勒呼里山脉之南支英吉奇山，由西北向东南流，河道迂回曲折，流经内蒙古自治区鄂伦春自治旗和黑龙江省嫩江县，最后于嫩江县下游 5 km 处汇入嫩江干流。河流全长 447km，集水面积 195 万 km^2。甘河主要支流有奎勒河、阿里河、克一河、根河。

（2）讷谟尔河

讷谟尔河为嫩江左岸的大支流，发源于黑龙江省北安县境内的小兴安岭博克托山，河流开始西北流后折向西流，沿途汇入小支流 20 余条，至讷河县城西南注入嫩江，整个河道全长 570km，集水面积为 13 945km^2。由河源至讷谟尔山口为上游河段，讷谟尔山口以下至德都县为中游河段，德都以下至讷河县城为下游河段。

（3）诺敏河

诺敏河是嫩江中游段右岸的一大支流，发源于大兴安岭东侧特勒库勒山，上游为原始森林带，山岭重叠，渺无人烟，至内蒙古鄂伦春旗小二沟以上有毕拉河汇入。毕拉河口以下河道迂回，河谷逐渐开阔，在古城子设有水文站，该站拥有较长时期的水文系列资料，古城子以上有支流格尼河自右岸汇入，由格尼河至鸽子山之间为丘陵和平原过渡带，河流下经哈立线、查哈阳等村镇进入松嫩平原，此区段建设有查哈阳灌区。到尼尔基镇南分两路注入嫩江，河流全长 448km，集水面积约 2.55 万 km^2。

（4）乌裕尔河

乌裕尔河为嫩江左岸一大支流，同时也是一条无尾河。发源于小兴安岭西侧，河流自发源地由东南流向西北，至黑龙江省北安镇南转折向西南流。从富裕县以下河流开始进入尾闾部位，尾闾位于齐齐哈尔市以东的林甸县西北方的大片苇甸和湿地之中。目前，尾闾地段已变成潜伏状的广阔沼泽地。乌裕尔河是黑龙江省唯一的内陆河，河流长度 576km，流域面积 23 110km^2。

（5）雅鲁河

雅鲁河是嫩江下游地区右岸的支流，河流全长 397km，集水面积为 2 177km^2。雅鲁河发源于大兴安岭东侧内蒙古喜桂图旗境内，扎兰屯以上为上游区，群山叠翠，山势陡峭，扎兰屯是雅鲁河上的重要城市；扎兰屯至碾子山为中游河段，河道分叉多，地貌多为山地及丘陵；碾子山以下为下游河段，河流由山丘区进入平原，河道弯曲且分叉多，特别是在黑龙江省龙江县以下，河道两侧沼泽湿地普遍发育，最后于哈拉台附近汇入嫩江。

（6）绰尔河

绰尔河为嫩江下游河段右侧支流，发源于大兴安岭东侧，跨内蒙古、黑龙江两省区，流经喜桂图旗、布特哈旗、扎赉特旗、龙江、泰来各旗县，河流全长 470km，流域控制面积 17 200km^2。在广门山以上为上游，河流穿行于大兴安岭山区，两岸阶地呈条带状不对称广泛分布，两岸植被较好，河流含沙量小；广门山峡至后音德尔为中游段，大都为半农半牧区；后音德尔以下则为下游河段，进入嫩江平原区，河道分叉多河床不稳定，游荡严重，在江桥上游 9km 处注入嫩江。沿河有莫克河、柴河、固力河、哈努其河、吐清河、吐门河等支流汇入。

（7）洮儿河

洮儿河系嫩江下游右岸较大的支流之一。发源于大兴安岭阿尔山南麓，经内蒙古、吉林两省区至大安县月亮泡注入嫩江，全长534km，集水面积3.1万km^2。从河源至察尔森为上游，两岸多高山，森林植被较好；由察尔森向下至吉林省白城地区洮南县为中游段；洮南以下为下游段，河道弯曲，低洼湿地及局部的沼泽地分布较广，在套保以下洮儿河流入月亮泡。洮儿河较大支流有归流河、蛟流河等。

（8）霍林河

霍林河为嫩江下游右岸一条支流，也是一条内陆无尾河，发源于内蒙古自治区扎鲁特旗境内大兴安岭山脉的格音罕山，河流自西向东流，沿途流经内蒙古自治区兴安盟科尔沁右翼中旗、吉林省白城地区的通榆县、大安县和前郭县，河流全长412km，流域面积约27 900km^2。霍林河科右中旗的白云胡硕以上为山区和半山区，白云胡硕以下为丘陵平原区，沿河两岸一级阶地外，尚有河漫滩发育，漫滩上有沼泽分布，至通榆县霍林河已流入下游平原区，多沙丘和沙地，霍林河径流很小，河流进入通榆县境即漫散无水，河床几近干枯。

3.3.2 第二松花江水系

3.3.2.1 第二松花江江源

第二松花江江源分为两支，一条叫头道松花江（简称头道江），另一条叫二道松花江（简称二道江），历史上以河流的长度及流域面积的大小确定二道松花江为第二松花江上游的干流。河源区地势是以崛起在我国东北部最高的著名山系白头山为中心，由中心向各方逐渐低下呈辐射状，形成许多山涧、小溪、沟壑，它又是我国与朝鲜民主主义人民共和国的国境山脉，因其主峰白头山多白色浮石和积雪而得名长白山。

长白山主峰白头山耸立在辽阔平缓的长白熔岩高原上，是一座新期喷发的巨大火山锥体，山顶有一巨大喷火口，积水成湖，名曰天池，是我国最高的火山口湖和最深的湖泊。天池北面的豁口称闼门，湖水得以外流，形成1 250m长的乘槎河（又称天河），在它的尽头，便是高达68m的长白瀑布，它就是第二松花江江源二道白河的源头。

3.3.2.2 第二松花江干流

第二松花江发源于长白山脉的主峰白头山天池，流域覆盖吉林省多个市县，是吉林省人口集中、工农业较发达，交通方便的地区。第二松花江为东北地区主要河流之一，较大的支流有头道松花江、辉发河、拉法河、鳌龙河、饮马河等，河流总长为958km，流域面积为7.34万km^2。第二松花江按其自然地理特点，大致可分为上、中、下游三段：

（1）上游段

吉林市以上河道为第二松花江的上游段。第二松花江以二道江为其正源，上溯二道白河发源地，二道白河下行 74km 至安图县西南有五道白河来汇，再下行 29.2km 至安图县两江乡两江口与古洞河、富尔河汇合后称二道松花江。二道松花江流经安图、抚松、桦甸等县境，总集水面积 10 712km^2，全长 292km。二道松花江到两江口后，与左岸的大支流头道松花江相汇合，从两江口开始称第二松花江。第二松花江自东南向西北流，约下行 15km，至白山镇有东北地区最大的白山水电站。河流自白山镇顺流而下，向西北行 39km，到红石水电站。由红石水库向下，第二松花江进入了丰满水库库区，亦称松花湖区。第二松花江经丰满水电站后约 20km，在右岸纳入温德河后流经吉林市。河流围绕吉林市弯曲成“S”形，在吉林市北侧纳入支流牤牛河后向中游流去。

（2）中游段

自吉林市至长滨线铁路松花江桥段为第二松花江中游段。本段处于长白山区到松嫩平原的过渡地带。区内地貌形态多为丘陵地形，地势自东南向西北倾斜。第二松花江自吉林市九站以下到半拉山子间，沿江两岸地势突然开阔，左岸有支流鳌龙河下游的丘陵平原，右岸距丘陵较远，形成东西宽约 20km 的平原，土地肥沃，为永吉县主要的农产区。九站以下河道出现大弯曲多江岔、浅滩，形成江中小岛。第二松花江干流在乌拉街上游 4km 哨口处，从本流分出一小支岔，宽 80 ～ 100m，沿岭岗下向东转北流去，并在团山子附近接纳支流团山子河后，转向西北，在艾屯附近汇合本流。支流鳌龙河在左岸九泉山下流入本流，河口以下到半拉山子间，左岸距丘陵山地较近，为土门岭的支脉，分数支岭岗延伸抵江岸，岭岗间有小块平原，有小支流其塔木河在达子屯汇入本流。

（3）下游段

自长滨线铁路桥到三岔河间为下游段，河谷不及中游宽阔，狭长形河谷。距铁路桥下游 15km 于左岸有较大支流饮马河汇入，此段内左右岸多沙丘及草甸荒地，由于主流迁徙不定，主流时而靠左岸，时而在右岸坎下流过。台地以上则为平原，很广阔。当主流靠红石砬子崖下流过，到八里营子主流转向右岸并在右岸台地下流过，在卡拉木到哈达山又偏向左岸，自哈达山以下左岸地势开阔为低平原，右岸台地则大致沿主流方向，自扶余县转向东北。第二松花江河口在扶余县、前郭县、肇源县交界处，地名为三岔河，与嫩江汇流。

3.3.2.3 第二松花江支流

（1）头道松花江

头道松花江发源于白头山南麓，主源为漫江，漫江与锦江汇合后称头道松花江，流向西北，经抚松县至两江口与二道松花江汇合，全长 233km，集水面积 7 857km^2，沿途接纳较大支流有汤河、松江河、濛江、那尔轰河等。头道松花江上游皆为高山峡谷，森林密布，汤河口至濛江口段河谷较宽，但仍是“V”字形，头道松花江从濛江口至两江口，河流又转入多石滩区。

（2）辉发河

辉发河是第二松花江上游最大的一条支流，流经海龙、辉南、磐石、桦甸等县境，全长 294km，集水面积为 15 135km^2。辉发河发源于辽宁省清源县龙岗山脉中部，梅河口以上为辉发河的上游段，河道窄浅，河岸较陡，两岸护岸林较密；由梅河口至辉南县的蛟河口为中游河段，两岸地势较平坦，有宽广的河漫滩发育，干流由山城镇至朝阳镇段名大柳河；蛟河口以下为下游河段，两岸多低山丘陵及岗状阶地，从朝阳镇向下河流始称辉发河；辉发河出桦甸继续下行流入丰满水库。辉发河沿河两岸汇入的支流较多，共有 17 条，其右岸有一统河、三统河、蛟河等 8 条；左岸有金沙河、呼兰河、梅河等 9 条。

（3）饮马河

饮马河是第二松花江下游地区的一级支流，流经吉林省磐石、永吉、九台、德惠等县，全长 384km，集水面积为 18 000km^2。饮马河发源于吉林省磐石县驿马乡的呼兰岭，从河源到烟筒山为上游段，地势较陡峻，水流湍急，河谷呈“V”字形；由烟筒山到石头口门为中游段，山势逐渐变缓，两岸地形为丘陵、台地、沼泽等；石头口门到河口为下游河段，左岸是宽广大平原，地形高低变化不大，右岸是丘陵延绵直到第二松花江岸饮马河较大支流有伊通河、雾开河、双阳河、小黄河、岔路河等。

3.3.3　松花江干流水系

3.3.3.1　松花江干流

松花江是指嫩江和第二松花江在三岔河汇合后，折向东流至同江市河口这段河道，亦称松花江干流，全长 939 km，流域面积为 18.6 万 km^2。流经松嫩平原，并横贯张广财岭和小兴安岭的山岳丘陵地带，最后进入下游平原，沿江有肇源、哈尔滨、通河、依兰、汤原、佳木斯、富锦等市、县城，至同江注入黑龙江。松花江干流支流众多，集水面积大于 10 000 km^2 的支流右岸有拉林河、蚂蚁河、牡丹江、倭肯河，左岸有呼兰河、汤旺河。松花江干流按其自然地理特点，大致可分为上、中、下游三段：

（1）上游段

从三岔河至哈尔滨为松花江干流上游河段，河道长 240km，区间流域面积 30 000km^2。沿江两岸为一望无际的平坦冲积平原，河流坡降较缓，两侧河流阶地和河漫滩普遍发育。干流在哈尔滨上游 100km 处，右岸有较大支流拉林河汇入。松花江哈尔滨市段，是指市郊运粮河口至呼兰河口，全长 51km，河道受自然和人为因素的综合影响，演变比较频繁。较大支流呼兰河在本段末端的左岸注入，右岸有小支流正阳河、马家沟、阿什河流入。

（2）中游段

哈尔滨至依兰为松花江干流中游河段，河道长332km。松花江过哈尔滨东流27km，有呼兰河从左岸汇入。河流下行进入张广才岭和小兴安岭的山前过渡地带，河谷较狭窄，两岸为高平原和丘陵山区，其右岸多为丘陵山区，左岸除残留有个别山丘外，大部为广阔的冲积平原。从木兰县向下，松花江为弯曲分汊型河道，河流蛇曲发育，水流多分汊，河床中沙洲、江心滩和边滩普遍发育，下行66km即达通河县城。从通河下行65km，到方正县的沙河子。松花江著名的三姓浅滩就起于沙河子下至依兰县的牡丹江口，全长35km，枯水期流速只有0.8～1.0m/s，严重枯水时阻碍航行。过三姓浅滩，在松花江右岸即为依兰县，支流牡丹江在依兰县城上游汇入，倭肯河在县城下游注入松花江。

（3）下游段

依兰至同江为松花江干流下游河段，河道长363km。其中依兰至佳木斯段，全长为111km，沿河右岸多为丘陵和低山地形，左岸则为宽广的冲积平原，山地离河岸较远，浅滩发育。从依兰县下行50余km，在松花江左岸有较大支流汤旺河汇入。松花江干流过汤原县境后，继续东流，河道浅滩发育，多分汊，水流平缓，下行约50余km，即达佳木斯市。佳木斯以下至同江市松花江出口全长253km，本段河道穿行于三江平原，两岸为地势平坦的低平原，杂草丛生，江面和滩地开阔，歧流纵横，河道宽广，流速较小，流态平稳，本段有梧桐河和安邦河两大支流汇入，松花江干流在同江市东北注入黑龙江。

3.3.3.2 松花江支流

（1）拉林河

拉林河为松花江干流右岸的一大支流，穿行于黑龙江尚志、五常、双城和吉林舒兰、榆树、扶余6县境，河长为450km，流域面积为19 215km^2。拉林河发源于张广才岭山脉的老爷岭，在向阳山以上为上游河段，河谷狭窄而流急，河道比降较陡；由向阳山至牤牛河口为中游段地势渐缓，河谷变得开阔；从牤牛河口以下为下游段，土质肥沃的平原区，在哈尔滨市以上150km处注入松花江。拉林河较大支流右岸有牤牛河，左岸有溪浪河、卡岔河。

（2）呼兰河

呼兰河是松花江干流左岸的一大支流，全长523km，流经黑龙江省铁力、庆安、绥化、兰西、呼兰等县。呼兰河发源于小兴安岭西坡、黑龙江省铁力县东北部的炉吹山，左岸纳入小呼兰河、安邦河、拉林清河、格木克河，右岸纳入伊吉密河、欧根河、努敏河等，在双榆附近有最大支流通肯河汇入，至下游又汇入泥河，在哈尔滨市东北部注入松花江。呼兰河自伊吉密河汇流点以上为上游河段，由伊吉密河汇流点以下至通肯河汇流处为中游段，自通肯河汇流处至河口为下游河段。

（3）蚂蚁河

蚂蚁河是松花江干流右岸的一级支流，河流全长339km，发源于黑龙江省尚志县亚布力乡境内的老爷岭，流经黑龙江省尚志、延寿和方正三县，流域集水面积为 10 720km^2。蚂蚁河支流众多，河网较密，全流域有大小支流 300 余条，主要支流有 19 条，其中以东亮珠河为较大支流，从左岸汇入的有石头河、黄泥河、苇沙河、岔怒河、亮子河等，从右岸汇入的有大黄泥河、乌吉密河、东亮珠河等。

（4）汤旺河

汤旺河为松花江干流下游左岸的一大支流，发源于小兴安岭南麓，河流全长约 400km，流经黑龙江省伊春市和汤原县，在汤原县城南汇入松花江，流域面积为 21 245km^2。汤旺河支流众多，左岸注入的大支流有五道库河、大丰河、朱拉比拉河、亮子河等，右岸汇入的支流有红旗河、友好河、双子河、伊春河、大西林河和南叉河等。

（5）牡丹江

牡丹江为松花江干流右侧最大的一条支流，发源于长白山牡丹岭，河流全长 724.7km，流向大致自南向北，流经吉林省的敦化和黑龙江省的宁安、牡丹江市等城镇，至依兰镇注入松花江，流域面积 37 448km^2。主要支流有宁安河、海浪河、乌斯浑河、五虎林河、头二、三、四道河等。镜泊湖以上河段为上游，流量较小，河谷狭窄；镜泊湖至牡丹江市为中游河段，流量较大而且稳定；牡丹江市至长江屯则为下游河段，河流复又进入山区，河谷深切狭窄，流量较大，水流较平稳；长江屯以下属河口段，地形开阔，河谷两岸有宽阔的沿江低地及冲积平原。

（6）倭肯河

倭肯河为松花江右岸一级支流，河流全长 305km，流域面积 10 973km^2。流经农垦兵团 32 团、七台河市和勃利、桦南、依兰三县，于依兰镇东侧约 1km 处注入松花江。倭肯河发源于完达山山脉西侧，七台河市以上为河流的上游段，七台河至双河为中游段，双河以下为下游段。倭肯河支流较多，且分布密。较大支流右岸有挖金别河、七虎力河、八虎力河，左岸有茄子河、七台河、碾子河等。

3.3.4　湖泊

松花江流域湖泊众多，大小湖泊约 600 多个，主要分布在嫩江、第二松花江、洮儿河、霍林河和乌裕尔河的下游河段和松嫩平原西南部沙带间的低洼地，个别湖泊分布在山区。湖泊位置主要分布于吉林省白城地区和黑龙江省齐齐哈尔地区。本流域主要湖泊如下：

（1）月亮泡

月亮泡位于吉林省西部白城地区的大安、镇赉两县交界处，在嫩江下游的右岸，洮儿河的河口，湖泊面积为 120km^2。月亮泡是嫩江及其支流洮儿河遗留的古河道和牛轭湖，湖泊周围为地势低平广阔的湖成平原。地表多系草原、农田和牧场，植被良好，湖泊的底质为细沙或淤泥质亚粘土组成，湖底较平坦，为鱼类生长提供了良好的条件。月亮泡因与嫩江和洮儿河相通，对嫩江和洮儿河的洪水有调蓄作用。湖水受嫩江洪水顶托，每年 7、8、

9 三个月湖水位最高。月亮泡水库设计兴利水位为 131m，兴利库容是 4.87 亿 m^3，灌溉农田 2.5 万 hm^2。水库的入库水量受洮儿河流量汇入的影响。湖泊水质属于淡水。

（2）查干泡

查干泡位于吉林省前郭尔罗斯蒙古族自治县境，湖泊面积为 190km^2，为第二松花江和嫩江交汇口地段松嫩平原上最大的一个湖泊。该湖是无尾河霍林河尾闾及平原地区地表水汇集于洼地而成的内陆湖。当地气候干燥，蒸发大于降水，风沙大，湖水矿化度高，为盐碱湖，湖泊周围地势平坦，有片状盐碱地分布。湖泊水深一般为 2m。查干泡常年无出口。遇特大洪水年，可溢出漫流入嫩江。

（3）大布苏泡子

大布苏泡子位于吉林省乾安县城西南 35km 处，总面积为 56km^2。大布苏泡是霍林河遗留下来的古河道，泡子的西、北、南三面为陡崖，与水面之间有不太宽的斜坡，东和东北坡有较宽的洪积平原和泥炭沼泽地，冲沟发育，水土流失严重。湖泊中含有丰富的食盐、芒硝和碱。湖泡底有很多泉眼，常年流水，丰水期平均水深为 0.5m，枯水期平均水深为 0.23m。

（4）天池

天池位于长白山脉主峰白头山，该山是一座巨大的火山锥体，天池是经多次熔岩喷发而被扩大了的典型火山口湖，天池的外形略呈圆形，南北长约 4.5km，东西宽 3.5km，湖水面积 9.8km^2，水边周长 13.6km，湖面海拔高程 2 185m（夏季），平均水深 204m，最大水深 373m，是我国最高的火山口湖和最深的湖泊。天池总储水量约 20 亿 m^3，湖水温度较低，夏季只有 7 ～ 12℃，湖面一般在 11 月底封冻，翌年 6 月中旬开始解冻，冰厚 1.2 ～ 3m，只是在天文峰下，有长 200m 宽 20m 的狭长面和朝鲜将军峰西北部伸入湖中的一座悬崖下有两处不冻水面，水温在 10 ～ 42℃，是湖畔温泉群的热水涌出带。天池水主要靠雨水和融雪水补给，其次才是少量泉水补给。水位年变幅在 1m 左右。水质为无色、无味，洁净透明。

（5）连环湖

连环湖位于无尾河乌裕尔河的下游地带，在黑龙江省杜尔伯特蒙古族自治县境内。因湖岸十分曲折，大、小湖泊犹如连环套而得名。连环湖由大、小 15 个湖泡组成，主要湖泊有他拉红泡、火烧里、二八股子、牙门气等。连环湖水多时，可由下游的泄洪闸排入嫩江。连环湖上游为扎龙自然保护区，中、下游地区与耕地交叉。历史上几经干涸，先后实施了引嫩济湖补水工程，其水面面积已成为黑龙江省最大的淡水湖。

（6）扎龙湖

扎龙湖位于齐齐哈尔市东部，为无尾河乌裕尔河的下游部分。扎龙湖又名龙湖，湖泊面积为 0.08 万 hm^2，水深一般在 2m 左右。目前，湖泊水草、芦苇茂密，水质清澈，为丹顶鹤自然保护区。

（7）向阳湖

向阳湖在嫩江左岸，位于黑龙江省杜尔伯特蒙古族自治县南部境内，向阳湖又名喇嘛寺大泡子。该湖水面面积 0.55 万 hm^2，水深一般在 4m 左右，现已辟为水产养殖场。

（8）五大连池

五大连池位于黑龙江省德都县境内，距德都县城北约 22.5km，当火山口喷出的熔岩流顺河谷流动时，经冷凝后形成壮观的石龙火山地貌景观。五大连池由北向南成串珠状，它由头池、二池、三池、四池、五池依次顺序组成，故曰五大连池。就其所处地势，五池最高，池水从五池依次流入四池、三池、二池，最后经头池注石头河后汇入讷谟尔河。五个池的总面积为 18.4km^2，其中三池面积最大，8.92km^2；一池面积最小，0.25km^2。五个池子的储水总容积为 1.57 亿 m^3，其中三池最多，8 600 万 m^3，其次是五池，3 780 万 m^3，头池最小，24 万 m^3。各池均较浅，一般在 2 ～ 5m，三池测得最深处为 12m。池的西部为药泉山矿泉，饮、洗矿泉水可治病，现已为中、外著名的疗养旅游胜地。

（9）镜泊湖

镜泊湖位于黑龙江省宁安县境内，距宁安镇西南约 50km 处。镜泊湖是全新世火山喷发玄武岩熔流堵塞牡丹江形成的堰塞湖。湖的四周群山环抱，湖深水清，湖面海拔高程 350m，南北长 45km，东西最宽处仅 6km。湖盆狭长，湖岸多弯曲，南浅北深，最深处可达 64.5m，平均水深 13.9m。湖底沉积物在河口附近多为泥沙和淤泥，中部多为淤泥，北部则为基岩，出口附近的湖底由全新世玄武岩构成。出口处水流从玄武岩底板上飞流下泄入下游峡谷，形成 20m 落差的吊水楼瀑布。

3.4　水资源状况

3.4.1　地表水资源量

地表水资源量是指由降水形成的河流、湖泊、冰川等地表水体中可以逐年更新的动态水量，用多年平均年河川径流量表示。

1980 年以来，我国经济高速发展，人类活动对下垫面条件的影响加剧，气温升高，东北地区半湿润、半干旱地带的地表水资源量呈衰减趋势。地表水资源量年内分配也极不均衡，汛期 6—9 月地表水资源量占全年的 60% ～ 80%，其中 7—8 月占全年的 50% ～ 60%。

松花江流域 1956—2000 年多年平均径流量为 817.70 亿 m^3，其中嫩江流域 293.86 亿 m^3，第二松花江流域 164.16 亿 m^3，松花江（三岔河口以下）流域 359.68 亿 m^3。流域多年平均径流深为 146mm，其中第二松花江流域最大，为 223.6 mm，松花江（三岔河口以下）流域次之，为 190.0 mm，嫩江流域最小，为 98.4 mm。松花江流域地表水资源量见表 3-11。

表 3-11 松花江流域地表水资源量

水资源二级区	计算面积 / km^2	多年平均		不同频率年径流量 / 亿 m^3			
		径流深 /mm	径流量 / 亿 m^3	20%	50%	75%	95%
嫩江	298 502	98.4	293.9	393.5	275.1	199.5	118.1
第二松花江	73 416	223.6	164.2	209.5	157.4	122.6	82.4
松花江（三岔河口以下）	189 304	190.0	359.7	466.9	342.4	260.8	168.0
合计	561 222	145.7	817.7	1 037.7	786.6	617.4	420.3

（1）区域分布不均

松花江流域河川径流主要由降水所补给，年径流深的地区分布与年降水量的分布基本相应，但区域分布的不均匀性比降水量更加显著。通过综合分析松花江流域 1956—2000 年多年平均年径流深等值线图，可以看出松花江流域年径流地区分布的总趋势是东部、北部和大兴安岭山脉向中部逐渐减少。流域的东南部多年平均径流深达 600mm 左右；流域中部广大的松嫩平原以及西部高平原干旱少雨，多年平均年径流深不足 10mm。

（2）年际与年内变化

河川径流量的年际变化主要取决于降水量的年际变化，同时受径流补给类型、流域大小以及流域下垫面条件等影响。

松花江流域河川径流丰枯的年际变化远较降水量变化剧烈。同时，半干旱、干旱的西部地区年径流极值比又远大于比较湿润的东部地区。流域内西部的大部分地区极值比一般在 10 ～ 20 倍，第二松花江和松花江（三岔河口以下）一般在 5 倍左右。

径流的季节变化主要取决于河流的补给来源的变化。松花江流域河流的补给来源主要有雨水、融雪水、地下水，一般以雨水补给为主。根据河流的补给条件、流域的调蓄能力等可分为两个类型：

①雨水补给为主。松花江流域绝大部分河流都是属于这种类型，河水的年内变化主要是受降水的季节变化支配，而且变化非常剧烈，并兼有融雪水补给影响。每年有春、夏两次汛期，春汛短且量小，夏汛长且量大。一般汛期 6—9 月径流量占年径流量的 60% ～ 80%。而汛期径流量又集中在 7、8 两月，7、8 月径流量一般占年径流的 50% ～ 60%。枯水径流量很小，4—5 月径流量仅占年径流量的 10% 左右。

②间歇性河流。平原地区的中小河流，绝大部分属于间歇性河流，雨期产水，非汛期往往河干，全年水量几乎全部集中在汛期。6—9 月径流量占全年径流量的比重高达 90%。

（3）省际出入境水量

黑龙江省 1956—2000 年多年平均入省境水量为 460.9 亿 m^3，其中，黑龙江省在松花江（三岔河口以下）入省境水量包括嫩江所有流入省际界河水量、第二松花江流入省际界河水量及拉林河吉林省出境和入省际界河水量、黑龙江省入拉林河水量，流入省际界河水量为 70.8 亿 m^3；吉林省入省境水量为 20.7 亿 m^3，出省境水量为 43.7 亿 m^3，流入省际界河水量为 161.3 亿 m^3；辽宁省出省境水量为 1.1 亿 m^3，内蒙古自治区出省境水量为 52.5 亿 m^3，流入省际界河水量为 152.3 亿 m^3。详见表 3-12。

表 3-12　松花江流域省（区）出入境水量　　单位：亿 m^3

省（区）	水资源二级区	入省境水量	出省境水量	流入省界河水量
黑龙江省	嫩江	32.9		44.1
	松花江（三岔河口以下）	424.1		26.7
	小计	457		70.8
吉林省	第二松花江	1.1		147.7
	嫩江	19.6		9.4
	松花江（三岔河口以下）		39.8	4.2
	小计	20.7	39.8	161.3
辽宁省	第二松花江		1.1	
内蒙古自治区	嫩江		52.5	152.3

3.4.2　地下水资源量

地下水资源量是指浅层地下水中参与水循环且可以逐年更新的动态水量，用多年平均年补给量（不含井灌回归补给）表示。为反映各地地下水资源量形成与转化条件的差别，根据地形地貌、水文地质条件并结合水资源分区，对以 1980—2000 年为代表的近期下垫面条件下的多年平均地下水资源量进行评价，本书中的地下水均指矿化度不大于 2g/L 的浅层地下水。

（1）分区地下水资源量

经计算，松花江流域平原区多年平均地下水资源量为 178.41 亿 m^3（含与山丘区地下水资源量间的重复计算量），其中，矿化度不大于 1g/L 和 $1g/L < M \leqslant 2g/L$ 的地下水资源量分别为 159.93 亿 m^3 和 18.48 亿 m^3，分别占 90% 和 10%；松花江流域山丘区多年平均地下水资源量为 156.87 亿 m^3（矿化度均不大于 1g/L）。

松花江流域多年平均地下水资源量为 323.89 亿 m^3，其中，矿化度不大于 1g/L 的为 305.75 亿 m^3，占 94%；矿化度 $1g/L < M \leqslant 2g/L$ 的为 18.14 亿 m^3，占 6%。多年平均山丘区与平原区之间的重复计算量为 11.39 亿 m^3，其中，矿化度不大于 1g/L 的多年平均重复计算量为 11.05 亿 m^3。松花江流域各二级水资源分区矿化度不大于 1g/L 和不大于 2g/L 的多年平均地下水资源量分别详见表 3-13 和表 3-14。

表 3-13　松花江流域多年平均地下水资源量（$M \leqslant 1g/L$）　单位：面积，万 km²；水量，亿 m³

水资源二级区	计算面积	地下水资源量	山丘区			平原区		山丘区与平原区之间的重复计算量
			计算面积	地下水资源量	河川基流量	计算面积	地下水资源量	
嫩江	27.42	122.73	18.02	52.66	46.70	9.40	75.56	5.49
第二松花江	7.02	48.47	5.58	35.45	31,37	1.44	13.20	0.18
松化江（三岔河口以下）	18.68	134.55	11.32	68.76	65.63	7.36	71.17	5.38
合计	53.12	305.75	34.92	156.87	143.70	18.20	159.93	11.05

表 3-14　松花江流域多年平均地下水资源量（$M \leqslant 2g/L$）　单位：面积，万 km²；水量，亿 m³

水资源二级区	计算面积	地下水资源量	山丘区			平原区		山丘区与平原区之间的重复计算量
			计算面积	地下水资源量	河川基流量	计算面积	地下水资源量	
嫩江	29.81	137.33	18.02	52.66	46.70	11.79	90.47	5.80
第二松花江	7.27	50.74	5.58	35.45	31.37	1.69	15.48	0.19
松化江（三岔河口以下）	18.93	135.82	11.32	68.76	65.63	7.61	72.46	5.40
合计	56.01	323.89	34.92	156.87	143.70	21.09	178.41	11.39

（2）可开采量

地下水可开采量是指在可预见的时期内，通过经济合理、技术可行的措施，在不引起生态环境恶化条件下，允许以凿井形式从含水层中获取的最大水量。本书重点评价了平原区矿化度不大于 2g/L 的浅层地下水多年平均可开采量。

在本书评价中，一部分地区采用开采系数法计算地下水可开采量，另一部分地区采用实际开采量调查法计算地下水可开采量。对于地下水开发利用程度较高的地区，由以上两种方法计算的结果进行对比、验证，确定地下水可开采量。

经计算，松花江流域平原区多年平均地下水可开采量为 152.75 亿 m³，占平原区地下水总补给量的 82%，多年平均地下水可开采量模数一般在 6 万～9 万 m³/km²。松花江流域平原区各二级水资源分区矿化度不大于 2g/L 的多年平均地下水可开采量见表 3-15。

表 3-15　松花江流域平原区多年平均地下水可开采量（$M \leqslant 2g/L$）

水资源二级区	计算面积 / 万 km²	总补给量 / 亿 m³	地下水资源量 / 亿 m³	可开采最 / 亿 m³	可开采量模数 /（万 m³/km²）
嫩江	11.79	91.87	90.47	74.33	6.30
第二松花江	1.69	16.01	15.48	11.71	6.93
松花江（三岔河口以下）	7.61	77.36	72.46	66.71	8.77
合计	21.09	185.24	178.41	152.75	7.24

3.4.3 水资源总量

水资源总量为当地降水形成的地表和地下产水量，即地表产水量与降水入渗补给地下水量之和。水资源总量由两部分组成，第一部分为河川径流量，即地表水资源量；第二部分为降雨入渗补给地下水而未通过河川基流排泄的水量，即地下水资源量中与地表水资源量计算之间的不重复量。

根据 1956—2000 年资料系列计算，松花江流域水资源总量为 960.9 亿 m^3，其中地表水资源量 817.7 亿 m^3，不重复量 143.2 亿 m^3。松花江（三岔河口以下）水资源总量最大，为 411.6 亿 m^3，其次是嫩江。松花江流域水资源总量见表 3-16。

表 3-16 松花江流域水资源量一览表 单位：亿 m^3

水资源二级区	地表水资源量	地下水资源量	不重复量	水资源总量
嫩 江	293.86	137.32	73.89	367.75
第二松花江	164.16	50.74	17.38	181.54
松花江（三岔河口以下）	359.68	135.82	51.91	411.59
合 计	817.70	323.88	143.18	960.88

3.5 水环境状况

3.5.1 评价标准及方法

（1）评价数据：2011 年松花流域水质监测数据。

（2）评价标准：《地表水环境质量标准》（GB 3838—2002）。

（3）评价项目：《地表水环境质量标准》（GB 3838—2002）中规定的 24 项基本项目和 5 项集中式生活饮用水地表水源地补充项目，即水温、pH 值、溶解氧、高锰酸盐指数、化学需氧量、五日生化需氧量、氨氮、总磷、总氮（湖、库）、铜、锌、氟化物、硒、砷、汞、镉、铬（六价）、铅、氰化物、挥发酚、石油类、阴离子表面活性剂、硫化物、粪大肠菌群、硫酸盐、氯化物、硝酸盐、铁、锰，共 29 项。

（4）评价方法：《地表水资源质量评价技术规程》（SL 395—2007）。

（5）评价结果表述：《地表水环境质量标准》（GB 3838—2002）依据地表水水域的环境功能和保护目标，按功能高低划分为五类，不同功能类别分别执行相应类别的标准值。水域功能和标准分类见表 3-17。

表 3-17 地表水水域功能和标准分类

类别	功能
Ⅰ类	主要适用于源头水、国家自然保护区
Ⅱ类	主要适用于集中式生活饮用水地表水源地一级保护区、珍稀水生生物栖息地、鱼虾类产卵场、仔稚幼鱼的索饵场等
Ⅲ类	主要适用于集中式生活饮用水地表水源地二级保护区、鱼虾类越冬场、洄游通道、水产养殖区等渔业水域及游泳区
Ⅳ类	主要适用于一般工业用水区及人体非直接接触的娱乐用水区
Ⅴ类	主要适用于农业用水区及一般景观要求水域

注：本书中的劣Ⅴ类指水质项目实测浓度值差于Ⅴ类标准限值，属于劣Ⅴ类水质的水域水污染严重、水体的使用功能基本丧失。

3.5.2 河流湖库水质状况

3.5.2.1 河流水质状况

对松花江流域河流 2011 年各水期分别进行了水质评价，评价结果表明，2011 年松花江流域各水期河流水质从总体看非汛期水质优于汛期。

2011 年松花江流域各水期水质分类状况详见图 3-8；2011 年松花江流域各水系河流水资源质量详见表 3-18。

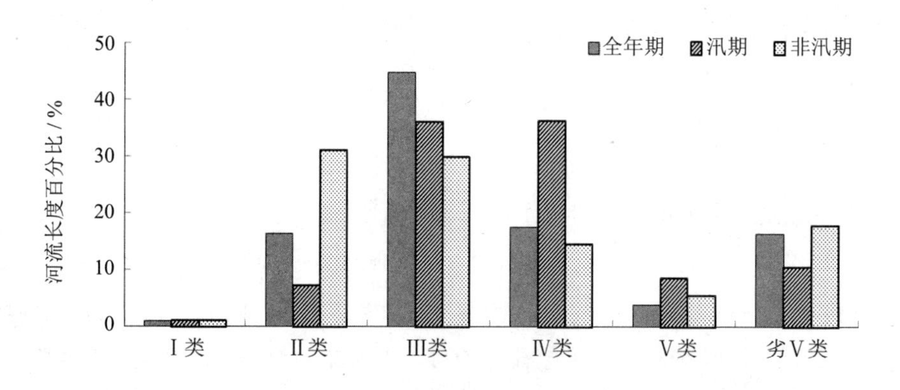

图 3-18 松花江流域各水期水质分类状况图

全年总评价河长 10 945.7km，优于Ⅲ类水河长占总评价河长的 62.2%，其中Ⅰ类水占 1.0%，Ⅱ类水占 16.3%，Ⅲ类水占 44.9%；Ⅳ～Ⅴ类水河长占 21.4%，其中Ⅳ类水占 17.6%，Ⅴ类水占 3.8%；劣Ⅴ类水占 16.4%。

汛期总评价河长 10 945.7 km，优于Ⅲ类水河长占总评价河长的 44.4%，其中Ⅰ类水占 1.0%，Ⅱ类水占 7.3%，Ⅲ类水占 36.1%；Ⅳ～Ⅴ类水河长占 45.0%，其中Ⅳ类水占 36.4%，Ⅴ类水占 8.6%；劣Ⅴ类水河长占 10.6%。

非汛期总评价河长 10 685.0km，优于Ⅲ类水河长占总评价河长的 62.1%，其中Ⅰ类水占 1.0%，Ⅱ类水占 31.1%，Ⅲ类水占 30.0%；Ⅳ～Ⅴ类水河长占 20.1%，其中Ⅳ类水占 14.5%，Ⅴ类水占 5.6%；劣Ⅴ类水河长占 17.8%。

3.5.2.2 水库水质状况

评价松花江流域 11 座水库，其中嫩江流域音河水库、第二松花江流域海龙水库为Ⅱ类水质，松花江流域磨盘山水库和龙凤山水库、第二松花江流域白山水库、丰满水库、石头口门水库和新立城水库为Ⅲ类水质，嫩江流域尼尔基水库、松花江流域香么山水库和东方红水库为Ⅳ类水质。评价结果详见表 3-18。

评价 11 座水库营养状态，其中富营养水库 7 座，占 63.6%；中营养水库 4 座，占 36.4%。在富营养水库中，轻度富营养水库 6 座，占 54.5%；中度富营养水库 1 座，占 9.1%。

表 3-18 2011 年松花江流域主要水库水质状况评价结果表　　河长单位：km

水资源二级区	水库名称	年平均蓄水量 / 亿 m^3	全年	汛期	非汛期	4—9 月营养状态评价	
			水质类别	水质类别	水质类别	评分值	营养状态
嫩江	尼尔基水库		Ⅳ	Ⅳ	Ⅳ		营养状态
	音河水库	0.476	Ⅱ	Ⅲ	Ⅱ	57	轻度富营养
松花江	磨盘山水库	3.130 4	Ⅲ	Ⅱ	Ⅲ	50	轻度富营养
	香么山水库	0.402 8	Ⅳ	Ⅲ	Ⅳ	60	中营养
	东方红水库	0.754	Ⅳ	Ⅳ	Ⅴ	64	中度富营养
	龙凤山水库	1.360 7	Ⅲ	Ⅲ	Ⅲ	53	轻度富营养
第二松花江	白山水库	47.62	Ⅲ	Ⅲ	Ⅲ	46.2	中营养
	丰满水库	56.32	Ⅲ	Ⅲ	Ⅲ	44.8	中营养
	海龙水库	1.14	Ⅱ	Ⅱ	Ⅱ	48.8	中营养
	石头口门水库	2.65	Ⅲ	Ⅲ	Ⅲ	56.2	轻度富营养
	新立城水库		Ⅲ	Ⅲ	Ⅲ	52.0	轻度富营养

3.5.3 饮用水水源地水质状况

2011 年评价松花江流域 15 个城市地表水饮用水水源地，其中河流型饮用水水源地 10 个，湖库型饮用水水源地 5 个。按照 2011 年监测频次的合格率统计，全年水质合格率为 90% ～ 100% 的水源地 2 个，占评价水源地总数的 13.3%；全年水质合格率在 80% ～ 90% 的水源地有 2 个，占评价水源地总数的 13.3%；全年水质合格率在 70% ～ 80% 的水源地有 1 个，占评价水源地总数的 6.7%；全年水质合格率在 40% ～ 70% 的水源地有 0 个；全年水质合格率在 20% ～ 40% 的水源地有 3 个，占评价水源地总数的 20.0%；全年水质合格率在 10% ～ 20% 的水源地有 3 个，占评价水源地总数的 20.0%；全年水质合格率在 0 ～ 10% 的水源地有 1 个，占评价水源地总数的 6.7%；全年水质合格率为 0 的水源地有 3 个，占评价水源地总数的 20.0%。详见表 3-19 和图 3-9。

表 3-19 2011 年松花江流域城市地表水饮用水水源地水质合格率统计表

水源地	水源地全年水质合格率比例分布 / %											
	0	0～10	10～20	20～30	30～40	40～50	50～60	60～70	70～80	80～90	90～100	100
个数	3	1	3	1	2				1	2	2	
占百分比	20	6.7	20	6.7	13.3				6.7	13.3	13.3	

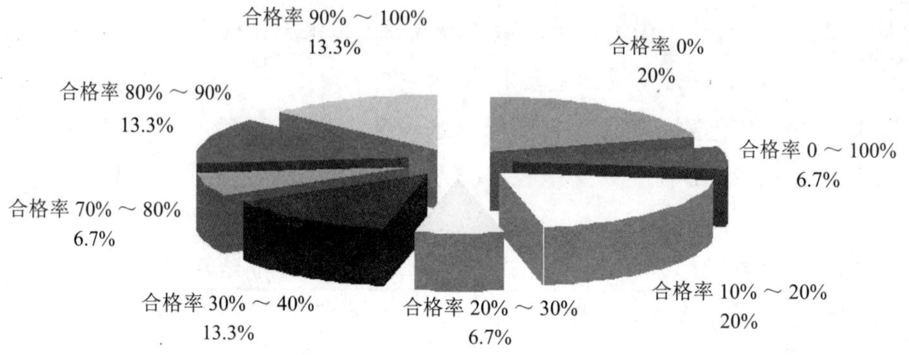

图 3-9 2011 年松花江流域水源地水质合格率比例分布图

3.5.4 水功能区水质状况

松花江流域 126 个水功能区参与评价，其中 53 个水功能一级区，73 个水功能二级区，41 个水功区水质达标，个数达标率 32.5%。水功能区全年评价河长 11 645.4 km，达标河长 3 859.1km，河长达标率为 33.1%。2011 年主要超标项目为氨氮、高锰酸盐指数和化学需氧量。2011 年各类水功能区水质达标情况详见附表 3-20。

表 3-20 2011 年各类水功能区水质达标情况 单位：达标率 %；河长 km

水功能区类型	区划个数	评价个数	达标个数	个数达标率	评价河长	达标河长	河长达标率
保护区	218	21	4	19.0	1 659.9	369.6	22.3
保留区	73	13	7	53.8	1 775.4	928.1	52.3
缓冲区	41	19	5	26.3	1 272.6	152.4	12.0
一级区合计	332	53	16	30.2	4 707.9	1 450.1	30.8
饮用水水源区	67	15	1	6.7	1 406.8	245	17.4
工业用水区	41	4	3	75.0	356.4	244.9	68.7
农业用水区	151	44	17	38.6	4 619.3	1 703.6	36.9
渔业用水区	4	1	0	0.0	33	0	0.0
景观娱乐用水区	8	0	0	0.0	0	0	0.0
过渡区	37	5	3	60.0	412.5	198.5	48.1

水功能区类型	区划个数	评价个数	达标个数	个数达标率	评价河长	达标河长	河长达标率
排污控制区	35	4	1	25.0	109.5	17	15.5
二级区合计	343	73	25	34.2	6 937.5	2 409	34.7
水功能区合计	675	126	41	32.5	11 645.4	3 859.1	33.1

3.5.4.1　水功能一级区

水功能一级区 53 个，达标 16 个，个数达标率为 30.2%；评价河长 4 707.9km，达标河长 1 450.1km，河长达标率为 30.8%。评价结果分述如下：

保护区：评价保护区 21 个，达标 4 个，保护区个数达标率为 19.1%。保护区评价河长 1 659.9km，达标河长 369.6km，河长达标率为 22.3%。

保留区：评价保留区 13 个，达标 7 个，保留区个数达标率为 53.8%。保留区评价河长 1 775.4km，达标河长 928.1km，河长达标率为 52.3%。

缓冲区：评价缓冲区 19 个，达标 5 个，缓冲区个数达标率为 26.3%。缓冲区评价河长 1 272.6km，达标河长 152.4km，河长达标率为 12.0%。

3.5.4.2　水功能二级区

水功能二级区 73 个，达标 25 个，个数达标率为 34.2%；评价河长 6 937.5km，达标河长 2 409.0km，河长达标率为 34.7%。评价结果分述如下：

饮用水源区：评价饮用水源区 15 个，达标 1 个，饮用水源区的个数达标率为 6.7%。饮用水源区评价河长 1 406.8km，达标河长为 245.0 km，河长达标率为 17.4%。

工业用水区：评价工业用水区 4 个，达标 3 个，工业用水区的个数达标率为 75.0%。工业用水区评价河长 356.4km，达标河长 244.9km，河长达标率为 68.7%。

农业用水区：评价农业用水区 44 个，达标 17 个，农业用水区的个数达标率为 38.6%。农业用水区评价河长 4 619.3km，达标河长 1 703.6km，河长达标率为 36.9%。

渔业用水区：评价渔业用水区 1 个，未达标。渔业用水区评价河长 33.0km，河长达标率为 0。

过渡区：评价过渡区 5 个，达标 3 个，过渡区的个数达标率为 60.0%。过渡区评价河长 412.5km，达标河长 198.5km，河长达标率为 48.1%。

排污控制区：评价过渡区 4 个，达标 1 个，过渡区的个数达标率为 25.0%。过渡区评价河长 109.5km，达标河长 17.0km，河长达标率为 15.5%。

3.5.5　河流水质变化趋势

近年来，松花江流域各省（区）大中城市污水处理设施建设速度加快，城市污水处理能力逐步提升，但由于城市污水处理厂与污水管网建设不配套、运行资金缺乏、监督体制不完善等诸多原因，污水真实处理率还相当低，水环境质量还远没有得到改善。

根据《松辽流域水资源公报》，分析 2001—2010 年松花江流域河流水资源质量变化趋势可以看出，近 10 年松花江流域河流水质总体趋势是 Ⅰ～Ⅲ类水体所占比例 55% 左右，劣Ⅴ类水体比例呈现增加趋势，2006—2010 年比 2001—2005 年增加了 8%，这说明松花江流域河流水质退化趋势仍未得有效到扼制，详见图 3-10。

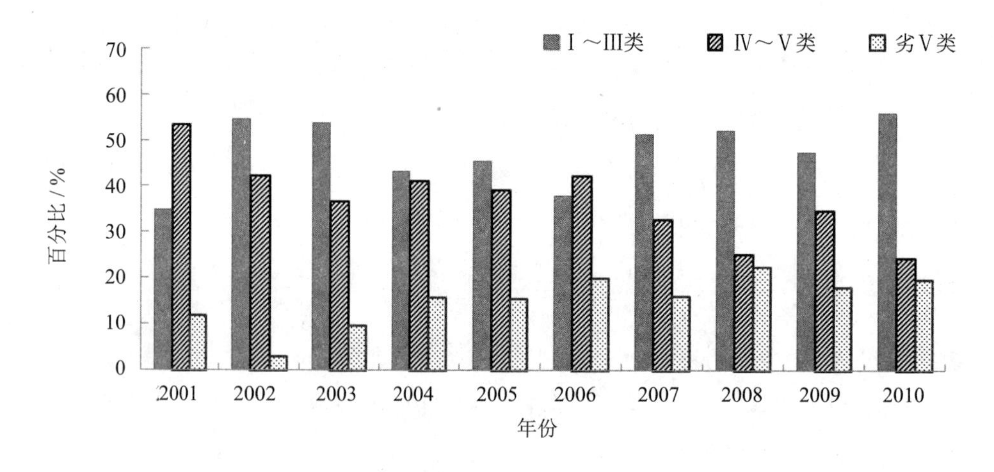

图 3-10　2001—2010 年松辽流域河流水资源质量状况

第 4 章　松花江流域社会水循环状况

4.1　社会经济状况

松花江流域行政区划上分属于吉林省、黑龙江省和内蒙古自治区的呼伦贝尔盟、兴安盟，共计 24 个市（地、盟），84 个县（市、旗），其中重要城市有哈尔滨、长春、乌兰浩特、吉林、松原、白城、齐齐哈尔、牡丹江、佳木斯、大庆、双鸭山、伊春、七台河、鹤岗、绥化、加格达奇共 16 座。2007 年全流域总人口 5 353 万人，其中城镇人口 2 489 万人，城镇化率达到 46.49%。从行政分布看，形成了以哈尔滨、长春为中心的松嫩平原城市群人口密集带和下游佳木斯为中心的三江平原人口密集带。松花江流域是一个多民族积聚的地区，有汉、满、朝鲜、回、蒙、达斡尔、锡伯、鄂伦春、鄂温克等十余个民族，少数民族人口达百万人以上，其中以满、朝鲜、回、蒙四个民族的人口为最多。

松花江流域是我国石油、煤炭、化工、汽车、铁路客车生产基地，是我国重工业基地的重要组成部分，2007 年工业增加值 4 476 亿元，国内生产总值 9 713 亿元。流域内公路、铁路四通八达，与内河航运和空中航线构成了发达的交通运输网络，形成了以哈尔滨、长春和大庆为核心的松嫩平原经济圈。长春市以第一汽车厂、客车厂等骨干企业为支柱，形成了机械工业优势以及具有光学、轻纺等特点的产业；吉林市以化学工业公司为依托，形成了化学工业优势以及具有铁合金、炭素制品、造纸等特点的产业；哈尔滨形成了以发电设备、精密仪器仪表、量具、工业制造为主的工业产品群；牡丹江市、佳木斯市形成了以化工、造纸、纺织工业为主的产品群；大庆市形成了以石油工业为主的工业产品群；伊春形成了以木材为主的工业产品群；鸡西、鹤岗、双鸭山市形成了以煤炭工业为主的工业产品群。

松花江流域是我国重要的农业、林业和畜牧业基地。流域大量耕地是近百年开垦的，其中一半以上是黑土，肥力较高，有机质含量在 3% 左右，而且作物生长季节气温较高，日照时数长，雨量比较丰沛，适于粮食作物和经济作物生长，为流域内农业生产创造了优越条件，是国家重点商品粮生产基地之一。主要粮食作物有水稻、玉米、小麦和大豆等，主要经济作物有甜菜、油料、人参、麻类、烟草等。据 2007 年统计，全流域耕地面积 20 832 万亩（1 亩＝ 1/15hm^2），占全国耕地面积的 11.4%，粮食总产量 5 323 万 t。松花江流域森林面积大，资源丰富，其中长白山、大兴安岭、小兴安岭、完达山、张广才岭等地区是我国主要的林区和木材供应基地。全流域拥有大片草原，集中分布在松嫩平原和东部三江平原，由于所处的地理环境较好，牧草质量优良，为畜牧业发展提供得天独厚的资源条件。

自实施东北老工业基地振兴战略以来，流域经济社会发展加快，经济实力不断提高，以国有企业改组改制为重点的体制机制改革创新取得重大进展，企业技术进步成效显著、结构调整步伐加快、基础设施不断完善、资源利用效率显著提高、生态建设和环境保护也取得积极成效。根据国务院批准的《东北地区振兴规划》，东北地区将建设成为“具有国际竞争力的装备制造业基地，国家新型原材料和能源保障基地，国家重要商品粮和农牧业生产基地，国家重要的技术研发与创新基地，国家生态安全的重要保障区”。流域经济社会发展现状见表 4-1。

表 4-1 松花江流域经济社会发展现状表

省（区）	总人口 / 万人	城镇人口 / 万人	城镇化率 /%	农田灌溉面积 / 万亩	林牧渔灌溉面积 / 万亩
内蒙古	251.76	106.25	42.20	478.45	9.55
吉林	1 984.46	869.09	43.79	1 656.93	44.43
黑龙江	3 111.85	1 513	48.62	2 148.37	207.76
辽宁	5.30	0.62	11.70	6.53	0
松花江流域	5 353.37	2 488.96	46.49	4 290.28	261.74

4.1.1 区域产业结构特征

三江平原地区水土资源匹配较好，农业生产以水田为主，初步形成了粮、禽相协调的农业生产结构。三江平原具有发展农业生产的巨大潜力，可扩大水稻种植面积，建立稻谷－大豆产业区，并以此为依托大力发展农产品加工基地和畜牧业生产基地。三江平原土地结构的主要问题是低洼易涝地多，水利设施不足，排水困难。

松嫩平原以黑土带为中心的玉米养畜带已形成，该区农业方面应稳定粮食生产，适当提高畜禽业在农业总产值中的比重。工业方面宜以城市群为依托，重点推进装备制造业、高新技术产业、能源工业、特色轻工业、石油化纤和精细化工等，通过产业整合，加强产业链接，增强配套能力，在发展工业的同时加快发展第三产业。

松嫩平原周边的山区，自然资源丰富，是下游城市重要的水源涵养区，该区应封山育林，重点发展林类、菌类、中药材等种植业，禁止发展高耗水、高污染工业。松嫩平原土地结构的主要问题是林地少，分布不均，垦殖率高，由于缺少防护林庇护，草原破坏严重，主要是“三化”，耕地盐碱化严重，低产田面积大。

嫩江流域农林牧各业面积比例适宜，但分布不均，农田缺少防护林的庇护，低产田面积大，草原退化比较严重。

第二松花江流域耕地少，林地多，特产占重要地位。林业及其特产是本区优势。

松花江干流流域耕地多，垦殖率高，是松花江流域粮豆的主要产区；林地覆盖率高，林业资源丰富。牧草面积少，畜牧业基础条件差。人口集中，城镇比重大，工业发达，矿产和野生动植物资源丰富。

4.1.2　主要产业发展趋势

4.1.2.1　工业

一是建设先进装备制造业基地。建成具有国际竞争力的重型机械、大型成套装备制造业基地；具有国际先进水平的数控机床及工具研发和生产基地、国家发电和输变电设备研发与制造基地、全国重要的汽车整车和零部件制造及出口基地、国家轨道交通设备制造基地。

二是加快发展高技术产业。做强做大电子信息产业，重点建设长春国家光电子产业基地；培育发展生物产业，重点建设长春国家生物产业基地；积极发展新材料产业，重点发展新型精细化工材料、粉末金属材料、稀土发光材料、纳米级金属材料、有机电子发光材料、特种功能材料和复合材料等技术及产品；促进航空产业发展，提升飞机和发动机核心部件的设计与制造能力。

三是优化发展能源工业，有序开发煤炭资源，建设黑龙江东部煤炭基地。稳定原油生产能力，扩大天然气生产规模，综合开发吉林页岩资源，启动东北天然气管网工程建设，优化电源点和电网建设，积极扶持新能源和可再生能源产业发展。

四是提升基础原材料产业，加快实施大庆、吉林石化等乙烯改扩建工程，形成世界级乙烯生产基地，有序发展煤化工产业，建设黑龙江东部和霍林河煤化工基地。

五是加快发展特色轻工业，重点发展化学制药和中药制剂产品，大力开展农产品的精深加工，建设粮食、肉类、水产品、乳制品和生物化工基地，大力发展纺织、服装、造纸、塑料制品、家具和林产品加工等轻工产业。

4.1.2.2　农牧业

大力发展现代农业，扎实推进社会主义新农村建设。加强农业生产基地建设，加强商品粮基地建设，重点建设松嫩平原专用玉米生产优势区、高产、高油、高蛋白大豆优势区和三江平原水稻优势区。加大农田水利基础设施、良种繁育和农机装备的投入力度，促进农牧业向专业化、区域化、规模化方向发展，确保其具备稳定的粮食生产能力和商品粮供给能力。推进精品畜牧业发展及基地建设，建设以平原区为重点的肉蛋奶生产与加工精品畜牧带，以滨洲沿线松嫩草原、优质人工草地和优质饲料基地为依托的大型现代化奶牛饲养和牛羊繁育区。建设绿色农产品生产基地，建立一批高标准的国家和省级绿色农业基地与农产品出口基地，积极培育和开发食用菌、人参等名牌产品。提升农业发展基础，加强以中低产田改造为重点的农业综合生产能力建设，建设亩产在500公斤左右、旱涝保收、高产稳产的高标准基本农田。完善农业支撑体系，提高农业科技、服务水平，构建现代农业发展支撑体系。

4.1.2.3 服务业

优先发展现代物流业，加快发展金融业，支持发展文化创意产业，鼓励发展商务服务业，积极发展旅游产业。以运输通道和主要枢纽为建设重点，加强铁路、公路、港口、机场和对外通道建设。

4.2 水资源利用状况

4.2.1 供水状况

4.2.1.1 供水设施

供水基础设施包括地表水源、地下水源和其他水源工程三大类型。地表水源工程分为蓄水、引水、提水、调水工程。蓄水工程包括蓄水水库及小型塘坝，引水工程包括从河道、湖泊等地表水体自流引水的工程，提水工程指利用扬水泵站从河道和湖泊等地表水体提水的工程。

（1）蓄水工程

在80年代编制的《松花江流域规划》和其他有关规划的指导下，经过20多年治理开发，流域水利状况有了很大变化。流域已建大型水库由22座增加到35座，大型水库总库容由225.2亿m^3增加到420.2亿m^3。松花江流域现状大型水库主要特征值见表4-2。

表4-2 松花江流域大型水库主要特征值

序号	水系	河 流	水库名称	集水面积/km^2	总库容/亿m^3	防洪库容/亿m^3	兴利库容/亿m^3
1	嫩江	嫩干	尼尔基水库	66 400	86.11	23.68	59.68
2		南引干渠	南引水库	5 300	4.05		4.05
3		黄嵩沟	太平湖水库	683	1.56	0.69	0.67
4		音河	音河水库	1 660	2.56	0.49	1.61
5		绰尔河	绰勒水库	15 100	2.60	0.31	1.54
6		洮儿河	察尔森水库	7 780	12.53	3.11	10.33
7		讷谟尔河	山口水库	3 745	9.95	1.32	6.05
8		乌裕尔河	东升水库	12 345	1.61		0.70
9		北引分干	红旗泡水库	40	1.16		1.00

序号	水系	河 流	水库名称	集水面积 /km^2	总库容 / 亿 m^3	防洪库容 / 亿 m^3	兴利库容 / 亿 m^3
10	嫩江	北引干渠	大庆水库	60	1.75		1.41
11		额木太河	向海水库	1 395	2.35		1.47
12	第二松花江	二松干流	白山水库	19 000	59.10	4.5	29.43
13		二松干流	丰满水库	42 500	109.88	24.93	61.64
14		杨树河	海龙水库	548	3.16	1.69	1.24
15		饮马河	石头口门水库	4 944	12.77	5.62	3.86
16		岔路河	星星哨水库	845	2.65	2.03	0.94
17		伊通河	新立城水库	1 970	5.92	1.06	2.75
18		翁克河	太平池水库	1 706	1.75	1.17	0.53
19		松江河	两江水库	2 970	2.11		1.28
20		松江河	小山水库	905	1.07		0.53
21		松江河	松山水库	1 302	1.33		1.07
22		二松干流	红石水库	20 300	2.41		0.14
23	松花江干流	拉林河	磨盘山水库	1 511	5.23	0.33	3.56
24		拉林河	龙凤山水库	1 740	2.77	1.10	1.68
25		扎音河	东方红水库	500	2.13	0.80	0.73
26		泥河	泥河水库	1 500	1.14	0.09	0.62
27		牡丹江	镜泊湖水库	11 800	18.24		6.65
28		牡丹江	莲花水库	30 200	41.80		9.44
29		哈蟆河	桦树川水库	505	1.32	0.59	0.54
30		八虎力河	向阳山水库	900	1.57	0.68	0.73
31		双阳河	双阳河水库	2 241	2.98	1.75	0.44
32		阿什河	西泉眼水库	1 151	4.78	2.45	2.89
33		倭肯河	桃山水库	2 043	6.52	1.86	2.60
34		卡岔河	亮甲山水库	618	1.93	1.55	0.41
35		伊春河	西山水库	1 613	1.42	0.52	0.53
合计				267 820	420.21	82.32	222.74

（2）输水工程

吉林省中部城市引松供水工程从丰满水库调水至吉林省中部地区，供水范围是长春市、辽源市、四平市和长春市辖的九台市、农安县、双阳区等城区，以及供水线路附近可以直接供水的 25 个镇，能满足 990 万人口的生活用水需求和国民经济发展需要，其供水人口数量占吉林省总人口 37.2%。引松供水工程由 1 条总干线和长春、四平、辽源 3 条干线以及 13 条支线组成，工程总投资达到 130 亿元。该工程是吉林省“十一五”期间重点项目之一，供水区是吉林省社会发展的纵向经济聚集带，经济发达，人口和产业密度高，人才、资金、技术等要素的聚集力强，对周边地区具有较强的辐射和带动作用。

引松入长工程是长春市新中国建立以来规模最大的城市基础设施建设项目，是一项跨地区、跨流域，具备引水、输水、净水、配水、污水处理等综合性的大型城市供水与环境工程，是长春市的战略性水资源保障工程。该工程是吉林省、长春市“八五”期间利用世界银行贷款的重点建设项目，是实施现代化国际性城市建设，保证长春市经济发展，改善人民生活和城市环境战略性的基础设施建设，其功在当代惠及子孙。工程由引水、供水、污水处理三个部分组成。其取水主要来自第二松花江干流上的马家取水泵站。

引嫩入白工程是指引入嫩江水到白城地区，是一项具有农业灌溉、城市供水、湿地补水、人畜饮水等功能的综合性水利工程。工程设计的年提水量为 6.44 亿 m^3，总投资 23.67 亿元。引嫩入白供水工程建成后，恢复湿地 42.9 万亩，苇田和养鱼水面各增加 10 万亩；灌溉水田 65 万亩，每年增产 5 亿斤优质稻米；受益区农民人均增收 2 700 元；直接解决镇赉城区 10.76 万人饮水问题。同时，为沿线农村 7.59 万人提供符合标准的饮用水水源。另外，该工程从根本上解决白城市工业园区、白城电厂、镇赉电厂及城区发展用水问题，每年提供城市用水量 9 000 万 m^3，为工业发展提供水资源保障。

流域输水工程的输水途径主要包括管道输水、渠道输水两种形式。吉林中部城市引松供水工程以及引松入长工程都是管道输水的方式，运输过程中的渗透和蒸发量很小，水体所受污染风险也较小。引嫩入白工程主要段则是渠道输水，通过地上渠道把嫩江水引入白城、镇赉地区，输水工程中一部分的水会渗透以及蒸发，影响了输水的总体水量，同时由于是地表明渠输水，水质会受到一定程度的污染。

4.2.1.2 供水量

从供水结构来看，松花江流域地表水和地下水均承担着重要供水任务。地表水供水中又以引水、提水为主，蓄水工程供水比例偏低；地下水供水量中，浅层淡水和深层承压水所占比例分别为 92% 和 8%，其中平原区浅层地下水超采 11.15 亿 m^3。

依据《松花江流域综合规划》，近 20 年松花江流域供水量从 1980 年 170.61 亿 m^3 增加到 2007 年 301.75 亿 m^3，增加了 131.14 亿 m^3，其中，地表水供水量增加了 55.52 亿 m^3，地下水供水量增加了 75.62 亿 m^3。分析数据可知，近 20 多年来松花江流域大量开采了地下水资源。在水资源分区中，松花江干流流域供水量增加最大，为 60.38 亿 m^3，其中地表水供水量增加了 21.88 亿 m^3，地下水供水量增加了 38.5 亿 m^3 ；其次是嫩江流域，供水量增加了 48.24 亿 m^3，其中地表水供水量增加了 20.13 亿 m^3，地下水供水量增加了 28.11 亿 m^3 ；第二松花江流域供水量增加最小，为 22.52 亿 m^3，其中地表水供水量增加了 13.51 亿 m^3，地下水供水量增加了 9.01 亿 m^3。上述供水量增速最快的地区近年新增了多处大、中、小型灌区，两者基本相对应。据 2007 年统计，松花江干流分布灌区面积最大，共 1 198 处，设计灌溉面积 2 813.47 万亩，其中有效灌溉面积 1 791.53 万亩；其次嫩江流域，分布 167 处，设计灌溉面积 2 641.07 万亩，有效灌溉面积 1 737.27 万亩；灌区面积最小的是第二松花江流域，441 处，设计灌溉面积 1 158.19 万亩，有效灌溉面积 817.47 万亩。近 20 年松花江流域供水量详见表 4-3。

表 4-3　近 20 年松花江流域供水情况　　单位：亿 m^3

水资源二级区	年份	地表水供水量				地下水供水量				其他水源供水	总供水量
		蓄水	引水	提水	小计	浅层水	深层水	微咸水	小计		
嫩江	1980	3.10	25.85	10.25	39.2	12.8	1.85	—	14.65	—	53.85
	1990	13.19	24.4	14.62	52.22	21.62	3.51	—	25.13	0.01	77.36
	2000	6.52	33.46	25.24	65.21	42.15	5.67	—	47.82	0.03	113.06
	2007	8.50	31.39	19.44	59.33	37.09	5.67	—	42.76	—	102.09
第二松花江	1980	12.46	4.15	17.07	33.69	5.75	—	—	5.75	—	39.44
	1990	17.11	8.37	22.54	48.02	13.65	—	—	13.65	—	61.67
	2000	13.01	5.53	27.93	46.47	17.37	0.90	0.08	18.35	—	64.82
	2007	20.73	7.25	19.22	47.20	13.86	0.9	—	14.76	—	61.96
松花江干流	1980	16.42	27.44	20.39	64.25	12.50	0.57	—	13.07	—	77.32
	1990	17.38	24.87	30.32	72.57	37.94	1.71	—	39.65	—	112.22
	2000	19.12	26.82	34.01	79.95	52.83	2.06	0.2	55.09	0.13	135.17
	2007	20.27	27.14	37.71	86.13	49.51	2.06	—	51.57	—	137.70

（1）城镇供水

2007 年全流域供水总量为 88.46 亿 m^3，生活、生产、生态分别为 12.18 亿 m^3、74.12 亿 m^3、2.16 亿 m^3。城镇现状经济社会指标及用水量见表 4-4。

表 4-4　2007 年城镇经济社会指标及用水量统计表

水资源二级区	经济社会发展指标		供水量 / 亿 m^3			
	人口 / 万人	国内生产总值 / 亿元	生活	生产	生态	合计
嫩江	694	2 848	3.33	28.97	0.72	33.02
第二松花江	658	2 582	3.29	18.72	1.26	23.27
松花江干流	1 137	3 048	5.56	26.43	0.18	32.17
合计	2 489	8 478	12.18	74.12	2.16	88.46

流域内分布 16 座主要城市，现建城区总面积 1 475km^2，城区总人口 1 531 万人，国内生产总值 6 127 亿元，供水总量 50.78 亿 m^3，生活、生产、生态分别为 8.82 亿 m^3、41.03 亿 m^3、0.93 亿 m^3。目前城镇供水存在的主要问题如下：

一是供水能力不足，一些城镇存在不同程度和不同类型的缺水现象，特别是枯水季节，限时、限量供水现象常有发生；

二是地下水超采，哈尔滨、大庆、佳木斯等市已形成降落漏斗；

三是城镇供水设备老化、陈旧，城镇管网漏失率较高；

四是水资源利用效率不高，节水、中水回用和雨水利用等水平较低。

按照国家对城市饮用水水源地要求，城市水源都从多工程、多水源地两方面建立和健全城市供水安全保障体系。根据流域水资源综合规划、有关城市水源地前期工作及各个城市水资源条件现状，规划拟定了主要城市供水水源及应急储备水源，详见表 4-5。

表 4-5 松花江流域主要城市供水水源及应急储备水源表

主要城市	供水水源		应急储备水源
	现状主要供水水源	规划地表水水源	
乌兰浩特市	浅层地下水	察尔森水库	浅层地下水
长春市	石头口门水库、新立城水库、引松入长工程、浅层地下水	中部城市引松供水工程	浅层地下水等
吉林市	第二松花江	第二松花江	丰满水库
松原市	第二松花江	哈达山水库	浅层地下水
白城市	浅层地下水	引嫩入白供水工程	浅层地下水
哈尔滨市	松花江、磨盘山水库、浅层地下水	西泉眼水库、大桃山水库	浅层地下水等
齐齐哈尔市	嫩江	嫩江	浅层地下水
鹤岗市	小鹤立河水库、细鳞河水库、五号水库	关门咀子水库	浅层地下水(鹤立河渗渠)
双鸭山市	定国山水库	寒葱沟水库、大叶沟水库、松花江引水工程	深层地下水
大庆市	北引、中引、地下水	北引、中引扩建	浅层地下水等
伊春市	石林水库、碧源湖水库	龙泉湖水库等	浅层地下水
佳木斯市	松花江	格节河水库	四丰山水库
七台河市	桃山水库	汪清水库等	浅层地下水
牡丹江市	牡丹江	林海水库	镜泊湖水库
绥化市	深层地下水	红兴水库、阁山水库	浅层地下水
加格达奇	浅层地下水	加北水库	浅层地下水

（2）农村生活供水

2007 年流域内现有农村人口 2 864 万人，居民生活供水量为 5.92 亿 m^3。集中式供水人口 1 002 万人，占农村人口的 35%；分散式供水人口为 1 862 万人，占农村人口的 65%。

经过多年的发展，农村供水有了明显改善，但部分地区饮水安全形势仍很严峻，目前面临的主要问题有两个方面：

一是部分平原区地下水水质超标，如高氟、高铁、高锰等，氟病区最高值超标 18 倍，高铁区最高值超标 150 多倍；

二是山丘区及高平原区供水设施不健全，有些村屯直接取用小江小河水、坑塘水、浅层地下水，取水距离远，用水不方便，供水保证程度低。

流域内现有饮水困难人口 1 215 万人，占现有农村人口的 42.42%。农村饮水困难人口现状情况见表 4-6。

表 4-6　松花江流域农村饮水困难人口现状情况表　　单位：万人

省区	人口	饮水困难人口	其中	
			饮水水质不安全人口	水量、保证率不达标人口
内蒙古	146	86	56	30
吉林	1 598	651	319	332
黑龙江	1 115	478	201	277
辽宁	5	—	—	—
合计	2 864	1 215	576	639

4.2.2　用水状况

用水过程，主要是人们对于所取来的水资源的利用阶段，现在通常是指生活需水、工业用水、农田灌溉、景观用水等。这些过程是现在造成水体污染的主要环节，再加上用水后水体处理不当，污染物没有达标处理就直接排放，都给水体带来很大负担。近些年人们受经济利益驱动，只看重用水耗水环节，而忽略节水净水环节，造成水质的日益恶化。

嫩江流域上游为源头区，人烟稀少，中游主要城市包括齐齐哈尔市、大庆市以及内蒙古境内的乌兰浩特市，嫩江流域的用水也主要集中在这几个城市。

第二松花江流域在吉林省境内，其流域内大中型城市分布较多，如吉林市、长春市、松原市、梅河口市等以及农安、九台、德惠等县级市。二松流域的城市生活用水也主要集中在这几个城市中。吉林省最大的前郭灌区位于二松下游，其灌溉用水也主要来自江北松花江水源地以及查干湖。

松花江干流流域在黑龙江省境内，其流域也基本上覆盖了省内所有的大中型城市，如哈尔滨市、佳木斯市、牡丹江市、伊春市等，这些城市的用水总量占体流域内用水总量的比例比较大。

4.2.2.1　用水量

2007 年松花江流域用水量为 301.75 亿 m^3，其中生活用水、生产用水、生态用水分别为 18.10 亿 m^3、281.49 亿 m^3、2.16 亿 m^3，各占总用水量的 6.00%、93.28%、0.72%。生产用水中，农业用水、工业用水分别为 207.37 亿 m^3、74.12 亿 m^3，农业用水占总用水的 69%。现状年各业用水量见表 4-7。

2007 年流域内总用水消耗量为 151.61 亿 m^3，耗水率 50.24%，用水大户农业用水和工业用水耗水率分别为 58.12% 和 26.38%。流域现状人均用水量为 600m^3，高于全国平均值 448m^3，万元国内生产总值用水量 331m^3，也高于全国平均值 289m^3。

表 4-7 2007 年松花江流域各业用水量表 单位：亿 m^3

水资源二级区	总用水量	生活			生产			生态用水量
		城镇生活	农村生活	小计	农业	城镇生产	小计	
嫩江	102.09	3.33	1.75	5.08	67.32	28.97	96.29	0.72
第二松花江	61.96	3.29	1.79	5.08	36.90	18.72	55.62	1.26
松花江干流	137.70	5.56	2.38	7.94	103.15	26.43	129.58	0.18
合计	301.75	12.18	5.92	18.10	207.37	74.12	281.49	2.16
内蒙古	15.28	0.37	0.20	0.57	12.87	1.45	14.32	0.39
吉林	90.37	4.01	2.59	6.60	60.94	21.43	82.37	1.40
黑龙江	195.67	7.80	3.12	10.92	133.15	51.23	184.38	0.37
辽宁	0.43	0.00	0.01	0.01	0.41	0.01	0.42	0.00

（1）农业

流域现状亩均用水量水田 733m^3，旱田 212m^3，菜田 319m^3，综合亩均用水量 507m^3。流域水田灌溉水利用系数为 0.54，远低于发达国家 0.7 ～ 0.8 的水平，最高的松花江干流为 0.55，最低的第二松花江流域为 0.52；旱田灌溉水利用系数为 0.54，最高的第二松花江流域为 0.57，最低的松花江干流为 0.51。农田灌溉水利用系数略高于全国平均水平，但灌溉用水效率仍有待进一步提高。

（2）工业

流域万元工业增加值用水量 154m^3，为发达国家的 5 ～ 10 倍，高于全国平均值（148m^3/万元），万元工业增加值用水量最高的松花江干流为 197m^3，最低的嫩江为 133m^3。工业用水重复利用率 62%，低于发达国家 85% 的水平，与全国平均值持平。

（3）生活

现状节水器具普及率为 68%，城镇居民生活用水水平为 107.7L /（人·d），低于全国平均值［131L /（人·d）］。城镇管网漏失率 19.7%，略高于全国平均值（19%）。农村生活用水水平为 59 L /（人·d），低于全国平均值［75L /（人·d）］。

4.2.2.2 用水量变化

松花江流域 1980 年总用水量 170.59 亿 m^3，2007 年达到 301.75 亿 m^3，增加 131.16 亿 m^3，年均用水量增加 4.68 亿 m^3， 各二级区统计年用水量见表 4-8。

表 4-8 近 20 年松花江流域用水量 单位：亿 m^3

水资源二级区	1980 年	1985 年	1990 年	1995 年	2000 年	2007 年
嫩江	53.85	55.16	77.36	91.02	113.02	102.09
第二松花江	39.43	47.37	61.67	64.53	64.82	61.96
松花江干流	77.31	78.92	112.21	114.18	135.17	137.70
合计	170.59	181.45	251.24	269.73	313.01	301.75

4.2.3 开发利用状况

全流域现状水资源总量开发利用程度为 32.89%，其中地表水开发利用程度为 25.02%，平原区浅层地下水开发利用程度为 64.29%。总体来看，松花江流域水资源相对丰富，水资源开发利用还有一定潜力。现状水资源开发利用程度见表 4-9。

表 4-9 现状水资源开发利用程度表 单位：亿 m^3

水资源二级区	地表水			平原区浅层地下水			水资源总量		
	供水量	水资源量	开发程度 / %	供水量	可开采量	开发程度 / %	总供水量	水资源总量	开发程度 / %
嫩 江	61.41	289.89	21.18	38.70	74.33	52.07	102.04	364.58	27.99
第二松花江	48.47	163.10	29.72	12.05	11.71	102.90	63.78	181.10	35.22
松花江干流	78.43	299.63	26.18	47.46	66.71	71.14	129.01	350.83	36.77
合 计	188.31	752.62	25.02	98.21	152.75	64.29	294.83	896.51	32.89

注：1. 供水量为 1995 年、2000 年、2007 年三年的均值，水资源量为 1995—2007 年平均值；

2. 地下水开发利用程度＝供水量 / 可开采量；地表水开发利用程度＝供水量 / 水资源量。

4.3 废（污）水排放状况

排水是人工利用的水资源又回归自然的过程。排水分为直接排放、处理排放等。直接排放废水就是水经过人们利用后不加任何处理排放到地表或者河流中，这样的排放会直接影响地表水水质，尤其是一些工厂中废水不经过处理直接排放到河流中，对河流下游区域的生态生活环境造成了很大的危害。处理后排放主要是指废水经过污水处理厂处理后排放到河流中，经过处理后的废水排入到河流中，对水质造成的影响不会很大。

大中型城市产生的废污水一部分是经过处理后排放，其余部分以及流域内农村农业用水都属于直接排放，因此，城市数量、城市规模以及灌区数量和规模与松花江水质具有密切关系。排水环节使得受污染水体又回到了自然界，直接导致自然界中水体的改变，是社会水循环中对自然水循环影响最大的一个环节。

嫩江流域人为活动相对较少，废（污）水排放量相对较小，同时由于嫩江地表径流丰富，在向河流中排水的同时，污染物经过快速有效的自我稀释，对水质影响较小，因此，嫩江水质总体上相对较好。

吉林省内大部分的城市分布在第二松花江流域，人口密度大，人为排水量很大，河流中污染物浓度增加，而且流域内主要城市废水处理率不是很高，处理的废水约占总废水量的 30% 左右，因此，二松流域水质相对较差。

黑龙江省几大主要城市分布在松花江干流流域，其具体情况与二松流域相类似。由于城市废水排放以及来自嫩江和第二松花江的受到一定程度污染废水的汇入，而且该流域内城市污水处理率也较低，处理的废水约占总废水量的 40% 左右，从而导致松花江干流的水质普遍比较差。

4.3.1 入河排污口状况

入河排污口是污染物进入水体的主要通道，每天有大量的生活污水和工业废水通过入河排污口排入水体，对河流造成污染。入河排污口的空间分布和数量变化对松花江水质的空间变化和时间变化具有重要影响。

根据入河排污口普查登记成果，松花江流域现有入河排污口 1 203 个，其中黑龙江省内入河排污口 821 个，吉林省内入河排污口 352 个，内蒙古自治区内入河排污口 29 个，松花江流域入河排污口统计情况见表 4-10。

表 4-10 松花江流域入河排污口统计表

<table>
<tr><th colspan="3">所在区域</th><th rowspan="2">入河排污口数量 / 个</th></tr>
<tr><th>水资源二级区</th><th>省区</th><th>地级市</th></tr>
<tr><td rowspan="11">嫩江</td><td rowspan="5">黑龙江省</td><td>大庆市</td><td>13</td></tr>
<tr><td>大兴安岭地区</td><td>2</td></tr>
<tr><td>黑河市</td><td>13</td></tr>
<tr><td>农垦总局</td><td>36</td></tr>
<tr><td>齐齐哈尔市</td><td>107</td></tr>
<tr><td rowspan="2">吉林省</td><td>白城市</td><td>1</td></tr>
<tr><td>松原市</td><td>2</td></tr>
<tr><td rowspan="3">内蒙古</td><td>呼伦贝尔市</td><td>15</td></tr>
<tr><td>兴安盟</td><td>13</td></tr>
<tr><td>通辽市</td><td>1</td></tr>
<tr><td colspan="2">小 计</td><td>203</td></tr>
<tr><td rowspan="9">第二松花江</td><td rowspan="8">吉林省</td><td>白山市</td><td>34</td></tr>
<tr><td>长春市</td><td>40</td></tr>
<tr><td>吉林市</td><td>150</td></tr>
<tr><td>辽源市</td><td>19</td></tr>
<tr><td>四平市</td><td>6</td></tr>
<tr><td>松原市</td><td>12</td></tr>
<tr><td>通化市</td><td>24</td></tr>
<tr><td>延边州</td><td>9</td></tr>
<tr><td colspan="2">小 计</td><td>294</td></tr>
<tr><td rowspan="4">松花江干流</td><td rowspan="4">黑龙江省</td><td>大庆市</td><td>92</td></tr>
<tr><td>哈尔滨市</td><td>289</td></tr>
<tr><td>鹤岗市</td><td>21</td></tr>
<tr><td>黑河</td><td>1</td></tr>
</table>

所在区域			入河排污口数量 / 个
水资源二级区	省区	地级市	
松花江干流	黑龙江省	佳木斯市	60
		牡丹江市	57
		农垦总局	21
		七台河市	19
		双鸭山市	18
		绥化市	19
		伊春市	53
	吉林省	长春市	7
		吉林市	27
		松原市	3
		延边州	18
	小 计		705
松花江流域合计			1203

根据各入河排污口排水量实测数据，松花江流域全年废污水入河量 28.23 亿 m^3，其中嫩江 3.12 亿 m^3，第二松花江 10.34 亿 m^3，松花江干流 14.77 亿 m^3。从省区来看，黑龙江省废污水入河量约为 16.24 亿 m^3、吉林省约为 11.06 亿 m^3、内蒙古自治区约为 1.03 亿 m^3。松花江流域黑龙江省和吉林省主要城市年排水量见图 4-1、图 4-2。

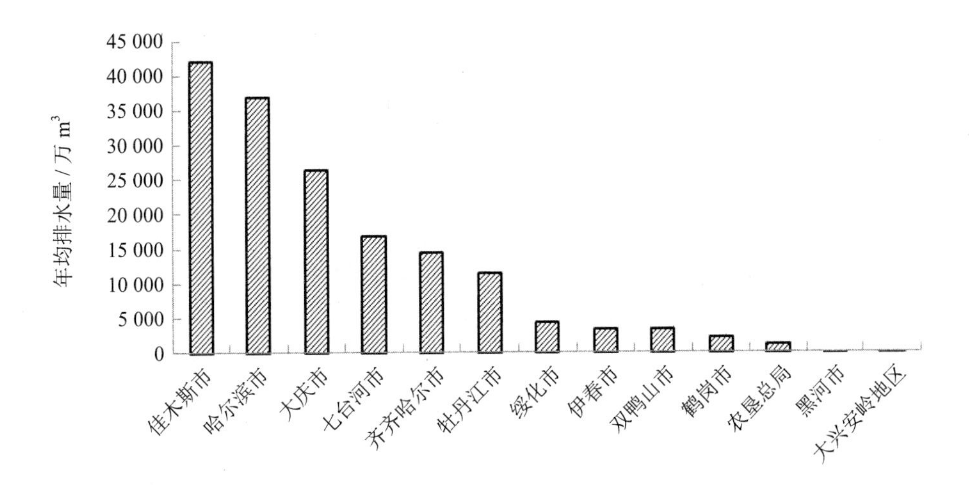

图 4-1　黑龙江省主要城市年均排水量分布图

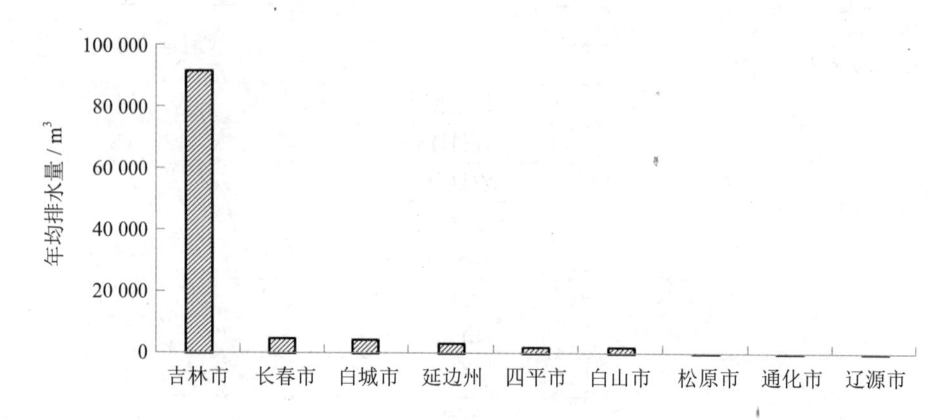

图 4-2　吉林省主要城市年均排水量分布图

由上述图表可以看出，黑龙江省在松花江流域年均排水量最大的城市是佳木斯市，其次是哈尔滨市，大庆市、七台河、齐齐哈尔、牡丹江，城市年排水量都大于 1 亿 m^3；吉林省在松花江流域年均排水量最大的地级市是吉林市，其次是长春市、白城市和延边朝鲜族自治州，吉林省其他城市年均排水量都较少，平均在 0.25 亿 m^3 以下；内蒙古自治区由于在松花江流域城市较少，排污点数量少，所以排水量也相对黑、吉两省要小的多。系统分析松花江流域入河排污口调查成果，其设置及分布具有以下特点：

（1）排污点沿河分布集中，大中城市分布密集

从省级行政区入河排污口分布来看，黑龙江省调查的入河排污口总数最多，占 71.8%；吉林省次之，占 26.9%；内蒙古自治区仅占 1.3%，这与各省区社会经济发展水平是相吻合的。

吉林省位于多条重要河流的上游，入河排污口主要集中在吉林、长春、白山等地级城市，其排污直接影响到下游省区的入境水质；黑龙江省在流域内基本位于重要河流的下游，入河排污口主要集中在佳木斯市、哈尔滨市、齐齐哈尔市、牡丹江等沿江城市；内蒙古自治区虽然入河排污口相对较少，但是多数排污口位于河流上游，主要分布在呼伦贝尔市、兴安盟等城市。入河排污口的集中设置和达标率低，致使城镇江段及其下游江段水质达不到水功能区水质目标要求。

（2）市政综合排污口所占比重大，整体多元化态势

从入河排污口行业类型来看，有综合类、乳制品、水产加工、淀粉及食品加工类、医药类、矿业及采油类、纸业类、化工类、纺织印染、亚麻及毛皮加工类等等。这表明，流域内的经济布局不再呈现集中在几个主导行业上，而是向更广阔的多产业结构形态发展。同时，城市综合整治，使过去单一企业排污口向城市综合排污口转化，而综合排污口因其污水来源广泛，排污量大，所含污染物成分极其复杂，给今后入河排污口监督管理工作带来了困难，也是管理的重点。

4.3.2　灌区退水口分布

松花江流域水土资源丰富，是我国重要的粮食主产区和畜牧业基地。土壤以黑土、黑钙土、暗棕壤为主，有机质含量达 3% ～ 5%，自然肥力高，团粒结构好。耕地地势平坦、集中连片，适于大面积机械化作业和规模经营，发展粮食生产具有明显的优势。新中国成立后，国家加大了农田灌溉的投入，流域先后新建、改扩建了一批大中型灌区，有效灌溉面积不断提高，农田灌溉得到了快速发展，昔日“北大荒”变成了“北大仓”。

松花江流域现有耕地面积 20 832.42 万亩，有效灌溉面积 4 346.27 万亩，较新中国成立之初的 257.73 万亩扩大了近 20 倍，现状流域耕地灌溉率仅 21%，远低于全国的平均水平。全流域有效灌溉面积中，井灌面积为 2 364.25 万亩，渠灌面积 1 785.34 万亩，井渠结合灌溉面积 196.68 万亩。松花江流域农业灌溉现状情况见表 4-11。

表 4-11　松花江流域农业灌溉现状情况表　　单位：万亩

水资源二级区	耕地面积	有效灌溉面积			
		渠灌	井灌	井渠结合	合计
嫩 江	10 081.08	520.89	1 183.14	33.24	1 737.27
第二松花江	3 190.13	464.18	256.59	96.70	817.47
松花江干流	7 561.21	800.27	924.52	66.74	1 791.53
合 计	20 832.42	1 785.34	2 364.25	196.68	4 346.27

松花江流域 2007 年灌溉用水量为 187.38 亿 m^3，其中水田用水量 163.89 亿 m^3，旱田用水量 16.79 亿 m^3，设计灌溉面积为 2 353.29 万亩，有效灌溉面积为 1 010.45 万亩，其中水田灌溉面积 924.87 万亩，旱田灌溉面积 82.77 万亩，其他作物灌溉面积 2.81 万亩。现状灌区分布情况见表 4-12。

表 4-12　松花江流域现状灌溉分布情况表　　单位：万亩

水资源二级区	大型灌区（≥30 万亩）			中型灌区（5～30 万亩）			小型灌区（＜5 万亩）			合计		
	数量/处	设计灌溉面积	有效灌溉面积	数量/处	设计灌溉面积	有效灌溉面积	数量/处	设计灌溉面积	有效灌溉面积	数量/处	设计灌溉面积	有效灌溉面积
嫩江	12	465	250	21	178	97	1 646	1 998	1391	167	2 641	1 737
第二松花江	7	270	187	9	61	45	425	825	585	441	1 158	818
松花江干流	26	1 050	301	38	326	130	1 134	1 437	1 360	1 198	2 813	1 792
合计	45	1 785	739	68	568	272	3 205	4 259	3 336	3 318	6 613	4 346

4.3.2.1 灌区分布概况

灌区是农业生产的重要支撑体系，同时，又是农业面源污染物质的主要来源。灌区的数量、面积及分布位置对区域地表水质具有重要的影响。通过收集整理资料、实地调查等方式，对松花江流域大中型农业灌区分布及取水、退水情况进行了调查，基本搞清了松花江流域大中型灌区的基本情况。目前松花江水体中大量的面源污染物质都是来源于灌区的农业退水，但由于没有针对灌区农业退水进行监测，究竟有多少含有面源污染物质的农业退水排入松花江，具体分布在哪个区域，其时空演变规律会发生怎样的变化还不清楚。

依据《吉林省松花江流域灌区规划报告》，截至 2005 年，松花江流域吉林省境内现有耕地面积 6 581.4 万亩，农田有效灌溉面积 1 446.8 万亩，其中：水田灌溉面积 620.61 万亩，水浇地 718.7 万亩，菜地 107.53 万亩。第二松花江流域吉林省境内现有耕地面积 3 623.1 万亩，农田有效灌溉面积 708.53 万亩，其中：水田灌溉面积 457.43 万亩，水浇地 178.58 万亩，菜地 72.52 万亩。嫩江流域吉林省境内现有耕地面积 1 839.4 万亩，农田有效灌溉面积 487.6 万亩，其中：水田灌溉面积 92.24 万亩，水浇地 372.82 万亩，菜地 22.54 万亩。松花江干流现有耕地面积 1 118.9 万亩，农田有效灌溉面积 250.71 万亩，其中：水田灌溉面积 70.94 万亩，水浇地 167.3 万亩，菜地 12.47 万亩。

依据《黑龙江省松花江流域灌区规划报告》，截至 2005 年，松花江流域黑龙江省境内的耕地中，实灌面积 3 505 万亩，其中水田 2 632 万亩，旱田 721 万亩，菜田 152 万亩。嫩江流域黑龙江省境内实灌面积 851 万亩，其中水田 278 万亩，旱田 473 万亩，菜田 100 万亩；松花江干流黑龙江省境内实灌面积达到 962.07 万亩，其中水田 829.07 万亩，旱田 91.71 万亩 , 菜田 41.29 万亩。三江平原实灌面积达到 1 692.40 万亩，其中水田 1 525.36 万亩，旱田 156.30 万亩，菜田 10.74 万亩。

依据国家对灌区分类的有关描述和规定，按照灌区规模和面积大小，将不同面积灌区划分为 4 个类型，选取≤ 5 万亩、5 万～ 10 万亩（包括 10 万亩）、10 万～ 30 万亩（包括 30 万亩）、＞ 30 万亩指标作为分类标准，并以此为依据对松花江流域吉林省境内及黑龙江省境内的各类灌区进行统计。依据不同时间将灌区建设规划（包括已建成）划分为 2005 年、2020 年和 2030 年三个时段。

（1）吉林省灌区分布特征

吉林省重点大中型灌区按不同时段和相应规模分别进行划分，不同灌溉面积灌区数量统计见表 4-13。

表 4-13　吉林省不同灌溉面积灌区数量统计表　　单位：个

灌区面积	2005 年	2020 年	2030 年
≤ 5 万亩	15	10	1
5 万～ 10 万亩	3	12	20
10 万～ 30 万亩	12	13	5
＞ 30 万亩	1	7	16

注：目前未建成或未有统计数据的灌区未被列入统计范围。

据相关统计资料分析，2005 年松花江流域吉林省境内灌区总数为 31 个，灌溉面积主要集中在≤ 5 万亩和 10 万～ 30 万亩两类灌区上，分别占吉林省总灌区数的 48% 和 39%；＞ 30 万亩的灌区仅占了 3%；2020 年，规划灌区总数为 42 个，灌溉面积≤ 5 万亩和 10 万～ 30 万亩这两类灌区的数量有所减少，而 5 万～ 10 万亩和＞ 30 万亩的灌区数量在增加，特别是＞ 30 万亩的灌区数量由 2005 年的 1 个增加到 7 个；2030 年将以灌溉面积 5 万～ 10 万亩和＞ 30 万亩的灌区为主，分别占总灌区数的 48% 和 38%。由此可见，随着灌区建设和发展，灌区建设将呈现向大型灌区方向发展的趋势，预示随着未来灌区面积的不断扩大，流域内污染趋势将会呈现不断加重的趋势。

从灌区空间位置分布来看，吉林省境内的大中型灌区主要分布在吉林省中西部地区，特别是在中部的第二松花江地区，分布数量、面积和密度均比较大。此外，在吉林省西部的嫩江沿岸地区也分布有一部分灌区。

吉林省境内的灌区主要有西部的洮儿河灌区、白沙滩灌区、前郭灌区、松原灌区，中部的饮马河灌区、星星哨灌区、松沐灌区、松城灌区、小城子灌区以及南部的辉发河灌区等。各主要灌区分布及其取退水口位置见表 4-14。

表 4-14　吉林省大型灌区（灌溉面积 10 万～ 30 万亩）分布状况表

编号	灌区名称	所属河流	所在地区	灌溉面积 / 万亩	设计引水流量 / (m^3/s)	排水干沟总长 / km
1	辉发河灌区	辉发河	辉南县	23.31	26.81	122.00
2	洮儿河灌区	洮儿河	白城市	22.20	18.65	71.40
3	永舒灌区	第二松花江	吉林市	22.00	25.3	66.10
4	海龙灌区	辉发河	梅河口市	22.00	25.3	
5	哈吐气灌区	嫩江干流	镇赉县	21.24	16.1	51.55
6	舒东灌区	拉林河	舒兰市	17.83	20.5	81.50
7	白沙滩灌区	嫩江干流	镇赉县	16.80	19.32	76.30
8	引松济卡灌区	拉林河	榆树市	16.00	20	32.00
9	引松入扶灌区	第二松花江	扶余县	15.65	5	40.00
10	饮马河灌区	饮马河	九台市	15.00	17.25	33.00
11	松城灌区	第二松花江	农安县	14.2	7.93	4.00
12	松沐灌区	第二松花江	德惠市	13.05	15.01	13.86

编号	灌区名称	所属河流	所在地区	灌溉面积 / 万亩	设计引水流量 / （m³/s）	排水干沟总长 / km
13	四方坨子灌区	嫩江干流	镇赉县	12.90	14.84	58.40
14	扶余灌区	松干拉林河	扶余县	12.70	14.61	75.90
15	星星哨灌区	饮马河	永吉县	10.11	11.63	

（2）黑龙江省灌区分布特征

黑龙江省境内灌区分布面积较大， 2005 年全省已建成和建设中的大中型灌区 30 个，截至 2010 年大中型灌区已经达到 34 个。黑龙江省不同灌溉面积的各类灌区数量情况见表 4-15。

表 4-15 黑龙江省不同灌溉面积灌区数量统计表 单位：个

灌区面积	2005 年	2020 年	2030 年
5 万～ 10 万亩	2	0	
10 万～ 30 万亩	24	0	
＞ 30 万亩	3	29	6
＞ 100 万亩	1	5	3

从上述数据可以看出，2005 年黑龙江省松花江流域灌区以灌溉面积 10 万～ 30 万亩灌区为主，占总灌区数 80%，随着流域农业现代化水平不断提高，特大灌区将是今后的发展方向；2020 年灌溉面积≤ 10 万亩和 10 万～ 30 万亩两类灌区数量都会有所减少，而其他两类灌区即 30 万～ 100 万亩和＞ 100 万亩灌区数量都会增加，特别是 30 万～ 100 万亩灌区数量将会由以前 3 个增加到 29 个；2030 年黑龙江省松花江流域将以灌溉面积为 30 万～ 100 万亩和＞ 100 万亩的大型灌区为主。

从灌区空间分布状况来看，黑龙江省灌区主要分布在两个地区，一部分在嫩江流域和松花江干流区域；另外一部分则主要集中在松花江干流中下游区域，这一地区也是黑龙江省在未来时段（2020—2030 年）重点发展大型灌区的主要区域。目前，黑龙江省主要大型灌区及其取退水口分布情况见表 4-16。

表 4-16 黑龙江省大型灌区（灌溉面积＞ 30 万亩）分布状况表

编号	灌区名称	所属河流	所在地区	灌溉面积 / 万亩	引水流量 / （m³/s）	干渠总长 / km	排水沟长 / km
1	查哈阳灌区	诺敏河	甘南县	65.5	60	95.64	145.33
2	卫星灌区	讷谟尔河	克山县	57.45	28	104.15	65.14
3	泰来县灌区	嫩江	泰来县	57	20		
4	七虎林灌区	七虎林河	虎林	53.38	49.5	119.06	
5	新河宫灌区	松花江	桦川县	48.06	15.92	10.8	45
6	松江灌区	松花江	佳木斯	47.04	36.45	11.05	18.95

编号	灌区名称	所属河流	所在地区	灌溉面积 / 万亩	引水流量 / （m^3/s）	干渠总长 / km	排水沟长 / km
7	龙头桥灌区	挠力河	宝清县	43.1	48.3		
8	引汤灌区	汤旺河	汤原县	40.24	43.85	40.5	24.3
9	龙凤山灌区	牤牛河	五常市	39.7	40	255.85	334.05
10	幸福灌区	松花江	富锦市	34.75	30	31.45	25.24
11	江东灌区	中引	富裕县	34.03		41.3	
12	密山灌区	穆棱河	密山	33	36.31	181.42	102.96
13	倭肯河灌区	倭肯河	依兰县	32.3	25.26		
14	音河灌区	音河水库	甘南县	32	21	36	27
15	普阳灌区	松花江		31.61	29.38		
16	向阳山灌区	八虎力河	桦南县	31.53	23.72		
17	蛤蟆通灌区	挠力河	宝清县	31.14	23.8	5.93	4.9
18	中心灌区	松花江	肇源县	31.01	30	47.37	82.41
19	江川灌区	松花江	桦川县	31	20.54	42.7	290.4
20	友谊灌区	拉林河	双城市	31	24.5		
21	梧桐河灌区	梧桐河	汤原县	30.94	27.04	11	21.49
22	悦来灌区	松花江	桦川县	30.89	27.35	8.9	18.1
23	香磨山灌区	木兰达河	木兰县	30.8	30	46.15	73.5
24	西泉眼灌区	阿什河	阿城市	30.5	30	95.9	76.38
25	长阁灌区	努敏河	绥棱县	30.44	30	103.8	64.75
26	中部响水灌区	卧龙河	宁安县	33.97	30		
27	尼尔基灌区	嫩江	嫩江县	448.25	145		
28	引松补挠灌区	松花江	嫩江县	420.61	90.78		

4.3.2.2　退水口分布特点

松花江流域大中型灌区的水源主要来源于嫩江、第二松花江和松花江干流，同时沿江各支流及平原水库也为灌区提供了重要的水源保障。松花江流域大中型灌区的取水口和退水口在时空间分布以及水质监测方面具有典型特点：

（1）时间分布特点

原有部分中小型灌区由于兴建的时间比较早，缺乏统一规划，其取水与退水口在建设上都比较老化，有些区域甚至只有取水口，而没有退水口，一些区域的农业退水呈漫散状态分布于农田边缘或河流岸边，有些地段已经形成了明显的冲沟。但新建或大型灌区都比较规范，有固定地点和一定规模的取排水设计工程。灌区管理的规范程度在某种程度上能够反映其建设时间。

（2）空间分布特点

一是取水口、退水口分布一致。无论是农田取水还是排水均使用一个退水口，即一口多用，既能够取水，又具有排水的功能。这类灌区以中小型灌区且已建成的灌区为主，在嫩江、第二松花江流域均有分布，新建的灌区尤其是大型灌区取退水设计中没有这种功能特点。

二是灌区取水口和退水口分别独立建设，功能区别明显。这类灌区以新建的大中型灌区为主，原有比较规范的大中型灌区设计也以这种特点为主。

三是只有取水口，没有退水口。这类灌区一般存在于已经建成的中小型灌区，用水户用水付费后，为了使水资源能够得到高效利用，经常循环用水，向外排出的水量很少。

四是灌区取水口和退水口布设数量不确定。有些灌区根据其面积和规模的大小，沿江河布设多个取水口和退水口，而有些灌区则只布设一或两个典型的取水口，但退水口设置的数量却很多，吉林省中西部区域的大中型灌区均以这种设计模式为主。

4.4 取水排水影响分析

松花江流域社会水循环中取排水量和径流量的大小直接影响着水质的好坏，而某段河流的水质好坏也会对监测断面的布局设计起到参考的作用。

4.4.1 断面水质评价

选取松花江流域第二松花江、嫩江、松花江干流典型断面，运用因子分析定权的水质评价模型评价水质总体状况，分析取排水量和径流变化对河流水质的影响。选取总磷、氨氮、COD、BOD_5等项监测指标作为水质评价因子。

（1）嫩江

选取嫩江干流及支流上的7个监测站，对其水质情况进行等级评价，嫩江干流从上游到下游依次选取5个监测点，分别是嫩江、齐齐哈尔、富拉尔基、江桥、大安，支流讷谟尔河上的德都监测点和诺敏河上的古城子监测点。2006年、2007年、2008年三年均值见表4-17，主要污染物年均含量图见图4-3。

表4-17 嫩江各监测断面监测结果均值表 单位：mg/L

河流	监测断面	监测参数			
		氨氮	总磷	COD	BOD_5
嫩江干流	嫩江	0.240	0.15	14.087	1.430
	齐齐哈尔	0.427	0.23	17.953	2.573
	富拉尔基	2.427	0.25	23.927	2.923
	江桥	1.092	0.22	19.367	3.030
	大安	0.963	0.36	21.433	3.243
讷谟尔河	德都	0.407	0.19	22.405	1.189
诺敏河	古城子	1.203	0.12	16.300	1.660

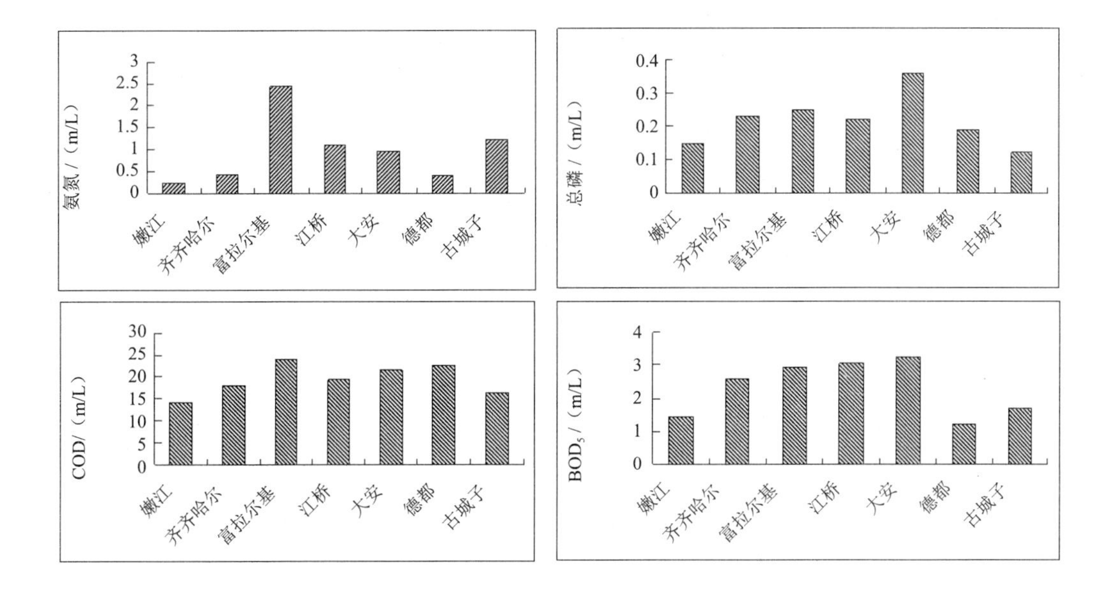

图 4-3　嫩江流域各断面主要污染指标年均含量图

评价结果表明从嫩江干流上游到下游，各指标的浓度及等级都有所增加，富拉尔基监测点各项污染物指标含量值最大，污染较为严重，嫩江支流讷漠尔河与诺敏河水质情况良好，一般污染物含量较少。

（2）第二松花江

收集第二松花江流域 6 个监测断面及其支流伊通河 3 个监测断面 2006 年、2007 年、2008 年四项指标监测值进行水质评价，列出均值和丰水期与枯水期水质状况，详见表 4-18 和图 4-4。

从表 4-18 和图 4-4 可见，无论是丰水期，还是枯水期，位于伊通河上的长春和农安断面，COD、BOD_5、总氮和总磷含量均远远大于其他监测断面。第二松花江干流各监测断面的各项污染指标值从上游至下游逐渐增加，水质逐渐呈变差的趋势，且枯水期大于丰水期。第二松花江流域支流污染严重。

表 4-18　第二松花江流域监测断面监测结果均值表　　单位：mg/L

河流	监测断面	监测参数			
		氨氮	总磷	COD	BOD_5
第二松花江	丰满水库	0.14	0.02	6.00	0.08
	二水厂	0.15	0.13	8.50	0.14
	石屯	0.29	0.08	15.60	0.18
伊通河	新立城水库	0.25	0.04	21.95	0.15
	长春	31.05	0.44	95.30	15.75
	农安	31.10	0.37	99.10	15.73
第二松花江	松原上	1.15	0.20	21.55	0.67
	松原下	1.19	0.21	18.20	0.70
	石桥	1.48	0.21	19.55	0.84

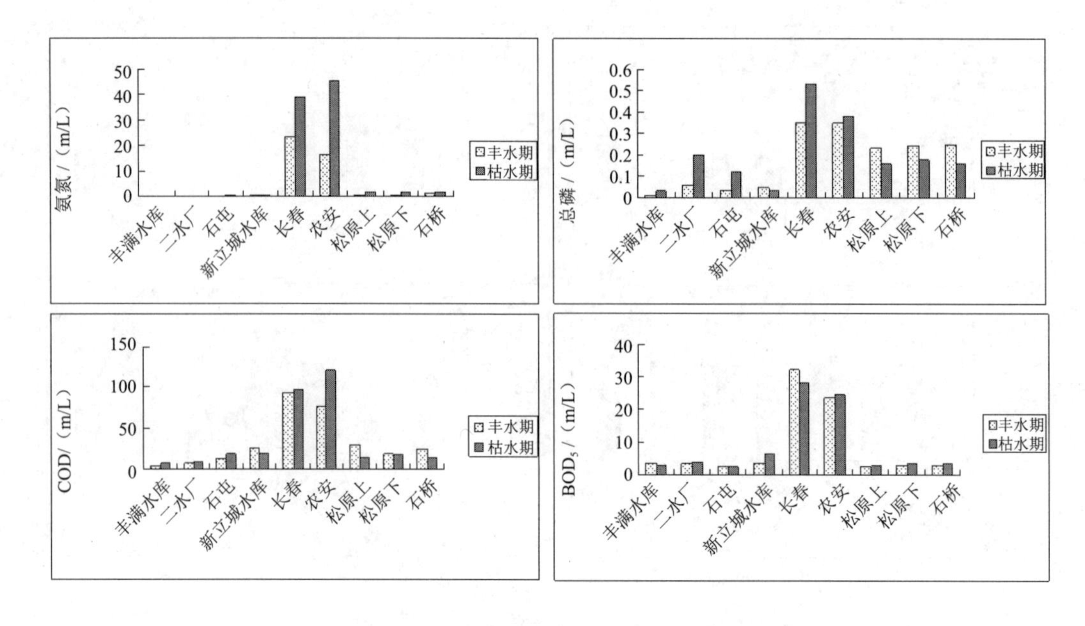

图 4-4 第二松花江流域各断面丰枯水期污染指标年均含量图

（3）松花江干流

选取松花江干流和支流牡丹江、汤旺河、蚂蚁河上的14个监测点进行水质单因子评价。松花江干流上6个监测点分别为二水源、水泥厂、通河、佳木斯、富锦、同江，牡丹江上3个监测点分别为石头、牡丹江、柴河大桥，汤旺河上3个监测点分别为伊春、南岔、晨明，蚂蚁河上2个监测点分别为一面坡和莲花。2006年、2007年、2008年三年均值见表4-19，主要污染物年均含量见图4-5。

表 4-19 松花江干流各监测断面监测结果均值表 单位：mg/L

河流	监测断面	监测参数			
		氨氮	总磷	COD	BOD_5
松干	二水源	1.028	0.12	16.817	1.898
	水泥厂	1.447	0.18	21.313	2.310
	通河	0.962	0.23	22.993	2.410
	佳木斯	0.878	0.28	28.917	1.980
	富锦	0.803	0.3	28.463	1.900
	同江	0.849	0.28	29.757	2.167
牡丹江	石头	0.287	0.15	16.357	1.293
	牡丹江	0.452	0.19	17.880	1.552
	柴河大桥	1.125	0.35	25.357	2.870
汤旺河	伊春	0.522	0.16	14.700	2.123
	南岔	0.460	0.16	15.950	2.555
	晨明	1.743	0.28	21.692	3.170

河流	监测断面	监测参数			
		氨氮	总磷	COD	BOD_5
蚂蚁河	一面坡	0.600	0.16	15.960	1.696
	莲花	0.426	0.05	8.467	1.227

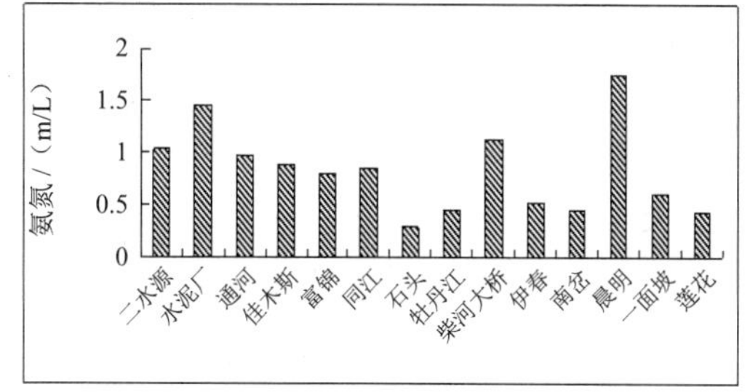

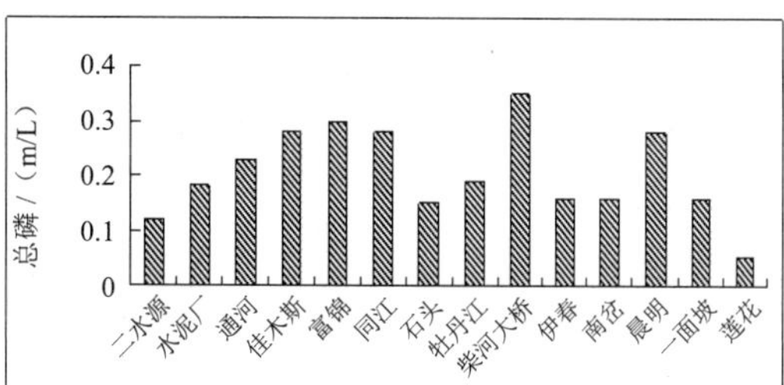

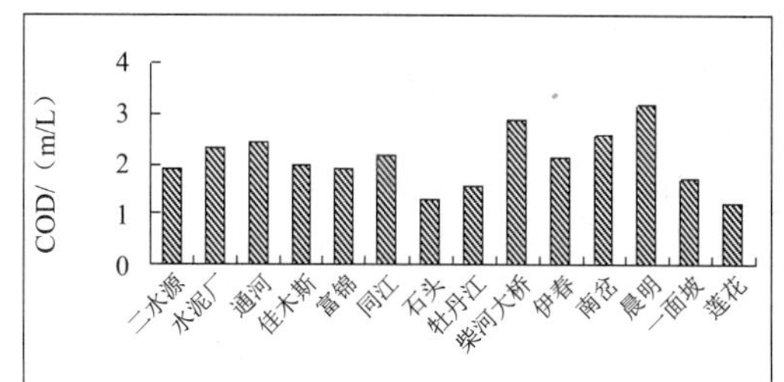

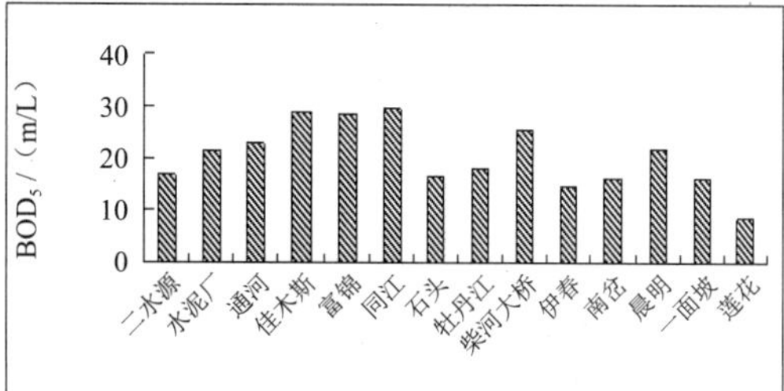

图 4-5 松花江干流各断面污染指标年均含量图

由上述水质评价结果可以看出，松花江干流上各个监测点的污染物指标等级相差不大，其水质程度也很相近。松干支流牡丹江流域上游段水质较好，而下游段柴河大桥监测点水质较差；松干支流汤旺河上游水质较好，但是下游段各指标的浓度有所增加，水质情况则呈现一定的下降趋势；松干支流蚂蚁河上两个监测点各指标等级情况相差不大，并且该河段总体水质较好。总体趋势都是从河流上游到下游水质逐渐变差。

4.4.2 水质综合评价

在社会水循环的排水过程中，水质评价是重点，因子分析定权的方法是比较全面而系统的水质评价模型。

因子分析是从研究相关矩阵内部的依赖关系出发，把一些具有错综复杂关系的变量归结为少数几个综合因子的一种多变量统计分析方法。其基本思想是根据相关性大小把变量分组，使得同组内的变量之间相关性较高，但不同组的变量相关性较低。每组变量代表一个基本结构，这个基本结构称为公共因子。

评价数据选取本节 4.4.1 各监测断面三年的年平均值，运用 SPSS13.0 软件进行因子分析，先求得各个因子的方差贡献率及累计贡献率，再进行方差正交化旋转、计算出旋转后的因子得分系数、评价指标权重，最后算出综合指标值及水质的类别。嫩江、第二松花江、松花江干流的水质综合评价结果见表 4-20 ～表 4-22。

表 4-20 嫩江水质综合评价结果

样本	嫩江	齐齐哈尔	富拉尔基	江桥	大安	德都	古城子
综合指标值	−0.901	−0.756	−0.423	−0.688	−0.716	−0.813	−0.860
水质类别	II 级	III级	IV级	III级	III级	III级	II 级

由表 4-20 可以看出，嫩江干流上游段水质较好，水质等级在 II 级左右。江水流过齐齐哈尔市后，由于一些工业与生活污水的排放导致了该段水质有一定程度的下降，到富拉尔基区，水质总体来说是最差的，水质等级达到了IV级，这也是在该段齐齐哈尔地区与富拉尔基地区工业废水综合排放后的结果。随着河水的流动，污染物有了一定程度的稀释，在嫩江下游段水质有所好转，等级为III级；嫩江支流讷谟尔河和诺敏河沿岸无大型城市分布，人为活动对水质的影响不是很大，所以水质情况较好。

表 4-21 第二松花江水质综合评价结果

样本	丰满水库	二水厂	石屯	新立城水库	长春	农安	松原上	松原下	石桥
综合指标值	−0.8592	−0.5983	−0.5788	−0.6323	1.7433	1.6585	−0.3099	−0.3156	−0.2952
水质类别	II 级	III级	IV级	III级	V 级	V 级	IV级	IV级	IV级

由表 4-21 可以看出，二松丰满水库水质较好，进入吉林市后，虽然有城市生活与工业污水特别是几个排污重点企业产生的废水排放，但由于径流量较大，江水的自净能力较强，二松水质由 II 类变为III类。二松支流伊通河上游的新立城水库水质良好，为III类水体，进入长春市区后，工业与生活污水的大量排放和较小的地表径流量，导致该河段达到劣 V 级水质，污染十分严重，并影响下游乃至二松干流的水质。

表 4-22 松花江干流水质综合评价结果

样本	二水源	水泥厂	通河	佳木斯	富锦	通江	莲花
综合指标值	−0.786	−0.332	−0.623	−0.236	−0.765	−0.702	−0.871
水质类别	III级	IV级	III级	IV级	III级	III级	II 级
样本	石头	牡丹江	柴河大桥	伊春	南岔	晨明	一面坡
综合指标值	−0.910	−0.623	−0.369	−0.883	−0.798	−0.856	−0.803
水质类别	II 级	III级	IV级	II 级	III级	III级	III级

由表 4-22 可以看出，松花江干流上各个监测点位的水质综合等级情况相差不大，除了水泥厂（哈尔滨市内）以及佳木斯两个监测点的综合水质为IV级外，其余监测点上综合

水质都为Ⅲ级，哈尔滨市以及佳木斯市是松花江干流流域上的两座大型城市，尤其是哈尔滨市，是黑龙江省省会城市，工业发展比较迅速，工业与生活污水的排放使松花江干流在哈尔滨及佳木斯段的水质情况有所下降。其余河流段水质差别不大。

支流牡丹江上游段到下游段水质持续下降，上游段水质综合等级为Ⅱ级，经过牡丹江市后，下游柴河大桥段水质为Ⅳ级。支流汤旺河上游段伊春监测点水质较好，综合评价等级为Ⅱ级，中游下游段无大型城市分布，工业与生活污水排放量很少，所以水质情况较好，综合水质等级为Ⅲ级。支流蚂蚁河上两个监测点位的综合水质评价等级分别为Ⅱ级和Ⅲ级，水质情况总体较好，水体污染程度很小。

4.4.3　水质影响分析

（1）第二松花江

第二松花江流域主要有吉林市、长春市两个大型城市和松原市，因此，重点分析这三个城市的取水量、排水量与径流量之间的关系。

吉林市取水主要来自丰满水库，长春市取水来自支流饮马河上的石头口门水库和伊通河上的新立城水库，松原市取水主要来自江北松花江水源地。三城市 2006、2007、2008 年的年均取排水量、各业取排水量及所占比例见表 4-23、图 4-6、图 4-7。

表 4-23　三城市年均取水量与排水量对比

城市	总量 / 亿 m^3			农业 / 亿 m^3			工业 / 亿 m^3			城市生活 / 亿 m^3		
	取水	排水	%	取水	排水	%	取水	排水	%	取水	排水	%
吉林	12.07	9.94	82.4	3	2.02	67.3	7.6	7.02	92.4	1.43	0.9	62.9
长春	5.77	3.3	57.2	2.03	1.7	83.7	0.6	0.4	66.7	3.15	1.2	38.1
松原	2.32	1.48	63.8	1.97	1.26	64.0	0.1	0.07	70.0	0.25	0.15	60.0

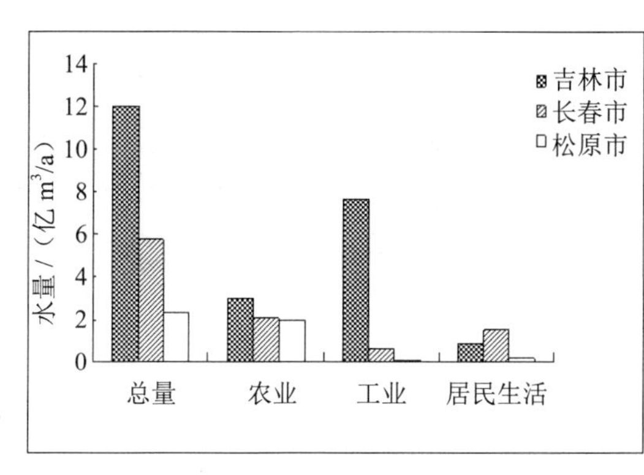

图 4-6　三城市年均取水量

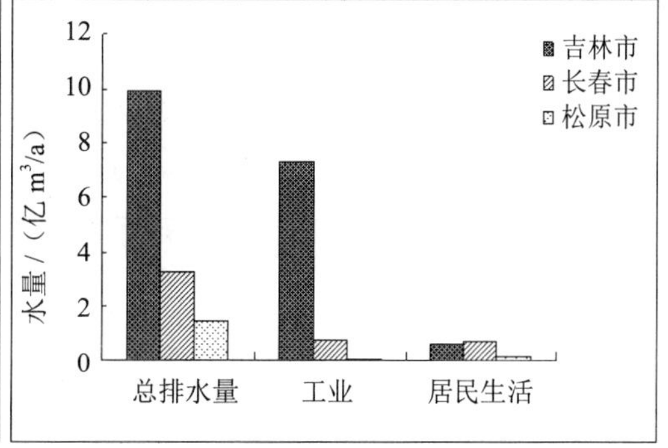

图 4-7　三城市年均排水量

从表 4-23 可知，吉林市年均总取水量最大，长春市次之，松原市最小。三城市农业取水量均较大，松原市居民生活取水最小，吉林市的工业取水量最大，占该市总取水量的 65% 以上。

吉林市年均排水量最大，为 9.94 亿 m^3，长春市为 3.3 亿 m^3，松原市为 1.48 亿 m^3。其中吉林市的工业排水量十分巨大，仅吉林热电厂、纸业公司和石化公司年排污水量达 5.09 亿 m^3；长春市部分工业与生活污水进入第一污水处理厂和第二污水处理厂，处理达标后的年均排水量为 0.86 亿 m^3，占总排水量的 26%；松原市工业和生活取水量比较小且排水分布比较分散，处理率较低。

三城市年均排水量为取水量的 67.8%，其中农业排水量占农业取水量的 71.7%，工业占 76.3%，城市生活排水量占取水量的 53.7%。长春市是吉林省的省会城市、全省的经济文化中心、吉林省内人口数量最多的城市，主要以工业为主。吉林市是吉林省第二大城市，该市石油化工业比较发达，取排水量都为吉林省之最。松原市位于第二松花江下游，是吉林西部主要城市，主要以农业为主，现阶段的石油开采业发展比较迅速。

取排水与径流量关系见表 4-24、图 4-8。

表 4-24 三城市年均取排水与径流量关系

城市	径流量 /（亿 m^3/a）	取水量占径流量比例 / %	排水量占径流量比例 / %
吉林市	78.21	15.42	12.71
长春市	6.31	91.44	52.29
松原市	121.41	1.91	1.22

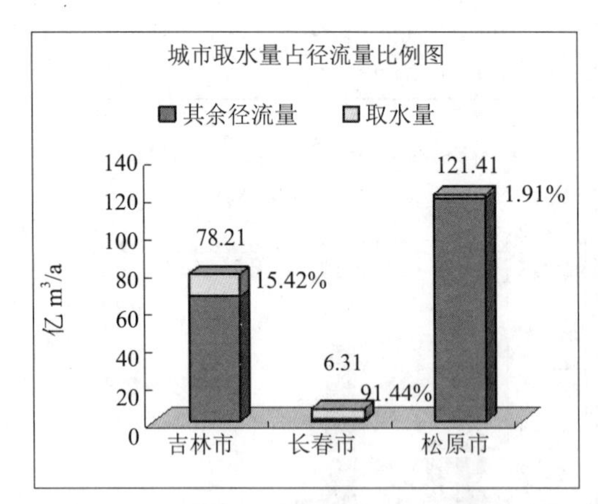

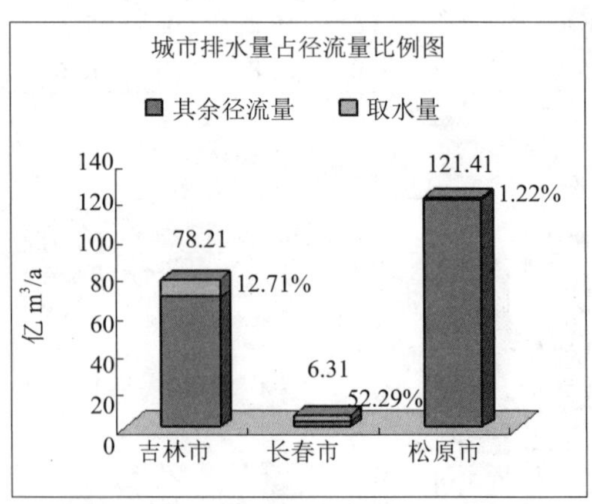

图 4-8 吉林、长春和松原市年均取排水与径流量关系

吉林市位于第二松花江上游，由于其石油化工产业取水量和排水量均很大，成为吉林省取排水量之最，其中取水量约为 12 000 万 m^3/a，排水量约为 9 940 万 m^3/a。由于该段内

河水的地表径流量较大，约为 78 2100 万 m³/a，排水量占径流量的 12.71%，即使大量污废水排入到江中，但由于该河段较大的地表径流量，河水自净能力强，污染物可以随着河水的快速流动而进行有效稀释，故第二松花江吉林市段水质较好。

长春市位于第二松花江支流伊通河段中游，其上游段新立城水库监测点水质较好，而长春段内水质情况非常差，水质等级为Ⅴ类，并且下游段水质程度也有一定程度的下降。长春市取排水量较大，取水量为 5 900 万 m³/a，排水量为 3 300 万 m³/a。经测得该河流的多年平均径流量很小，年均径流量为 6 310 万 m³/a，排水量占径流量的 52.29%，枯水期所占比例大约为 80% 左右，伊通河长春段流量小，河水的自净稀释能力差。城市排出的大量工业与生活废污水不能有效地随径流稀释，致使伊通河长春段下游水质大幅度下降，同时影响第二松花干流下游水质。

松原市位于第二松花干流下游段，该段水质等级为中等。松原市主要以农业为主，其取水量和排水量均很小，年均取水量约为 2 320 万 m³/a，年均排水量约为 1 480 万 m³/a，第二松花江干流松原段的地表径流量很大，约为 121 410 万 m³/a，排水量仅仅占径流量的 1.22%，所以在该段排出的工业、农业以及生活废水都可以随着该段较大的地表径流得到快速而有效的稀释，但是由于伊通河来水污染严重，导致该河段水质劣于上游，该段水质为Ⅲ类。

通过对第二松花江流域中三个主要城市排水量、地表径流量以及水质情况的关系分析可以看出，水质在一定程度上受到人为活动排放的农业、工业、生活污水的影响，但是由于地表径流的调节作用，水质的好坏也不完全受人为因素的影响。

（2）松花江干流

选取流域内特大城市哈尔滨市、大型城市牡丹江市，分析两个城市的取水量、排水量、径流量对河流水质的影响。哈尔滨市、牡丹江市年取水量、排水量、径流量及所占比例见表 4-25。

表 4-25　两城市取水量、排水量、径流量对比　　单位：$10^6 m^3/a$

城 市	取水量	排水量	排水量占取水量比例 / %	径流量	取水量占径流量比例 / %	排水量占径流量比例 / %
哈尔滨市	6 077.10	2 697.10	44.38	32 480	18.71	8.30
牡丹江市	1 457.06	844.59	57.97	3 093	47.11	27.31

哈尔滨市是黑龙江省省会，是中国东北北部政治、经济、文化中心，也是国家重要工业基地，主导产业有装备制造、医药、食品、石化等，其工业取水、城市生活用水及废（污）水排放量巨大，但由于哈尔滨市位于松干上游，河水径流量较大，为 324.8 亿 m³，取水量占径流量 18.71%，排水量仅占径流量 8.30%，河流自净能力强，故该河段水质很好，无论是汛期还是非汛期水质均是Ⅲ类。

牡丹江市位于黑龙江省东南部，是黑龙江省重要的工业城市，拥有装备制造、造纸、化工、能源等产业。2011 年牡丹江市生产总值是哈尔滨市的 1/5，其取水量、排水量分别占哈尔滨市取水量、排水量的 23%、31%，但是牡丹江市江段水质较松花江干流哈尔滨市江段水质差，柴河大桥断面水质全年是Ⅳ类，水质综合指标值为Ⅳ级。分析牡丹江市取水量、排水量与径流量，牡丹江水文监测断面年径流量相对小，但取水量、排水量占径流量比例高，分别为47.11%、27.31%。河流径流量小，取水量大，自净能力下降，同时又有大量污水排入，致使江水流过牡丹江市后水质由Ⅲ类下降到Ⅳ类。

城市取水量和排水量呈正比关系，排水量对江水水质影响在一定程度上受径流量的控制。从哈尔滨市、牡丹江市取排水量与径流量关系分析可知，人为生活与工业污水排放对江水水质影响较大。

（3）嫩江

嫩江流域内取排水量与径流量的大小对水质的影响程度也与二松流域、松干流域类似。嫩江上游径流量小，人为活动少，社会水循环的取排水量非常小，几乎没有受到人为污染，因此，大部分河段水质保持在Ⅱ类。流域中下游城市渐多，取排水量不断增加，但因其径流量也在逐渐增大，污水经过大量河水的有效稀释，水质状况变化不大。所以整体来说，嫩江流域内水质较好，其水质等级基本上在Ⅱ类与Ⅲ类之间。

综合以上分析，我们可以看出，某河段水质状况是受人为活动中工业、农业以及生活取排水和地表径流共同作用的结果，人类的活动对水质有一定程度的影响，但不是决定性的因素。地表径流在河流对污染物稀释的过程中起着至关重要的作用。如果该河段地表径流量很大，废水中污染物可以快速有效地随着河水的流动而稀释，对水质影响不大；如果该河段地表径流量很小，废水中污染物不能有效地随着河水的流动而稀释，则导致水质恶化。

4.5 水污染与治理情况

松花江流域作为我国重工业城市的集中地和人口密集区，以重化工为主的重污染行业过快增长、陈旧落后的生产设备淘汰缓慢、产业技术导向不完善、产业布局不协调以及生活污染治理设施落后等问题，是制约流域水环境改善的主要矛盾。这种高密度的人口分布以及不合理的产业结构，致使流域水资源短缺、水环境污染以及生态系统功能下降等资源环境问题凸显。

4.5.1　点源污染分析

4.5.1.1　点源污染特征

从水资源分区看，尼尔基至江桥、江桥以下、丰满以下的污废水及污染负荷排放强度较大，如图 4-9 所示。丰满以下废污水入河量和氨氮入河量所占比重最大，分别占整个流域的 30.2% 和 22.8%，化学需氧量入河量比重最大的是江桥以下嫩江，占总量的 23.8%，其次是丰满以下，占 21.9%；污废水入河量位居第二位的是尼尔基至江桥，占 18.4%；氨氮入河量第二位的是三岔河至哈尔滨，占 18.2%。

比较流域内各主要城市，长春市、大庆市、哈尔滨市、吉林市、齐齐哈尔市污废水入河量、化学需氧量入河量和氨氮入河量所占比重在 53.9% ~ 61.1%，是流域污染负荷的主要来源，如图 4-10 所示。分析各城市污废水入河量，吉林市最高，为 23.3%，其次为齐齐哈尔市和佳木斯市，分别为 18.7% 和 11.5%；比较各城市化学需氧量入河量，吉林市最高，占总量的 23.4%，其次为大庆市和齐齐哈尔市，分别占总量的 12.9% 和 8.0%；比较各城市氨氮入河量，吉林市最高，占总量的 24.1%，其次为齐齐哈尔市和长春市，分别占总量的 12.6% 和 9.2%。

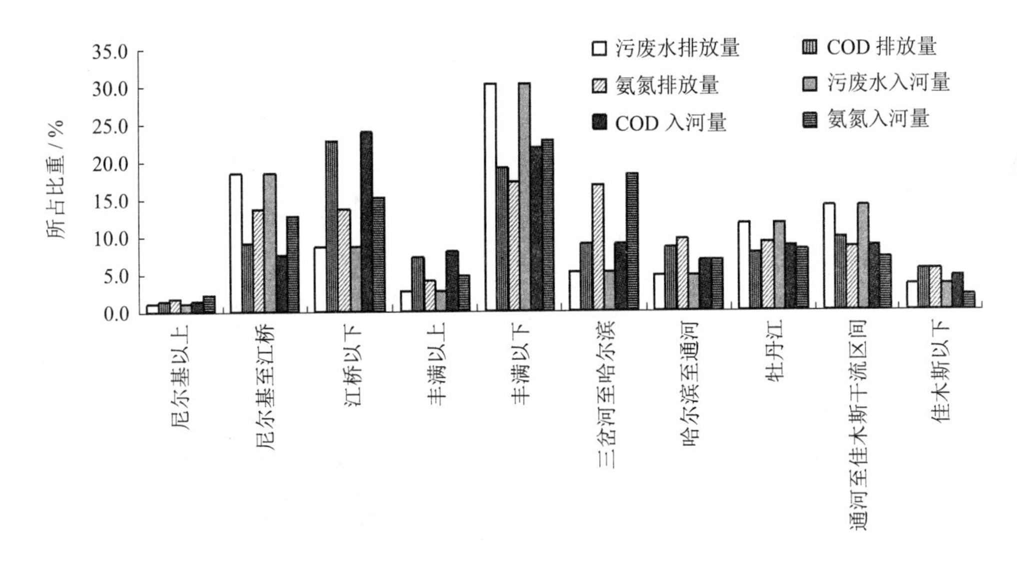

图 4-9　松花江流域废污水及污染物排放量、入河量所占比重（2005 年）

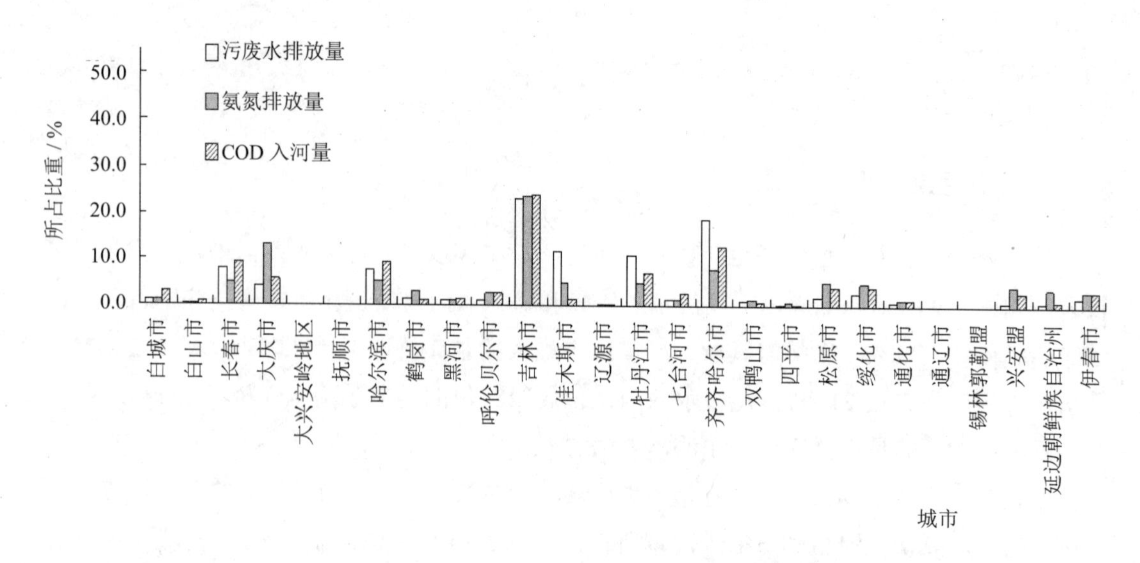

图 4-10 松花江流域主要城市污废水及污染物入河量所占比重（2005 年）

4.5.1.2 点源污染趋势

点源污染包括城镇生活和工业生产两部分。城镇生活污染排放量与城镇人口关系密切，工业污染排放量与各行业的 GDP 值紧密相关。以 2005 年污染排放为例，长春市、松原市和大庆市是单位 GDP 产污较小的城市；黑河市、佳木斯市和双鸭山市的单位 GDP 排污量偏高。氨氮与 GDP 的关系并不十分明显，对比单位 GDP 排污量，长春市、大庆市和哈尔滨市低于平均水平，佳木斯、双鸭山市、七台河市排污量较高。

就不同行业看，松花江流域主要工业行业废污水独立排污口有 420 个，其中食品、轻纺、化工及能源行业入河排污口占到总数的 78%，如表 4-26 所示。

表 4-26 2005 年主要工业行业及污水处理厂污染物入河量

序号	行业	排污口个数	废污水入河量 / 万 t	比例 / %	化学需氧量 / （t/a）	比例 / %	氨氮 / （t/a）	比例 / %
1	化工	71	6 675.11	3.6	13 276.94	15.0	325.53	14.7
2	机电	10	1 211.46	0.7	1 508.33	1.7	40.89	1.8
3	建材	16	552.06	0.3	564.53	0.6	16.06	0.7
4	轻纺	83	58 140.35	31.3	20 017.94	22.6	274.43	12.4
5	食品	121	1 988.46	1.1	17 432.93	19.6	492.43	22.2
6	冶金	35	3 182.64	1.7	2 854.67	3.2	39.12	1.8
7	医药	16	162.7	0.5	2 161.76	2.5	71.5	3.3
8	能源	52	79 981.35	43.0	15 308.76	17.3	255.18	11.5
9	污水厂	16	33 226.26	17.9	15 605.23	17.6	701.36	31.6
10	合计	420	185 120.4	100	8 8731.1	100.0	2 216.5	100.0

废污水入河量主要来自轻纺、能源行业和污水处理厂，占总量的比例分别为 43%、31% 和 18%；化学需氧量主要来自轻纺和食品行业，分别占总量的 23% 和 20%；氨氮主要来自污水处理厂和食品行业，分别为 32% 和 22%。总体而言，轻纺、食品、能源行业及污水处理厂为废污水及污染物的主要来源。在流域内排污口中，轻纺行业主要有造纸和纺织企业排污口；能源行业主要包括电厂和煤炭开采企业排污口；食品业以乳业和啤酒生产企业为主。另外，食品、医药与化工行业废水的污染物浓度较高，应针对其进行一定的处理与控制；污水处理厂氨氮排放比例偏高，接近化学需氧量排放比例的二倍，应加强目前污水处理的深度，提高对氮的处理率。

从水资源分区、行政区以及行业层面对松花江流域 2000 年和 2005 年污水与污染物入河量进行了分类统计评价，得出结论如下：

（1）从 2000 年到 2005 年，随着经济总量增长以及人口增加，松花江流域污废水入河量呈现明显增加趋势，增加了 16.6 亿 m^3。随着污染治理措施的实施，化学需氧量和氨氮入河量呈减少趋势，分别减少了 7.7 万 t 和 0.3 万 t。

（2）从水资源分区看，在水资源二级分区中，以松花江（三岔河口以下）污染物入河量所占比重较大；在水资源三级分区中，以丰满以下、三岔河至哈尔滨以及尼尔基至江桥污染物入河量所占比重较大。

（3）在行政区层面上，吉林市、长春市、哈尔滨、佳木斯市、牡丹江市和齐齐哈尔市的污染物入河量较大，城市人口和 GDP 与化学需氧量的排放量有很高的相关关系，与氨氮则没有明显关系，长春市、松原市、大庆市的单位 GDP 排污量低于其他城市，而黑河市、佳木斯市和双鸭山市的单位 GDP 排污量较高。

（4）在行业层面上，化学需氧量主要来自轻纺和食品行业，氨氮主要来自污水处理厂和食品行业，食品，医药和化工行业污染浓度较高。

（5）流域生活污水中化学需氧量和氨氮产生和排放浓度高于工业废水中的污染物浓度，生活污染对流域水质影响较大。

4.5.2　面源污染分析

松花江流域面源污染氮、磷排放主要来自农业化肥和畜禽养殖业，其中来自农业化肥排氮量、排磷量占 58% 和 55%，控制大型灌区农业面源污染对于改善松花江水质具有重要意义。

4.5.2.1　面源污染特征

松花江流域中下游是国家重要商品粮基地，化肥施用过量、农药流失及农膜的使用加剧了水质污染。农村基础设施薄弱，污水和垃圾处理能力低，禽畜粪尿和生活污染也是重要的面源污染来源。现状条件下松花江流域面源污染的主要特征如下：

（1）一般农作物对氮肥的利用率为 35% 左右，65% 通过挥发、雨淋、渗漏而损失，随地表径流流失率为 20%；农作物对磷肥的利用率为 20% 左右，随地表径流流失率为 15%。氮肥和磷肥施用比例过大，导致作物对氮、磷的利用率降低，大量养分随地表径流进入水体。

（2）农药污染面积大、影响范围广、危害严重，加之农药管理不善和过度使用，约有 70% 的农药散落到环境中。农药施用于果园和农田后，少部分进入大气环境，剩余部分残留在植物表面和土壤表层。如遇降雨，残留在植物表面及土壤表层的农药随径流进入水体，直接影响水体的水质。

（3）农田固体废弃物主要包括地膜和秸秆。地膜覆盖栽培在带来显著经济效益的同时，也使耕地遭到严重的残膜污染。残膜主要成分为聚烯烃类化合物，自然条件下极难降解。农作物光合作用产物的一半左右存在于秸秆中，而农业生产的秸秆量相当惊人，对秸秆的处置方法不当会造成环境污染。另外，水土流失也会带来一定的面源污染。

（4）松花江流域许多农村生活污水管道基本都没有建成，农村生活污水与禽畜粪尿未经任何处理直接排放，遇到降雨冲刷，随雨水汇流到江河湖库，造成水环境的严重污染。另外，农村生活垃圾也是面源污染的重要来源。

由此可知，化肥、畜禽粪尿和生活污染是面源污染的主要来源，以吉林省松原市为例，图 4-11 为 2000 年、2005 年及 2008 年面源污染排放情况。三者对 TN 和 TP 的累积贡献率达 90% 以上，而且三者所占比例相当，三大污染源均占总负荷的 1/3 左右。

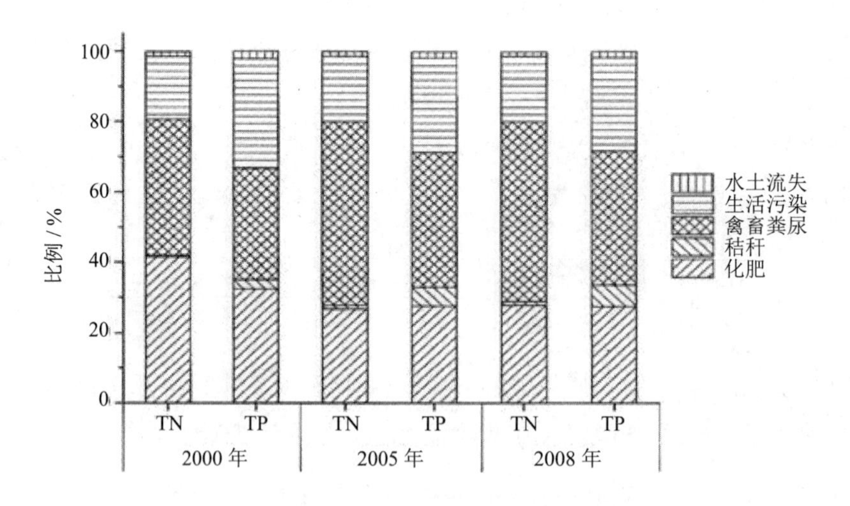

图 4-11 松原市面源污染物等标污染负荷来源分布图

4.5.2.2　水田面积趋势

松花江流域是我国重要的粮食基地，水田面积占灌溉面积的 60% 以上，随着黑龙江省千亿斤粮食基地建设和吉林省增产百亿斤粮食计划的实施，未来松花江流域灌溉面积和水田面积将进一步呈明显增加趋势，如表 4-27 为松花江流域 2010 年、2015 年和 2020 年灌溉面积和水田面积统计和预测情况。

表 4-27　松花江流域灌溉面积和水田比例情况表　　单位：万亩

行政区	2010 年			2015 年			2020 年		
	灌溉面积	水田面积	比例 / %	灌溉面积	水田面积	比例 / %	灌溉面积	水田面积	比例 / %
呼伦贝尔盟	341.0	63.0	18.5	379.5	77.27	20.36	418.0	93.00	22.25%
兴安盟	480.0	130.0	27.1	538.6	161.54	30.55	597.3	203.15	34.01
通辽市	2.4	0.0	0.0	2.4	0.00	0.00	2.4	0.00	0.00
大庆市	331.7	113.7	34.3	357.0	11 5.06	32.23	382.4	115.36	30.17
大兴安岭地区	2.1	0.0	1.4	212	0.03	1.14	2.3	0.02	0.85
哈尔滨市	693.2	567.6	81.9	717.4	583.33	81.32	741.5	598.77	80.75
鹤岗市	315.5	262.6	83.2	370.0	313.61	84.75	424.6	366.29	86.26
黑河市	71.7	56.3	78.5	74.9	58.68	78.40	78.0	61.06	78.25
鸡西市	505.3	483.6	95.7	622.3	598.13	96.19	73.93	714.55	96.66
佳木斯市	719.2	651.7	90.6	S17.7	740.95	90.62	916.1	841.72	90.62
牡丹江市	117.3	650	55.6	125.9	70.22	55.79	134.4	75.24	55.97
七台河市	48.0	283	59.0	50.8	30.57	60.15	53.7	32.93	61.35
齐齐哈尔市	901.5	291.5	32.3	956.4	328.22	3432	1011.2	167.18	36.31
双鸭山市	439.3	384.5	87.5	492.4	426.S9	86.69	545.5	468.16	85.87
绥化市	594.5	364.5	61.3	632.4	381.63	60.35	670.3	398.04	59.38
伊春市	36.2	30.5	84.3	36.9	31.10	84.32	376	30.59	84.32
长春市	352.4	231.8	65.8	426.2	294.02	68.99	500.0	361.02	72.21
吉林市	252.8	208.7	82.6	248.4	211.77	85.27	243.9	214.65	57.99
四平市	31.9	16.7	52.5	3214	16.96	52.26	33.0	17.19	52.08
辽源市	24.9	17.3	69.6	25.5	17.68	69.38	26.1	18.03	69.19
通化市	113.3	104.4	92.1	113.3	104.37	92.10	113.3	104.37	92.10
白山市	4.8	1.8	36.9	5.1	1.78	35.13	5.3	1.78	33.33
松原市	364.5	145.0	39.8	403.5	177.37	43.95	442.6	212.96	48.12
白城市	434.6	244.6	56.3	535.3	329.18	61.49	636.1	424 129	66 170
延边州	108.7	85.8	79.0	109.7	85.63	78.09	110.7	85 142	7 720
抚顺市	5.3	5.3	99.6	5.3	5.26	99.62	5.3	5.26	99.62
合计	7 292.1	4 554.4	62.5	8 081.5	5 164.7	63.9	8 870.9	5 811.3	65.5

注：比例为水田面积占灌区总面积的比例。

从表4-27可以看出，松花江流域2010年灌溉面积为7 292.1万亩，其中水田面积4 554.4万亩。2015年灌溉面积将增加到8 081.5万亩，相对于2010年增加10.8%；其中水田面积增加到5 164.7万亩，相对于2010年增加13.4%。2020年灌溉面积进一步增加到8 870.9万亩，相对于2010年增加了21.7%；其中水田面积增加到5 811.3万亩，相对于2010年增加了27.6%。松花江流域水田面积占灌溉面积的比例也从2010年的62.5%增加到2015年的63.9%和2020年的65.5%。随着松花江流域灌溉面积和水田面积的持续增加，未来伴随着产生的面源污染也将明显增加。

4.5.2.3 化肥使用情况

化肥农药等污染是松花江流域面临的重大环境污染问题之一，化肥有效利用率只有30%左右，未利用部分随农田退水进入江河，导致水体污染。2003年第二松花江流域仅氮肥、磷肥施用量已达到80万t，平均折纯施用量为274kg/hm^2，远高于发达国家所设置的防治农业环境污染的化肥安全施用强度的上限225kg/hm^2；农业面源污染导致的COD排放量已经达到13万t，占流域污染排放总负荷的41%；同时，农药用量已经超过0.46万t，且呈现逐年上升的趋势。以2005年为例，松花江流域各地级市农药化肥施用量如表4-28所示。

表4-28 松花江流域农药化肥施用情况表

行政区	化肥施用量（实物量）/ t	化肥施用折纯量 / t			
		氮肥	磷肥	钾肥	复合肥
呼伦贝尔盟	134 206	—	—	—	—
兴安盟	104 401	—	—	—	—
通辽	259 739	—	—	—	—
大庆市	226 833	37 814	17 518	6 962	29 847
大兴安岭	8 970	1 941	1 233	462	921
哈尔滨市	1 393 367	245 204	137 049	80 410	157 681
鹤岗市	53 600	7 084	3 939	3 165	2 915
黑河市	145 193	18 672	22 317	8 051	15 031
鸡西市	7 8314	13 583	10 472	3 055	7 099
佳木斯市	248 803	42 209	26 524	14 116	27 940
牡丹江市	132 583	20 856	9 658	6 275	23 914
七台河市	5 1039	9 365	6 835	2 980	4 728
齐齐哈尔市	506 194	74 101	37 457	21 778	65 168
双鸭山市	8 7938	12 930	8 881	4 649	13 477
绥化市	585 111	86 237	51 869	22 485	68 075
伊春市	36 979	5 091	3 816	2 476	2 957
长春市	347 333	460 270	108 483	—	—
吉林市	415 545	221 722	29 640	—	—
四平市	481 864	219 739	33 303	—	—

行政区	化肥施用量（实物量）/ t	化肥施用折纯量 / t			
		氮肥	磷肥	钾肥	复合肥
辽源市	123 971	63 274	13 337	—	—
通化市	220 758	143 963	18 096	—	—
白山市	27 031	14 249	1 345	—	—
松原市	549 301	270 895	125 686	—	—
白城市	302 427	151 330	46 814	—	—
延边州	91 723	47 928	11 129	—	—
抚顺市	85 000	16 000	3 000	3 000	6 000
合计	6 438 484	2 184 457	728 401	179 864	425 753

4.5.2.4　水田面源污染

我国面源污染研究起步较晚，加之长期以来未得到足够的重视，缺乏系统、可靠的基础资料，难以普及推广国外的一些大型分布式机理模型。而应用统计分析方法建立的污染物输出为目标的经验关系模型，由于模型简单，数据要求相对较低，因而在我国应用非常广泛。土地利用方式影响着诸如化学物质输入输出、径流、土壤、植被类型、地形地貌、耕作方式等因素，影响面源污染排放，是建立面源污染模型的重要参数。当流域内自然气候条件差异较小，降雨特性相似时，区域面源污染负荷主要取决于土地利用情况。因此可以根据有限的实测资料，建立面源污染排放量与土地利用之间的定量关系，结合实际情况对未来面源污染进行预测。表 4-29 为农田灌溉中最主要污染源水田灌溉的污染物产生量预测结果。

表 4-29　松花江流域水田污染物产生量　单位：t

行政区	2010 年			2015 年			2020 年		
	TN	TP	COD	TN	TP	COD	TN	TP	COD
呼伦贝尔盟	7 056	1 736	20 328	8 655	2 129	24 934	10 416	2 563	30 008
兴安盟	7 280	1 791	20 973	9 214	2 267	26 546	23 302	2 799	32 775
通辽市	0	0	0	0	0	0	0	0	0
大庆市	63 68	1 567	18 345	6 443	1 585	18 563	6 460	1 589	18 611
大兴安岭	17	4	48	14	3	41	11	3	32
哈尔滨市	63 574	15 641	183 154	65 333	16 074	188 222	67 062	16 499	193 202
鹤岗市	14 705	3 618	42 364	17 562	4 321	50 596	20 512	5 047	59 095
黑河市	3 153	776	9 082	3 286	808	9 467	3 419	841	9 851
鸡西市	27 083	6 663	78 024	33 518	8 246	96 563	40 015	9 845	115 281
佳木斯市	36 496	8 979	105 143	41 493	10 209	119 540	46 490	11 438	133 937
牡丹江市	3 653	899	10 525	3 932	968	11 329	4 214	1 037	12 139
七台河市	1 583	390	4 562	1 712	421	4 932	1 844	454	5 313

行政区	2010 年			2015 年			2020 年		
	TN	TP	COD	TN	TP	COD	TN	TP	COD
齐齐哈尔市	16 321	4 015	47 020	18 380	4 522	52 953	20 562	5 059	59 238
双鸭山市	21 529	5 297	62 025	23 906	5 882	68 872	26 234	6 454	75 578
绥化市	40 823	10 044	117 608	42 742	10 516	123 139	44 581	10 968	128 434
伊春市	17 077	4 202	49 199	17 417	4 285	50 176	17 756	4 369	51 154
长春市	25 959	6 387	74 788	32 931	8 102	94 872	40 434	9 948	116 489
吉林市	23 369	5 749	67 324	23 718	5 935	68 331	24 041	5 915	69 260
四平市	9 363	2 304	26 975	9 495	2 336	27 356	9 626	2 368	27 733
辽源市	9 705	2 388	27 959	9 901	2 436	28 526	10 097	2 484	29 098
通化市	5 845	1 438	16 838	5 845	1 438	16 838	5 845	1 438	16 838
白山市	997	1 063	12 450	2 781	1 073	12 569	4 378	1 077	12 614
松原市	8 122	1 998	23 400	9 933	2 444	28 616	119/6	2 934	34 358
白城市	13 696	3 370	39 457	18 434	4 535	53 107	23 760	5 846	68 452
延边州	9 612	2 365	27 691	9 590	2 360	27 630	9 567	2 354	27 562
抚顺市	2 946	725	8 486	2 946	725	8486	2 946	725	8 486
合计	37 6332	93 409	1 093 768	419 181	103 620	1 212 204	463 572	114 054	1 335 538

松花江流域属于高有机质土壤地区，土壤中高有机质在雨季随地表径流汇入河流，造成河流中有机物含量增加，水体中高锰酸盐指数浓度相对升高。同时，森林资源的破坏、草地的退化以及坡地的不合理耕种等原因，在冰融和水蚀作用下可造成严重的水土流失，导致地表水体水质进一步恶化。松花江流域化肥、农药施用总量大，有效利用率低，大量残留的化肥农药严重污染地表水及地下水。大部分规模化畜禽养殖场的粪便尚未得到有效处置，对水体水质影响也较大。

4.5.3 污染治理面临问题

4.5.3.1 污染治理状况

目前，松花江流域城镇污水处理率仍然较低，水污染程度没有明显改善。从现状水质监测结果看，全年有 76.9% 河长的水功能区水质不达标，47.4% 的重要地表饮用水水源地水质不安全，298 个浅层地下水水功能区中有 22.1% 水质不达标。浅层地下水在农业发达地区受到了严重污染，如松嫩平原Ⅳ类、Ⅴ类水质面积约占总面积的 28%。工业污染、生活污染、面源污染和内源污染的大量排放造成松花江流域水环境污染。

（1）工业、生活点源污染没有得到有效治理

松花江流域是我国的老工业基地，基础设施落后，经济发展水平不高，城市废水处理厂及排水管网建设严重落后，生活污水处理能力比较薄弱，据统计，松花江流域的城市污

水处理率不足 20%，导致城市污水处理严重不足，工业污染源和生活污染源没有得到有效治理，更多的工业和生活废污水直接排放入江河湖库。即使经处理排放的尾水，也由于绝大多数污水处理厂没有脱磷脱氮装置，导致松花江流域富营养盐物质的积累。

（2）农业面源污染没有得到有效控制

松花江流域是我国重要商品粮生产基地，农业生产和农村生活是最主要的面源污染，对流域水环境污染的贡献率相当大。其中，化肥农药等污染是松花江流域面临的重大环境污染问题之一，如第二松花江流域化肥年使用量为 80 万 t，平均折纯施用量为 274kg/hm^2，远高于发达国家所设置的防治农业环境污染的化肥安全施用强度的上限 225kg/hm^2（钱正英等，2006）。我国化肥有效利用率只有 30% 左右，未利用部分随农田退水进入江河，最终导致水体污染。据中国工程院重大咨询项目调查数据显示，2003 年第二松花江流域农牧业面源污染导致的 COD 排放量已经达到 13 万 t，占流域污染排放总负荷的 41%，同时，农药用量已经超过 0.46 万 t，且呈现逐年上升的趋势。《中国重点流域面源污染负荷估算研究》结果表明，松花江流域面源污染氮、磷排放主要来自农业化肥和畜禽养殖业，面源排氮量、排磷量来自农用化肥的贡献率达到 58% 和 55%。由此可见，控制大型灌区农业面源污染十分重要。

（3）内源污染没有得到有效治理

由于大量的外源污染物汇入湖库河流水体，流域水产养殖及航运等原因导致松花江流域局部江段和湖库底泥污染物积累日益加重，富营养盐物质、重金属和持久性有机污染物不断累积，内源污染已成为松花江流域平原河段水质污染严重的一个重要根源。

4.5.3.2　污染治理面临问题

（1）点源污染排放量大，城市污水处理率仍然较低

松花江流域尚有部分县（市）未建成污水处理厂，导致城市污水处理严重不足，工业污染源和生活污染源没有得到有效治理，更多工业和生活废污水直接排放入江河湖库。已建成的污水处理厂配套管网建设滞后，运行负荷率较低，绝大多数没有脱磷脱氮装置，导致松花江流域富营养盐物质的加快积累。大部分人口密集的建制镇未建污水处理设施，污水直排入河。

（2）面源污染严重，已成为影响流域水质重要因素

松花江流域化肥农药施用量大，有效利用率低，残留的化肥农药通过淋溶、渗漏、径流和退水等方式污染地表及地下水体。农村环境基础设施建设严重滞后，大部分规模化畜禽养殖场的粪便尚未得到有效处理处置。

同时，不合理的人为开发活动加剧了流域水土流失，土壤中高有机质在雨季随地表径流汇入江河，造成河流中有机物含量增加，影响地表水体水质。

“十二五”期间，黑龙江省千亿斤粮食产量工程、千万吨奶战略工程、五千万头生猪

规模化养殖战略工程的实施，以及吉林省增产百亿斤粮食工程等项目，对松花江流域农业面源污染控制提出了更高的挑战。由此可见，随着粮食基地、农牧业基地建设，面源污染已成为影响流域水质的重要因素。

（3）流域用水量增加，对改善水环境质量增加了难度

松花江流域是我国重要商品粮生产基地，《全国新增1000亿斤粮食生产能力规划》中，吉林、黑龙江两省承担着300多亿斤粮食增产任务，重要途径就是通过大规模调配松花江水资源发展灌溉农业。“十二五”期间，流域农业用水和总用水的大幅增长，将使河道水量有所降低，对下游河湖生态安全产生影响，改善流域水环境质量将面临挑战。

（4）水污染突发事件频繁，对水源安全造成巨大威胁

松花江流域覆盖了黑龙江和吉林省大部分城市，其中吉林省的吉林市、松原市以及黑龙江省的齐齐哈尔、哈尔滨和佳木斯都是东北重要的工业城市，许多化工企业沿江而建，造成了潜在的污染风险，近几年来松花江流域水污染事件频发，例如2005年吉化公司的水污染事件、2008年的伊通河水污染事件以及2010年的原料桶水污染事件，对松花江沿岸的社会经济和生态环境造成了严重的影响。与此同时，还缺乏应对水污染突发事件的科学水量调度措施和方案，应急还停留在事后监测和专家会商决策的层面，缺乏提供决策依据的水质水量模拟和联合调控平台。

（5）水质监测不到位，不利于水污染常规和应急管理

长期以来，水质与水量监测脱节，水利、环保监测部门只注重水质监测，对水质与水量联合监测没有引起足够的重视。现有水文监测主要是针对自然水循环的蒸发、降水、径流环节，缺乏对社会水循环的取水、输水、用水、排水过程监测。全面监测是解决水危机的重要环节，加强水循环全过程的监测，才能有效控制水污染和改善水环境。另外，松花江流域重污染产业比重高，石油、化工、冶金等工业企业沿江分布广，潜在环境风险大，突发水污染事故是松花江流域面临的长期问题。仅仅依靠现有的定期监测方式是远远不够的，应建立松花江流域风险防范机制和应急监测机制，提高应急响应水平，支撑流域及地方管理机构具备应对各种污染突发事件的能力，切实保障流域整体水生态环境安全。

第 5 章　水循环水质监测体系状况分析

5.1　流域水质监测断面布设状况

5.1.1　水质监测河流基本状况

松花江流域一、二级河流 229 条，河流总长 26 464km，其中一级河流 78 条，河流长度 13 911km，占流域河长的 52.57%；二级河流 151 条，河流长度 12 553km，占流域河长的 47.43%。

嫩江水系一、二级河流 67 条，河流总长度 10 208km，其中一级河流 30 条，河流长度 6 944km，占嫩江水系河长的 68.03%；二级河流 37 条，河流长度 3 264km，占嫩江水系河长的 31.97%。

第二松花江水系一、二级河流 71 条，河流总长度 5 782km，其中一级河流 18 条，河流长度 2 014km，占第二松花江水系河长的 34.83%；二级河流 53 条，河流长度 3 768km，占第二松花江水系河长的 65.17%。

松花江干流水系一、二级河流 91 条，河流总长度 10 474km，其中一级河流 30 条，河流长度 4 953km，占松花江干流水系河长的 47.29%；二级河流 61 条，河流长度 5 521km，占松花江干流水系河长的 52.71%。

从各水系河流数量上看，松花江干流水系一、二级河流数量最多，其次是第二松花江水系，嫩江水系河流数量最少；从河流长度分析，松花江干流一、二级河流长度最长，次之是嫩江水系，第二松花江水系河流长度最短。流域一、二级河流基本情况详见表 5-1。

表 5-1　松花江流域一、二级河流基本情况表

河流水系	河流个数（条）及所占比例 / %					河流长度 /（km）及所占比例 /（%）				
	总数	一级河流	比例	二级河流	比例	总长度	一级河流	比例	二级河流	比例
嫩江	67	30	44.78	37	55.22	10 208	6 944	68.03	3 264	31.97
第二松花江	71	18	25.35	53	74.65	5 782	2 014	34.83	3 768	65.17
松花江干流	91	30	32.97	61	67.03	10 474	4 953	47.29	5 521	52.71
合计	229	78	34.06	151	65.94	26 464	13 911	52.57	12 553	47.43

5.1.2 水质监测断面布设状况

（1）环境保护部门水质监测断面布设状况

吉林省和黑龙江省环境保护部门在松花江流域布设96个水质监测断面。其中，吉林省环境保护部门在松花江流域布设34个监测断面，9个国控断面，分布在松花江干流、伊通河、饮马河、牡丹江、嫩江等一、二级河流上，22个省控断面主要分布在松花江干流、伊通河、辉发河、牡丹江、洮儿河等省内河段，3个市控断面；黑龙江省环境保护部门在松花江流域布设62个断面，14个国控断面分布在松花江干流、嫩江干流、阿什河、呼兰河、牡丹江，41个省控断面主要分布在二级支流上，7个市控断面。详见图5-1。

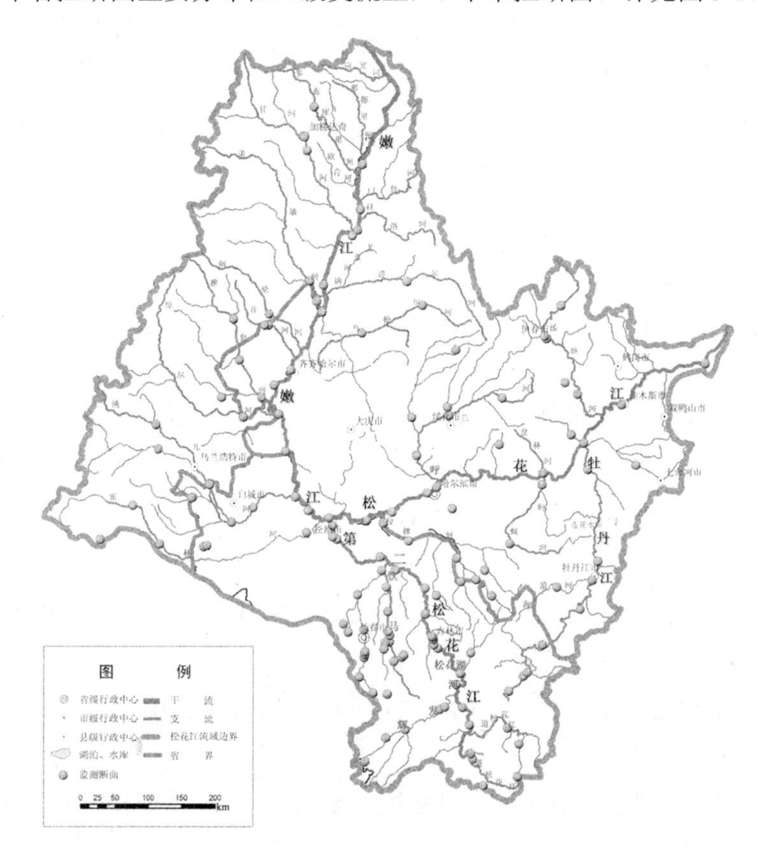

图5-1 环境保护部门水质监测断面布设分布图（彩图见附图11）

（2）水利部门水质监测断面布设状况

“十一五”期间，水利部门在松花江流域布设137个水质监测断面，其中，黑龙江省布设42个，吉林省布设62个，内蒙古自治区布设6个，流域机构布设27个。从整体布设情况看，吉林省监测断面布设比较均匀，黑龙江省布设较分散。水利部门水质监测断面布设情况详见图5-2。

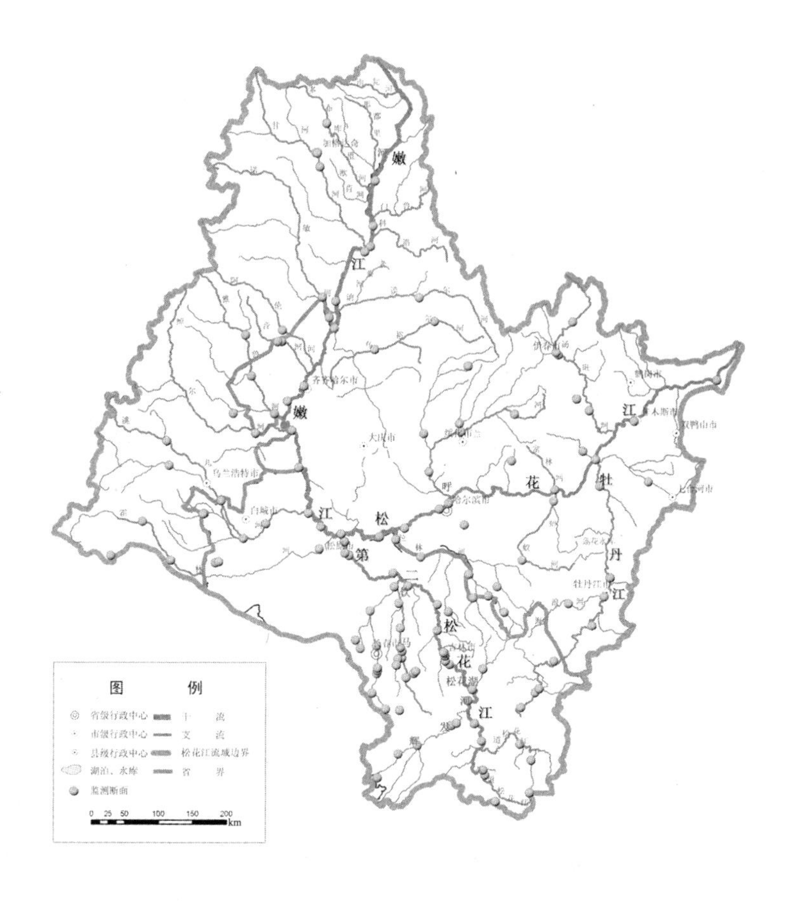

图 5-2　水利部门水质监测断面布设分布图（彩图见附图 12）

5.1.3　水质监测断面覆盖状况

松花江流域有 78 条一级河流，环境保护部门在其中的 21 条河流上布设 85 个水质监测断面，监测覆盖率为 26.92%；水利部门在其中的 29 条河流上布设 108 个水质监测断面，监测覆盖率为 37.18%。

松花江流域有 151 条二级河流，环境保护部门在其中的 5 条河流上布设 11 个水质监测断面，监测覆盖率为 3.31%；水利部门在其中的 19 条河流上布设 29 个监测断面，监测覆盖率为 12.58%。

从监测断面布设整体情况看，环境保护部门一、二级河流监测覆盖率为 11.35%，水利部门一、二级河流监测覆盖率为 20.96%，无论水利部门还是环境保护部门在整个流域所布设的监测断面覆盖率都未超过 30%，监测断面布设也非常不均匀，有的河流布设多个，有的河流一个监测断面也没有布设，无法满足新时期流域水资源保护与管理工作的需要。松花江流域一、二级河流水质监测断面布设情况及监测覆盖率见表 5-2、表 5-3 和图 5-3、图 5-4。

表 5-2 一级河流水质监测断面布设状况表

水系	河流/条	环境保护部门			水利部门		
		断面/个	河流/条	覆盖率/%	断面/个	河流/条	覆盖率/%
嫩江	30	16	7	23.33	38	13	43.33
第二松花江	18	19	4	22.22	35	6	33.33
松花江干流	30	50	10	33.33	35	10	33.33
合计	78	85	21	26.92	108	29	37.18

表 5-3 二级河流水质监测断面布设状况表

水系	河流/条	环境保护部门			水利部门		
		断面/个	河流/条	覆盖率/%	断面/个	河流/条	覆盖率/%
嫩江	37	—	—	—	5	3	8.1
第二松花江	53	5	1	1.88	14	6	11.32
松花江干流	61	6	4	6.56	10	10	16.39
合计	151	11	5	3.31	29	19	12.58

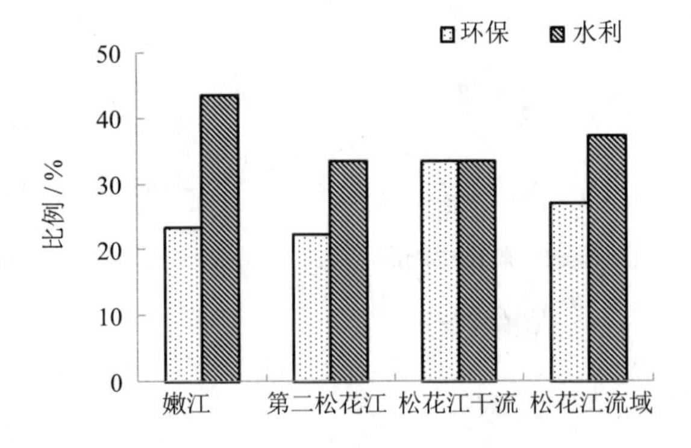

图 5-3 一级河流监测覆盖比例图

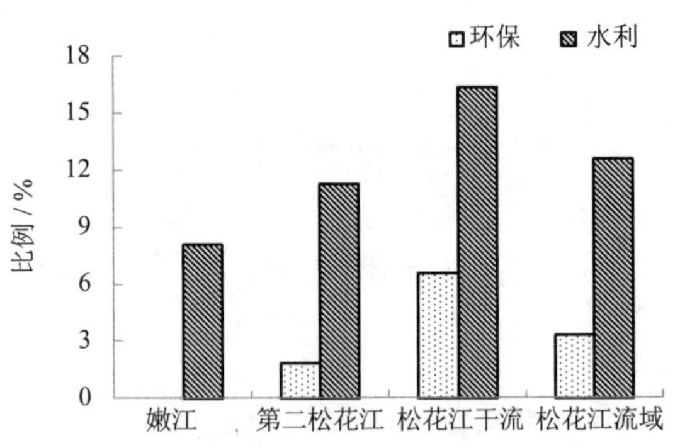

图 5-4 二级河流监测覆盖比例图

5.2 河流基本监测断面布设状况

5.2.1 嫩江水系水质监测断面

嫩江有 30 条一级河流，环境保护部门在其中的 7 条河流上布设 16 个水质监测断面，河流监测覆盖率为 23.33%；水利部门在其中的 13 条河流上布设 38 个水质监测断面，河流监测覆盖率为 43.33%。

嫩江有 37 条二级河流，环境保护部门未布设水质监测断面，河流监测覆盖率为 0；

水利部门在其中的 3 条河流上布设 5 个监测断面，河流监测覆盖率为 8.1%。

水利部门水质监测断面位置信息见表 5-4，环境保护部门水质监测断面位置信息见表 5-5。

表 5-4　嫩江水系水利部门水质监测断面一览表

序号	断面名称	断面地址	河流名称	河流级别
1	那吉	呼盟阿荣旗那吉镇	阿伦河	一级
2	两家子	兴安盟扎赉特旗音尔镇	绰尔河	一级
3	松岭	大兴安岭区松岭区小扬气镇	多布库尔河	一级
4	加西村	大兴安岭地区加格达奇区	甘河	一级
5	加格达奇	大兴安岭地区加格达奇区	甘河	一级
6	白桦（下）	加格达奇区白桦排森林经营所	甘河	一级
7	大石寨	兴安盟科右前旗大石寨镇	归流河	一级
8	吐列毛都	兴安盟科右中旗吐列毛都镇	霍林河	一级
9	白云胡硕	兴安盟科右中旗巴彦呼舒镇	霍林河	一级
10	查干湖	前郭县查干湖湖心	霍林河	一级
11	野马图	白城地区野马镇野马图村	蛟流河	二级
12	宝泉	白城局宝泉水文站基本断面	蛟流河	二级
13	巴雅尔吐胡硕	通辽市扎鲁特旗巴雅尔吐胡硕镇	坤都冷河	二级
14	向海水库（一）	一场泡中心	南额木太河	二级
15	向海水库（二）	二场泡中心	南额木太河	二级
16	德都	德都县青山镇	讷谟尔河	一级
17	白沙滩	镇赉县丹岱乡	嫩江	一级
18	大安	前郭县八郎乡塔虎城渡口	嫩江	一级
19	石灰窑	嫩江县石灰窑	嫩江	一级
20	库漠屯	嫩江县联兴乡	嫩江	一级
21	嫩江	嫩江县嫩江镇	嫩江	一级
22	尼尔基库末	黑龙江省嫩江县城	嫩江	一级
23	博荣乡	呼盟莫里达瓦旗尼尔基镇	嫩江	一级
24	鄂温克族乡	讷河市鄂温克族乡	嫩江	一级
25	莫河渡口	齐齐哈尔市富裕县	嫩江	一级
26	江桥	泰来县江桥乡	嫩江	一级
27	齐齐哈尔	齐齐哈尔市建华区	嫩江	一级
28	富拉尔基	齐齐哈尔市富拉尔基区	嫩江	一级
29	古城子	甘南县查哈乡	诺敏河	一级
30	萨马街	甘南县东阳镇大房子	诺敏河	一级
31	索伦	兴安盟科右前旗索伦镇	洮儿河	一级
32	林海	吉林省洮安县岭下乡	洮儿河	一级
33	镇西	白城局镇西水文站基本断面	洮儿河	一级
34	洮南	白城局洮南水文站基本断面	洮儿河	一级

序号	断面名称	断面地址	河流名称	河流级别
35	黑帝庙	白城局黑帝庙水文站基本断面	洮儿河	一级
36	月亮泡水库	月亮泡水库哈尔金闸上	洮儿河	一级
37	北安	北安市	乌裕尔河	一级
38	依安大桥	黑龙江省依安县依安镇	乌裕尔河	一级
39	扎兰屯（四）	呼伦贝尔市扎兰屯市	雅鲁河	一级
40	碾子山	齐齐哈尔市华安乡	雅鲁河	一级
41	原种厂	黑龙江省齐齐哈尔市	雅鲁河	一级
42	音河水库	黑龙江省甘南县甘南镇	音河	一级
43	大河	黑龙江省甘南县赣南镇	音河	一级

表 5-5 嫩江水系环境保护部门水质监测断面一览表

序号	断面名称	断面位置	河流名称	河流级别	断面级别
1	拉哈	齐齐哈尔市讷河市二克浅镇	嫩江	一级	国控
2	浏园	齐齐哈尔城区	嫩江	一级	国控
3	富上	齐齐哈尔市富拉尔基区	嫩江	一级	省控
4	江桥	齐齐哈尔市泰来县江桥镇	嫩江	一级	国控
5	白沙滩	镇赉县丹岱乡白沙滩自动站取水口	嫩江	一级	国控
6	嫩江口内	大庆市肇源县茂兴镇	嫩江	一级	国控
7	老坎子	大安市北铁路桥下 500m 处	嫩江	一级	省控
8	哈戈尔	大安市水文局所立石碑下游 400m 处	嫩江	一级	省控
9	加格达奇上	大兴安岭加格达奇区	甘河	一级	省控
10	柳家屯	内蒙古莫旗额尔河乡柳家屯	甘河	一级	国控
11	讷谟尔河口	齐齐哈尔市讷河市前二里村	讷谟尔河	一级	省控
12	查哈阳乡	齐齐哈尔市甘南县查哈阳乡	诺敏河	一级	国控
13	音河水库	齐齐哈尔市甘南县	音河	一级	国控
14	绰尔河口	内蒙古扎旗努文木仁乡靠山村	绰尔河	一级	国控
15	镇西大桥	洮北区岭下镇白城水文局石碑下游 300m	洮儿河	一级	省控
16	到保大桥	洮北区到保镇白城水文局石碑下 100m	洮儿河	一级	省控

5.2.2 第二松花江水系水质监测断面

第二松花江有 18 条一级河流，环境保护部门在其中的 4 条河流上布设 19 个水质监测断面，监测覆盖率为 22.22%；水利部门在其中的 6 条河流上布设 35 个水质监测断面，监测覆盖率为 33.33%。

第二松花江有 53 条二级河流，环境保护部门仅在其中的 1 条河流上布设 5 个水质监测断面，监测覆盖率为 1.88%；水利部门在其中的 6 条河流上布设 14 个监测断面，监测覆盖率为 11.32%。

第二松花江水系水利部门水质监测断面位置信息见表 5-6，环境保护部门水质监测断面位置信息见表 5-7。

表 5-7 第二松花江水系水利部门水质监测断面一览表

序号	断面名称	断面地址	河流名称	河流级别
1	星星哨水库	星星哨水库坝上	岔路河	二级
2	白山水库	白山水库坝上	第二松花江	一级
3	红石水库	红石水库坝上	第二松花江	一级
4	丰满水库	桦甸桦树林子乡大兴屯公路桥	第二松花江	一级
5	丰满水库	蛟河市松江镇小车背沟屯	第二松花江	一级
6	丰满水库	丰满水库坝上	第二松花江	一级
7	马家	“引松入长”取水口	第二松花江	一级
8	一水厂	吉林市一水厂取水口	第二松花江	一级
9	三水厂	吉林市三水厂取水口	第二松花江	一级
10	二水厂	吉林市二水厂取水口	第二松花江	一级
11	吉林	吉林市郊哨口村公路桥	第二松花江	一级
12	石屯	长春局石屯水位站基本断面	第二松花江	一级
13	松花江	长春局松花江水文站基本断面	第二松花江	一级
14	五家站	松原局五家站水位站基本断面	第二松花江	一级
15	松原上	松原市自来水公司取水口	第二松花江	一级
16	松原下	松原市宁江区联合村	第二松花江	一级
17	石桥	吉林省扶余县	第二松花江	一级
18	长白山口	长白山瀑布下	二道白河	二级
19	二道白河	安图县二道白河镇下游	二道白河	二级
20	汉阳屯	延边局汉阳屯水文站基本断面	二道松花江	一级
21	海龙水库	海龙水库坝上	辉发河	一级
22	梅河口	梅河口市下游莲河河口上游	辉发河	一级
23	辉南	辉南县朝阳镇 302 省道公路桥	辉发河	一级
24	桦甸水源	桦甸市自来水公司辉发河取水处	辉发河	一级
25	桦甸	桦甸市四闸门下游	辉发河	一级
26	蛟河	吉林局蛟河水文站基本断面	蛟河	一级
27	新安	双阳区新安镇公路桥	双阳河	二级
28	漫江	引漫入松梯级电站引水口上游	头道松花江	一级
29	参乡一号桥	抚松县参乡一号桥	头道松花江	一级
30	高丽城子	白山局高丽城子水文站基本断面	头道松花江	一级
31	太平池水库	太平池水库坝上	翁克河	二级
32	顺山堡	长春局顺山堡水文站基本断面	新凯河	二级
33	寿山水库	寿山水库坝上	伊通河	二级
34	伊通	伊通县范家拦河坝	伊通河	二级
35	新立城水库	新立城水库库区上游	伊通河	二级
36	新立城水库	新立城水库库心	伊通河	二级

序号	断面名称	断面地址	河流名称	河流级别
37	新立城水库	长春市自来水公司取水口	伊通河	二级
38	长春	北郊污水处理厂排放口下游	伊通河	二级
39	农安	农安镇下游	伊通河	二级
40	靠山	农安县靠山镇伊通河公路桥	伊通河	二级
41	亚吉水库	亚吉水库坝上	饮马河	一级
42	烟筒山	吉林局烟筒山水文站基本断面	饮马河	一级
43	长岭	长春局长岭水文站基本断面	饮马河	一级
44	石头口门水库	石头口门水库库区上游	饮马河	一级
45	石头口门水库	石头口门水库库心	饮马河	一级
46	石头口门水库	长春市自来水公司取水口	饮马河	一级
47	拉他泡	九台市九郊乡拉他泡屯饮马河公路桥	饮马河	一级
48	德惠	德惠市饮马河大桥	饮马河	一级
49	靠山屯	长春局靠山屯水位站基本断面	饮马河	一级

表 5-7 第二松花江水系环境保护部门水质监测断面一览表

序号	断面名称	断面位置	河流名称	河流级别	断面级别
1	池北铁桥	二道白河镇	二道松花江	一级	省控
2	批州上	白山市靖宇县批州村	第二松花江	一级	国控
3	白山大桥	桦甸市白山电厂坝下	第二松花江	一级	省控
4	临江大桥	桦甸市红石镇西北侧	第二松花江	一级	省控
5	兰旗大桥（丰满）	吉林市昌邑区	第二松花江	一级	国控
6	清源桥（龙潭桥）	吉林市龙潭区	第二松花江	一级	省控
7	九站	吉林市龙潭区	第二松花江	一级	省控
8	哨口	吉林市龙潭区	第二松花江	一级	省控
9	白旗	舒兰市白旗镇小白旗村	第二松花江	一级	国控
10	松花江村	长春市榆树市五棵树镇龚家村	第二松花江	一级	国控
11	镇江口	长春市农安县小城乡镇江口村	第二松花江	一级	省控
12	宁江（畜牧场）	松原市前郭县七家子村	第二松花江	一级	国控
13	西大嘴子	松原市	第二松花江	一级	省控
14	松林	松原市宁江区松林村	第二松花江	一级	国控
15	兴隆	通化市辉南县兴隆村	辉发河	一级	省控
16	一闸门	桦甸市城区西南侧	辉发河	一级	省控
17	沙金	桦甸市东北侧	辉发河	一级	省控
18	福兴	桦甸市金沙乡福兴村	辉发河	一级	国控
19	靠山南楼	长春市农安县靠山镇红石村	饮马河	一级	国控
20	星光	四平市伊通镇星光村	伊通河	二级	省控
21	新立城大坝	长春市净月开发区新立城镇	伊通河	二级	国控
22	水厂小坝	长春市一水厂反冲水排水口处	伊通河	二级	省控
23	杨家崴子大桥	北环城公路四化桥处	伊通河	二级	国控
24	靠山大桥	农安县靠山镇外 1 公里处	伊通河	二级	省控

5.2.3　松花江干流水系水质监测断面

松花江干流有 30 条一级河流，环境保护部门在其中的 10 条河流上布设 50 个水质监测断面，河流监测覆盖率为 33.33%；水利部门在其中的 10 条河流上布设 35 个水质监测断面，河流监测覆盖率为 33.33%。

松花江干流有 61 条二级河流，环境保护部门在其中的 4 条河流上布设 6 个水质监测断面，河流监测覆盖率为 6.56%；水利部门在其中的 10 条河流上布设 10 个监测断面，河流监测覆盖率为 16.39%。

松花江干流水系水利部门水质监测断面位置信息见表 5-8，环境保护部门水质监测断面位置信息见表 5-9。

表 5-8　松花江干流水系水利部门水质监测断面一览表

序号	断面名称	断面地址	河流名称	河流级别
1	阿城	黑龙江省阿城县阿城镇	阿什河	一级
2	烟筒山	依兰县烟筒山林场	巴兰河	二级
3	长汀子	牡丹江市长汀镇	海浪河	二级
4	铁力	黑龙江省铁力市铁力镇	呼兰河	一级
5	秦家	黑龙江省绥化市秦家镇	呼兰河	一级
6	兰西	黑龙江省兰西县河口镇	呼兰河	一级
7	亮甲山水库	亮甲山水库坝上	卡岔河	二级
8	金马	舒兰市金马镇拉林河公路桥	拉林河	一级
9	蔡家沟	吉林省扶余县蔡家沟镇	拉林河	一级
10	沈家营	五常县沙河子镇磨盘山村	拉林河	一级
11	五常	黑龙江五常县兴隆乡	拉林河	一级
12	苗家	黑龙江省双城县	拉林河	一级
13	一面坡	尚志市一面坡镇	蚂蚁河	一级
14	莲花	方正县宝兴乡富祥村	蚂蚁河	一级
15	龙凤山水库	五常县龙凤山乡水库	牤牛河	二级
16	江源	敦化市江源镇上游	牡丹江	一级
17	敦化水源	敦化市自来水公司牡丹江取水处	牡丹江	一级
18	敦化	延边局敦化水文站基本断面	牡丹江	一级
19	大山咀子	敦化市大山咀子乡	牡丹江	一级
20	石头	宁安市石岩乡	牡丹江	一级
21	牡丹江	牡丹江海浪大桥	牡丹江	一级
22	柴河大桥	海林县柴河大桥	牡丹江	一级
23	长江屯	依兰县土城子乡	牡丹江	一级
24	香么山水库	木兰县香么山水库	木兰达河	一级
25	四方台	绥化市四方台镇	努敏河	二级
26	三岔河	吉林省前郭县三岔河	松花江	一级

序号	断面名称	断面地址	河流名称	河流级别
27	下岱吉	吉林省扶余县长春岭乡	松花江	一级
28	88号照	双城市伊家店农场	松花江	一级
29	二水源	哈尔滨市道里区	松花江	一级
30	水泥厂	哈尔滨市道外区	松花江	一级
31	通河	黑龙江省通河县通河镇	松花江	一级
32	依兰	黑龙江省依兰县依兰镇	松花江	一级
33	佳木斯	黑龙江省佳木斯市	松花江	一级
34	富锦	黑龙江省富锦县富锦镇	松花江	一级
35	同江	黑龙江省同江市	松花江	一级
36	五营	黑龙江省伊春市五营区	汤旺河	一级
37	伊新	黑龙江省伊春市伊春区	汤旺河	一级
38	晨明	伊春市南岔区晨明镇	汤旺河	一级
39	青冈	黑龙江省青冈县民政乡	通肯河	二级
40	倭肯	黑龙江省勃利县倭肯镇	倭肯河	一级
41	宝泉岭	萝北县宝泉岭农场	梧桐河	一级
42	南岔	黑龙江省伊春市南岔区	西南岔河	二级
43	双河	舒兰市平安镇双河屯	细鳞河	二级
44	伊春	黑龙江省伊春市伊春区	伊春河	二级
45	东方红水库	海伦市东方红水库	扎克河	二级

表 5-9 松花江干流水系环境保护部门水质监测断面一览表

序号	断面名称	断面位置	河流名称	河流级别	断面级别
1	三岔河	大庆市肇源县茂兴镇对过	松花江	一级	省控
2	肇源	大庆市肇源县	松花江	一级	国控
3	拉林河口下	大庆市肇源县	松花江	一级	省控
4	朱顺屯	哈尔滨市道里区群力乡松江村	松花江	一级	国控
5	阿什河口下	哈尔滨市道外区	松花江	一级	省控
6	呼兰河口下	哈尔滨市呼兰区腰堡街道办事处腰堡村	松花江	一级	省控
7	大顶子山	宾县塘坊镇塘坊村	松花江	一级	国控
8	牡丹江口上	哈尔滨市依兰县依兰镇福兴村	松花江	一级	省控
9	牡丹江口下	哈尔滨市依兰县	松花江	一级	省控
10	宏克利	哈尔滨市依兰县宏克利镇	松花江	一级	省控
11	佳木斯上	佳木斯郊区大来镇	松花江	一级	国控
12	佳木斯下	佳木斯市桦川县悦来镇	松花江	一级	国控
13	江南屯	桦川县万里河通村	松花江	一级	国控
14	同江	佳木斯市同江市	松花江	一级	国控
15	汇合前	大庆市龙凤区卧里屯	安肇新河	一级	省控
16	中出口	大庆市红岗区采油四厂	安肇新河	一级	省控
17	西干后	大庆市大同区	安肇新河	一级	省控

序号	断面名称	断面位置	河流名称	河流级别	断面级别
18	古恰闸口	大庆市肇源县古恰乡	安肇新河	一级	省控
19	红旗前	大庆市萨尔图区	安肇新河	一级	省控
20	青肯闸口	绥化市安达市	肇兰新河	二级	省控
21	蔡家沟	哈尔滨市双城市拉林河大桥	拉林河	一级	国控
22	拉林河口内	哈尔滨市双城市	拉林河	一级	省控
23	肖家船口	舒兰市平安镇肖家船口	细鳞河	二级	省控
24	阿什河口内	哈尔滨市道外区团结镇红光村	阿什河	一级	国控
25	绥庆桥	绥化市庆安县	呼兰河	一级	省控
26	绥望桥	绥化市望奎县	呼兰河	一级	省控
27	呼兰河口内	哈尔滨市呼兰区腰堡街道办事处腰堡村	呼兰河	一级	国控
28	马号	敦化市马号乡	牡丹江	一级	省控
29	敦化上	敦化市上游 5 公里处	牡丹江	一级	省控
30	敦化下	敦化市敖东工业园区下游 5 公里	牡丹江	一级	省控
31	大山（大山咀子）	敦化市雁鸣湖镇新甸村	牡丹江	一级	国控
32	大山咀子	吉林省敦化市大山镇	牡丹江	一级	省控
33	果树场	牡丹江市镜泊湖风景管理区	牡丹江	一级	省控
34	海浪	牡丹江市温春镇	牡丹江	一级	国控
35	大桥	牡丹江市西安区	牡丹江	一级	省控
36	柴河铁路桥	牡丹江市桦林镇	牡丹江	一级	国控
37	花脸沟	林口县建堂乡江南村	牡丹江	一级	省控
38	牡丹江口内	哈尔滨依兰县依兰镇	牡丹江	一级	国控
39	海浪河口内	牡丹江市西安区	海浪河	二级	省控
40	北兴	七台河市北兴农场	倭肯河	一级	省控
41	桃山水库	七台河市套上水库坝下	倭肯河	一级	省控
42	葫头沟	七台河市北兴区	倭肯河	一级	省控
43	抢肯	七台河市勃利县抢肯镇	倭肯河	一级	省控
44	倭肯河口内	哈尔滨依兰县依兰镇	倭肯河	一级	省控
45	友好	伊春市友好区	汤旺河	一级	国控
46	柳树	伊春市南岔区	汤旺河	一级	省控
47	晨明	伊春市浩良河镇	汤旺河	一级	省控
48	汤旺河口内	佳木斯市汤原县香兰镇	汤旺河	一级	国控
49	梧桐河口内	黑龙江省梧桐河农场	梧桐河	一级	省控
50	红旗	鹤岗市红旗林场	鹤立河	二级	省控
51	新铁	鹤岗市兴安区	鹤立河	二级	省控
52	三股流	鹤岗市新华区新华农场	鹤立河	二级	省控
53	岭东水库	双鸭山市岭东区	安邦河	一级	省控
54	造纸上	双鸭山市岭东区	安邦河	一级	省控
55	黑鱼泡	双鸭山市尖山区	安邦河	一级	省控
56	滚兔岭	双鸭山市尖山区	安邦河	一级	省控

5.3 湖泊水库监测断面布设状况

松花江流域有79个重要湖泊水库，目前水利部门对其中的30个湖库进行了水质监测，水质监测覆盖率为37.98%；环境保护部门对其中的20个湖库进行了水质监测，水质监测覆盖率为25.32%，湖泊水库水质监测点位布设状况和监测覆盖率见表5-10。

表5-10 松花江流域重要湖泊水库水质监测现状表

水系	湖泊水库/个	布设监测点/个		监测湖库/个		监测覆盖率/%	
		水利部门	环保部门	水利部门	环保部门	水利部门	环保部门
嫩江	19	13	4	12	4	63.16	21.05
第二松花江	36	15	12	9	6	25	16.67
松花江干流	24	9	13	9	10	37.5	41.67
松花江流域合计	79	37	29	30	20	37.98	25.32

5.3.1 嫩江水系湖泊水库监测断面

嫩江水系有19个重要湖泊水库，水利部门设置13个水质监测断面，对12个湖库进行监测，湖泊水库水质监测覆盖率为63.16%；环境保护部门设置4个水质监测断面，对4个湖库进行监测，湖泊水库水质监测覆盖率为21.05%。

嫩江水系水利部门湖泊水库水质监测断面信息见表5-11，环境保护部门湖泊水库水质监测断面信息见表5-12。

表5-11 嫩江水系水利部门湖泊水库水质监测断面一览表

序号	点位名称	湖库名称	监测断面位置	所在省份	所在地区
1	水库库中	尼尔基水库	讷河市	黑龙江省	齐齐哈尔市
2	五大连池三池	五大连池	五大连池市	黑龙江省	黑河市
3	东湖水库	东湖水库	安达市	黑龙江省	绥化市
4	大庆水库出口	大庆水库	大庆市	黑龙江省	大庆市
5	红旗泡水库	红旗泡水库	大庆市	黑龙江省	大庆市
6	月亮泡水库	月亮泡水库	水库哈尔金闸上	吉林省	白城市
7	东升水库库尾	东升水库库尾	林甸县	黑龙江省	大庆市
8	查干湖	查干湖	前郭县查干湖湖心	吉林省	松原市
9	向海水库（一）	向海水库（一）	向海水库一场泡中心	吉林省	白城市
10	向海水库（二）	向海水库（二）	向海水库二场泡中心	吉林省	白城市
11	东升水库坝上	东升水库坝上	林甸县	黑龙江省	大庆市
12	扎龙自然保护区	扎龙湖	齐齐哈尔市	黑龙江省	齐齐哈尔市
13	克钦湖	克钦湖	齐齐哈尔市	黑龙江省	齐齐哈尔市

表 5-12　嫩江水系环境保护部门湖泊水库水质监测断面一览表

序号	点位名称	湖库名称	所在地区	所在省份	点位级别
1	大庆水库出水口	大庆水库	大庆市	黑龙江	省控
2	红旗泡水库出水口	红旗水库	大庆市	黑龙江	省控
3	西葫芦	连环湖	大庆市	黑龙江	省控
4	音河水库中	音河水库	齐齐哈尔市	黑龙江	省控

5.3.2　第二松花江水系湖泊水库监测断面

第二松花江水系有 36 个重要湖泊水库，水利部门设置 15 个水质监测断面，对 9 个湖库进行监测，湖泊水库水质监测覆盖率为 25%；环境保护部门设置 12 个水质监测断面，对 6 个湖库进行监测，湖泊水库水质监测覆盖率为 16.67%。

第二松花江水系水利部门湖泊水库水质监测断面信息见表 5-13，环境保护部门湖泊水库水质监测断面信息见表 5-14。

表 5-13　第二松花江水系水利部门湖泊水库水质监测断面一览表

序号	点位名称	湖泊水库	监测断面位置	所在省份	所在地区
1	白山水库	白山水库	水库坝上	吉林省	吉林市
2	水库中心	红石水库	水库坝上	吉林省	吉林市
3	丰满水库（1）	丰满水库	第二松花江公路桥	吉林省	吉林市
4	丰满水库（2）	丰满水库	松江镇小车背沟屯	吉林省	吉林市
5	丰满水库（3）	丰满水库	丰满水库坝上	吉林省	吉林市
6	亚吉水库	亚吉水库	亚吉水库坝上	吉林省	吉林市
7	石头口门水库（1）	石头口门水库	水库库区上部	吉林省	长春市
8	石头口门水库（2）	石头口门水库	水库库区中部	吉林省	长春市
9	石头口门水库（3）	石头口门水库	水库取水处	吉林省	长春市
10	星星哨水库	星星哨水库	水库坝上	吉林省	吉林市
11	寿山水库	寿山水库	寿山水库坝上	吉林省	四平市
12	新立城水库（1）	新立城水库	水库库区上部	吉林省	长春市
13	新立城水库（2）	新立城水库	水库库区中部	吉林省	长春市
14	新立城水库（3）	新立城水库	水库取水处	吉林省	长春市
15	太平池水库	太平池水库	水库坝上	吉林省	长春市

表 5-14　第二松花江水系环境保护部门湖泊水库水质监测断面一览表

序号	点位名称	湖库名称	所在地区	所在省份	点位级别
1	辉发河口	松花湖	吉林市	吉林省	国控
2	桦树林子	松花湖	吉林市	吉林省	国控
3	小荒地	松花湖	吉林市	吉林省	国控
4	沙石浒	松花湖	吉林市	吉林省	国控

序号	点位名称	湖库名称	所在地区	所在省份	点位级别
5	大丰满	松花湖	吉林市	吉林省	国控
6	库中心	新立城水库	长春市	吉林省	省控
7	库大坝	新立城水库	长春市	吉林省	省控
8	库中心	石头口门水库	长春市	吉林省	省控
9	库大坝	石头口门水库	长春市	吉林省	省控
10	大坝	净月潭	长春市	吉林省	省控
11	泡上	月亮湖水库	白城市	吉林省	省控
12	库中心	曲家营水库	白山市	吉林省	省控

5.3.3 松花江干流水系湖泊水库监测断面

松花江干流水系有 24 个重要湖泊水库，水利部门设置 9 个水质监测断面，对 9 个湖库进行监测，湖泊水库水质监测覆盖率为 37.5%；环境保护部门设置 13 个水质监测断面，对 10 个湖库进行监测，湖泊水库水质监测覆盖率为 41.67%。松花江干流水系水利部门湖泊水库水质监测断面信息见表 5-15，环境保护部门湖泊水库水质监测断面位置信息见表 5-16。

表 5-15 松花江干流水系水利部门湖泊水库水质监测断面一览表

序号	点位名称	湖泊水库	监测断面位置	所在省份	所在地区
1	水库出口	磨盘山水库	五常市	黑龙江省	哈尔滨市
2	亮甲山水库	亮甲山水库	亮甲山水库坝上	吉林省	吉林市
3	西泉眼水库	西泉眼水库	阿城市	黑龙江省	哈尔滨市
4	青石岭水库	青石岭水库	海伦市	黑龙江省	绥化市
5	青肯泡库尾	青肯泡库	肇东市	黑龙江省	绥化市
6	桃山水库	桃山水库	七台河市	黑龙江省	七台河市
7	西山水库	西山水库	伊春市翠峦区	黑龙江省	伊春市
8	五号水库	五号水库	鹤岗市	黑龙江省	鹤岗市
9	寒葱沟水库	寒葱沟水库	双鸭山市	黑龙江省	双鸭山市

表 5-16 松花江干流水系环境保护部门湖泊水库水质监测断面一览表

序号	点位名称	湖库名称	所在地区	所在省份	点位级别
1	乌基中	乌基河水库	鹤岗	黑龙江	省控
2	细库出	细鳞河水库	鹤岗	黑龙江	省控
3	新库出	新水源水库	鹤岗	黑龙江	省控
4	三池中	五大连池	黑河	黑龙江	省控
5	药泉中	五大连池	黑河	黑龙江	省控
6	五库出	五号水库	鹤岗	黑龙江	省控
7	哈达库中	哈达水库	鸡西	黑龙江	省控
8	团山库中	团山水库	鸡西	黑龙江	省控

序号	点位名称	湖库名称	所在地区	所在省份	点位级别
9	四丰中	四丰山水库	佳木斯	黑龙江	省控
10	电视塔	镜泊湖	牡丹江	黑龙江	国控
11	果树场	镜泊湖	牡丹江	黑龙江	国控
12	老孤砬子	镜泊湖	牡丹江	黑龙江	国控
13	万宝中	万宝水库	七台河	黑龙江	省控

5.4 饮用水水源地监测断面布设状况

松花江流域有 51 个重要饮用水水源地，目前设置 42 个水质监测断面，对 34 个水源地进行监测，水质监测覆盖率为66.67%。饮用水水源地监测断面具体情况见表5-17、图5-5。

表 5-17 松花江流域重要饮用水水源地水质监测现状

水系	水源地 / 个	监测断面数 / 个	监测水源地 / 个	监测覆盖率 / %
嫩江	5	5	5	100
第二松花江	25	18	12	48
松花江干流	21	19	17	80.95
松花江流域	51	42	34	66.67

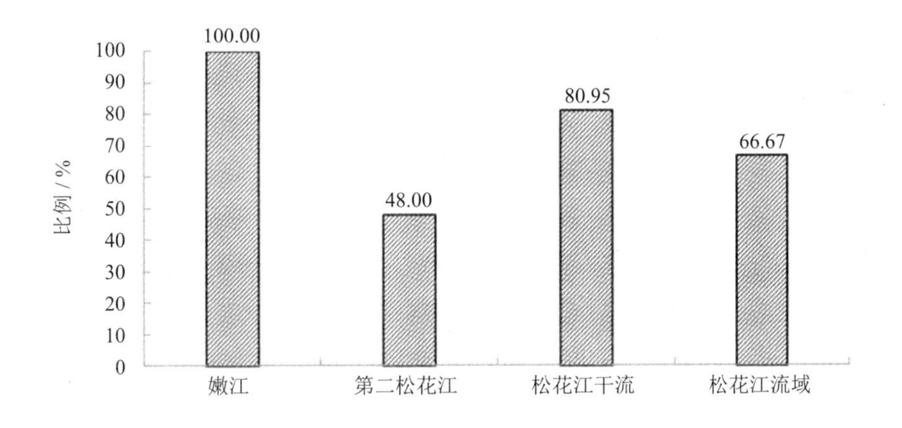

图 5-5 松花江流域重要饮用水水源地水质监测点位覆盖率

5.4.1 嫩江水系饮用水水源地监测断面

嫩江水系有 5 个重要饮用水水源地，全部设有水质监测断面，水质监测覆盖率为100%，监测断面信息见表 5-18。

表 5-18 嫩江水系重要饮用水水源地水质监测断面一览表

序号	所在河流	监测断面名称	监测断面位置
1	嫩江干流	尼尔基水库库中	讷河市
2	嫩江干流	齐齐哈尔（浏园）	齐齐哈尔市
3	甘河	甘河水源地	大兴安岭地区加格达奇区
4	北引	大庆水库	大庆市
5	北引	红旗泡水库	大庆市

5.4.2 第二松花江水系饮用水水源地监测断面

第二松花江水系有 25 个重要饮用水水源地，目前设置 18 个水质监测断面，对 12 个饮用水水源地进行了监测，水质监测覆盖率为 48.0%。饮用水水源地监测断面位置信息见表 5-19。

表 5-19 第二松花江水系重要饮用水水源地水质监测断面一览表

序号	所在河流	监测断面名称	监测断面位置
1	第二松花江	丰满水库	桦甸市桦树林子乡大兴屯第二松花江公路桥
2	第二松花江	丰满水库	蛟河市松江镇小车背沟屯
3	第二松花江	丰满水库	吉林市丰满水库坝上
4	第二松花江	马家	吉林市小白山乡马家屯引松入长取水处
5	第二松花江	一水厂	吉林市一水厂取水处
6	第二松花江	三水厂	吉林市三水厂取水处
7	第二松花江	二水厂	吉林市二水厂取水处
8	第二松花江	吉林四水厂	丰满坝下游 3km 处
9	第二松花江	松原水源	松原市自来水公司第二松花江取水处
10	第二松花江	龙坑	前郭县套浩太乡公路左侧 1km 处
11	辉发河	海龙水库	梅河口市海龙水库坝上
12	辉发河	桦甸水源	桦甸市自来水公司辉发河取水处
13	饮马河	石头口门水库	九台市石头口门水库库区上部
14	饮马河	石头口门水库	九台市石头口门水库库区中部
15	饮马河	石头口门水库	长春市自来水公司石头口门水库取水处
16	伊通河	新立城水库	长春市新立城水库库区上部
17	伊通河	新立城水库	长春市新立城水库库区中部
18	伊通河	新立城水库	长春市自来水公司新立城水库取水处

5.4.3 松花江干流水系饮用水水源地监测断面

松花江干流水系有 21 个重要饮用水水源地，目前设置 19 个水质监测断面，对 17 个饮用水水源地进行了监测，水质监测覆盖率为 80.95%。饮用水水源地监测断面具体位置信息见表 5-20。

表 5-20　松花江干流水系重要饮用水水源地水质监测断面一览表

序号	所在河流	监测断面名称	监测断面位置
1	松花江干流	肇东水库	哈尔滨市
2	松花江干流	朱顺屯	哈尔滨市
3	拉林河	磨盘山水库库尾	五常市
4	通肯河	东方红湖水库	海伦市
5	牡丹江	西水源	牡丹江市
6	牡丹江	铁路水源	牡丹江市
7	牡丹江	电视塔（镜泊湖）	牡丹江市
8	牡丹江	果树场（镜泊湖）	牡丹江市
9	牡丹江	老孤砬子（镜泊湖）	牡丹江市
10	牡丹江	敦化水源	敦化市
11	牡丹江	宁安水源地	宁安市
12	牡丹江	林口县龙爪水库	林口县
13	海浪河	海林市水源地	海林市
14	倭肯河	桃山水库（中）	七台河市
15	汤旺河	碧源湖水库	伊春市
16	鹤立河	五号水库（上）	鹤岗市
17	鹤立河	细鳞河水库（中）	鹤岗市
18	鹤立河	小鹤立河水库（中）	鹤岗市
19	安邦河	寒葱沟水库库末	双鸭山市

5.5　水功能区监测断面布设状况

松花江流域重要江河湖泊划分 359 个水功能区，布设 224 个水功能区水质监测断面，覆盖 184 个水功能区，水功能区监测覆盖率为 51.25%。其中，松花江干流水系水功能区现状水质监测覆盖率最高，为 73.28%，嫩江水系次之，为 52.29%，第二松花江水系水功能区水质监测覆盖率最低，仅 26.05%。

松花江流域水功能区监测状况及监测覆盖率详见表 5-21、图 5-6。

表 5-21　松花江流域地表水功能区监测情况一览表

水系	水功能区 / 个	监测断面 / 个	监测水功能区 / 个	监测覆盖率 / %
嫩江	109	71	57	52.29
第二松花江	119	48	31	26.05
松花江干流	131	105	96	73.28
松花江流域合计	359	224	184	51.25

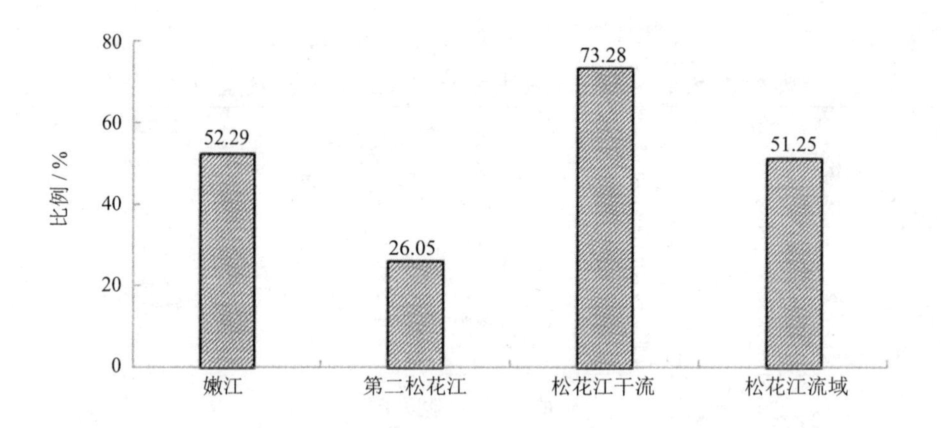

图 5-6 松花江流域地表水功能区监测覆盖比例图

5.5.1 嫩江水系水功能区监测断面

嫩江水系重要江河湖泊划分 109 个水功能区，布设 71 个水质监测断面，覆盖 57 个水功能区，水功能区监测覆盖率为 52.29%。嫩江水系水功能区监测断面布设状况详见表 5-22。

表 5-22 嫩江水系水功能区监测断面一览表

序号	监测断面	河流	水功能一级区	水功能二级区
1	南翁河大桥	南翁河	南翁河森林湿地自然保护区	
2	卧都河	嫩江干流	嫩江嫩江县源头水保护区	
3	石灰窑 1	嫩江干流	嫩江嫩江县源头水保护区	
4	石灰窑	嫩江干流	嫩江黑蒙缓冲区 1	
5	繁荣新村	嫩江干流	嫩江黑蒙缓冲区 1	
6	尼尔基水库库中	嫩江干流	嫩江尼尔基水库调水水源保护区	
7	尼尔基水库坝址	嫩江干流	嫩江尼尔基水库调水水源保护区	
8	小莫丁	嫩江干流	嫩江黑蒙缓冲区 2	
9	鄂温克族乡	嫩江干流	嫩江黑蒙缓冲区 2	
10	莫河渡口	嫩江干流	嫩江黑蒙缓冲区 3	
11	江桥	嫩江干流	嫩江黑蒙缓冲区 3	
12	同盟水文站	嫩江干流	嫩江甘南县保留区	
13	东南屯	嫩江干流	嫩江齐齐哈尔市开发利用区	富裕县农业、饮用水水源用水区
14	莽格吐	嫩江干流	嫩江齐齐哈尔市开发利用区	富裕县排污控制区
15	登科村	嫩江干流	嫩江齐齐哈尔市开发利用区	富裕县过渡区
16	雅尔塞乡	嫩江干流	嫩江齐齐哈尔市开发利用区	中引工业、农业用水区
17	新嫩江公路桥	嫩江干流	嫩江齐齐哈尔市开发利用区	中引过渡区
18	齐齐哈尔（浏园）	嫩江干流	嫩江齐齐哈尔市开发利用区	浏园饮用水水源区
19	屯子房	嫩江干流	嫩江齐齐哈尔市开发利用区	齐齐哈尔市排污控制区
20	富拉尔基铁路桥	嫩江干流	嫩江齐齐哈尔市开发利用区	齐齐哈尔市过渡区

序号	监测断面	河流	水功能一级区	水功能二级区
21	富拉尔基发电总厂取水口	嫩江干流	嫩江齐齐哈尔市开发利用区	富拉尔基工业用水、景观娱乐用水区
22	四间房	嫩江干流	嫩江齐齐哈尔市开发利用区	富拉尔基电厂排污控制区
23	莫呼公路桥	嫩江干流	嫩江齐齐哈尔市开发利用区	莫呼过渡区
24	吐木西北村	嫩江干流	嫩江泰来县开发利用区	泰来县农业、渔业用水区
25	光荣	嫩江干流	嫩江泰来县保留区	
26	白沙滩	嫩江干流	嫩江黑吉缓冲区	
27	大安	嫩江干流	嫩江黑吉缓冲区	
28	马克图	嫩江干流	嫩江黑吉缓冲区	
29	那都里加卧公路桥	那都里河	那都里河松岭区源头水保护区	
30	古里河加卧公路桥	古里河	古里河松岭区源头水保护区	
31	松岭水文站	多布库尔河	多布库尔河松岭区源头水保护区	
32	加卧公路桥	多布库尔河	多布库尔河松岭区保留区	
33	门鲁河乡	门鲁河	门鲁河嫩江县保护区	
34	门鲁河河口	门鲁河	门鲁河嫩江县保护区	
35	科后水文站	科洛河	科洛河嫩江县源头水保护区	
36	加西	甘河	甘河蒙黑缓冲区	
37	加格达奇站	甘河	甘河加格达奇市开发利用区	加格达奇市饮用、工业用水区
38	东风经营所	甘河	甘河加格达奇市开发利用区	加格达奇市排污控制区
39	白桦	甘河	甘河加格达奇市开发利用区	白桦过渡区
40	白桦（下）	甘河	甘河蒙黑缓冲区	
41	河口工段	南北河	南北河五大连池市源头水保护区	
42	山口水库库尾	南北河	南北河五大连池市源头水保护区	
43	青山桥上300m	讷谟尔河	讷谟尔河五大连池市开发利用区	讷谟尔河水、工业用水区
44	永发村	讷谟尔河	讷谟尔河五大连池市开发利用区	五大连池市过渡区
45	永生	讷谟尔河	讷谟尔河五大连池市开发利用区	和平农业用水区
46	入嫩江河口	讷谟尔河	讷谟尔河讷河市开发利用区	讷河市农业用水区
47	古城子	诺敏河	诺敏河蒙黑缓冲区	
48	萨马街	诺敏河	诺敏河蒙黑缓冲区	
49	那吉	阿伦河	阿伦河蒙黑缓冲区	
50	入嫩江河口	阿伦河	阿伦河齐齐哈尔市保留区	
51	大河	音河	音河蒙黑缓冲区	
52	大八里岗子	音河	音河甘南县开发利用区	甘南农业用水、饮用水水源区
53	入嫩江河口	音河	音河甘南县保留区	
54	金蛇湾码头	雅鲁河	雅鲁河蒙黑缓冲区	
55	乌鸦头站	雅鲁河	雅鲁河齐齐哈尔市保留区	
56	入嫩江河口	雅鲁河	雅鲁河黑蒙缓冲区	
57	入雅鲁河河口	济沁河	济沁河龙江县保留区	
58	两家子水文站	绰尔河	绰尔河黑蒙缓冲区	
59	林海	洮儿河	洮儿河蒙吉缓冲区	

序号	监测断面	河流	水功能一级区	水功能二级区
60	黑帝庙	洮儿河	洮儿河白城市开发利用区	镇赉县、大安市农业用水、渔业用水区
61	月亮泡水库	洮儿河	洮儿河白城市开发利用区	镇赉县、大安市渔业用水、农业用水区
62	野马图	蛟流河	蛟流河蒙吉缓冲区	
63	赵光窑地	乌裕尔河	乌裕尔河北安市源头水保护区	
64	民生	乌裕尔河	乌裕尔河北安市源头水保护区	
65	北安水文站	乌裕尔河	乌裕尔河北安市开发利用区	北安市农业用水区
66	向前	乌裕尔河	乌裕尔河北安市开发利用区	北安市农业用水区
67	前亚洲	乌裕尔河	乌裕尔克东县保留区	
68	小河东	乌裕尔河	乌裕尔河富裕县开发利用水区	富裕县农业用水区
69	东升水库库尾	乌裕尔河	乌裕尔河富裕县保留区	
70	林甸县三合农场	双阳河	双阳河拜泉县开发利用区	
71	查干湖	霍林河	霍林河查干湖自然保护区	

5.5.2 第二松花江水系水功能区监测断面

第二松花江水系重要江河湖泊划分 119 个水功能区，布设 48 个水质监测断面，覆盖 31 个水功能区，水功能区监测覆盖率为 26.05%。第二松花江水系水功能区监测断面布设状况详见表 5-23。

表 5-23 第二松花江水系水功能区监测断面一览表

序号	监测断面	河流	水功能一级区	水功能二级区
1	长白山口	二道白河	二道白河长白山自然保护区	
2	二道白河	二道白河	二道白河安图县保留区	
3	汉阳屯	二道松花江	二道松花江安图县、抚松县、敦化市保留区	
4	白山水库	第二松花江	第二松花江松花江三湖保护区	
5	红石水库	第二松花江	第二松花江松花江三湖保护区	
6	丰满水库（1）	第二松花江	第二松花江松花江三湖保护区	
7	丰满水库（2）	第二松花江	第二松花江松花江三湖保护区	
8	丰满水库（3）	第二松花江	第二松花江松花江三湖保护区	
9	马家	第二松花江	第二松花江长春市调水水源保护区	
10	一水厂	第二松花江	第二松花江吉林市、长春市、松原市开发利用区	吉林市饮用水水源、工业用水区
11	三水厂	第二松花江	第二松花江吉林市、长春市、松原市开发利用区	吉林市饮用水水源、工业用水区
12	二水厂	第二松花江	第二松花江吉林市、长春市、松原市开发利用区	吉林市饮用水水源、工业用水区

序号	监测断面	河流	水功能一级区	水功能二级区
13	吉林	第二松花江	第二松花江吉林市、长春市、松原市开发利用区	吉林、长春农业用水、过渡区
14	石屯	第二松花江	第二松花江吉林市、长春市、松原市开发利用区	吉林、长春农业用水、过渡区
15	松花江	第二松花江	第二松花江吉林市、长春市、松原市开发利用区	长春、松原饮用水水源、工业、农业、渔业用水区
16	五家站	第二松花江	第二松花江吉林市、长春市、松原市开发利用区	长春、松原饮用水水源、工业、农业、渔业用水区
17	松原水源	第二松花江	第二松花江吉林市、长春市、松原市开发利用区	长春、松原饮用水水源、工业、农业、渔业用水区
18	松原	第二松花江	第二松花江吉林市、长春市、松原市开发利用区	松原市排污控制区
19	石桥	第二松花江	第二松花江吉林市、长春市、松原市开发利用区	松原市过渡区
20	松林	第二松花江	第二松花江吉黑缓冲区	
21	漫江	头道松花江	头道松花江抚松县保留区	
22	参乡一号桥	头道松花江	头道松花江靖宇县、抚松县开发利用区	靖宇县、抚松县过渡区
23	高丽城子	头道松花江	头道松花江靖宇县、抚松县缓冲区	
24	海龙水库	辉发河	辉发河通化市、吉林市开发利用区	梅河口饮用水水源、农业用水区
25	梅河口	辉发河	辉发河通化市、吉林市开发利用区	通化市、吉林市农业、饮用水水源、工业、渔业用水区
26	辉南	辉发河	辉发河通化市、吉林市开发利用区	通化市、吉林市农业、饮用水水源、工业、渔业用水区
27	桦甸水源	辉发河	辉发河通化市、吉林市开发利用区	通化市、吉林市农业、饮用水水源、工业、渔业用水区
28	桦甸	辉发河	辉发河松花江三湖保护区	
29	蛟河	蛟河	蛟河蛟河市缓冲区	
30	亚吉水库	饮马河	饮马河伊通县、磐石市源头水保护区	
31	烟筒山	饮马河	饮马河吉林市、长春市开发利用区	磐石、双阳、永吉农业用水、渔业用水、工业用水区
32	长岭	饮马河	饮马河吉林市、长春市开发利用区	磐石、双阳、永吉农业用水、渔业用水、工业用水区
33	石头口门水库（1）	饮马河	饮马河吉林市、长春市开发利用区	长春市饮用水水源、渔业用水区
34	石头口门水库（2）	饮马河	饮马河吉林市、长春市开发利用区	长春市饮用水水源、渔业用水区
35	石头口门水库（3）	饮马河	饮马河吉林市、长春市开发利用区	长春市饮用水水源、渔业用水区
36	拉他泡	饮马河	饮马河吉林市、长春市开发利用区	长春市饮用水水源、渔业用水区
37	德惠	饮马河	饮马河吉林市、长春市开发利用区	九台市、德惠市农业用水区
38	靠山屯	饮马河	饮马河农安县、德惠市缓冲区	德惠市农业用水区
39	新安	双阳河	双阳河双阳区开发利用区	双阳区农业用水区
40	星星哨水库	岔路河	岔路河磐石市、永吉县开发利用区	磐石市、永吉县农业用水、渔业用水区

序号	监测断面	河流	水功能一级区	水功能二级区
41	寿山水库	伊通河	伊通河伊通县源头水保护区	
42	伊通	伊通河	伊通河吉林伊通火山群国家级自然保护区	
43	新立城水库（1）	伊通河	伊通河长春市开发利用区	长春饮用水水源、渔业用水区
44	新立城水库（2）	伊通河	伊通河长春市开发利用区	长春饮用水水源、渔业用水区
45	新立城水库（3）	伊通河	伊通河长春市开发利用区	长春饮用水水源、渔业用水区
46	长春	伊通河	伊通河长春市开发利用区	长春、农安、德惠农业用水区
47	农安	伊通河	伊通河长春市开发利用区	长春、农安、德惠农业用水区
48	靠山	伊通河	伊通河长春市开发利用区	农安、德惠农业用水、过渡区

5.5.3 松花江干流水系水功能区监测断面

松花江干流水系重要江河湖泊区划 131 个水功能区，布设 105 个水质监测断面，覆盖 96 个水功能区，水功能区监测覆盖率为 73.28%。松花江干流水系水功能区监测断面布设状况详见表 5-24。

表 5-24　松花江干流水系水功能区监测断面一览表

序号	监测断面	河流（湖库）	水功能一级区	水功能二级区
1	下岱吉	松花江干流	松花江干流黑吉缓冲区	
2	88 号照	松花江干流	松花江干流缓冲区	
3	双城与哈尔滨交界	松花江干流	松花江干流哈尔滨市开发利用区	肇东市、双城市农业用水、渔业用水区
4	东兴龙岗	松花江干流	松花江干流哈尔滨市开发利用区	哈尔滨市太平镇过渡区
5	朱顺屯	松花江干流	松花江干流哈尔滨市开发利用区	朱顺屯饮用水水源区
6	马家沟入松花江河口上	松花江干流	松花江干流哈尔滨市开发利用区	哈尔滨市景观娱乐用水区
7	哈尔滨与阿城交界	松花江干流	松花江干流哈尔滨市开发利用区	哈尔滨市东江桥排污控制区
8	大顶子山	松花江干流	松花江干流哈尔滨市开发利用区	阿城市过渡区
9	木兰县贮木场	松花江干流	松花江干流哈尔滨市开发利用区	宾县、巴彦县农业用水区
10	木兰县城西	松花江干流	松花江干流哈尔滨市保留区	
11	木兰	松花江干流	松花江干流木兰县开发利用区	木兰镇景观娱乐用水区
12	通河	松花江干流	松花江干流汤原县保留区	
13	依兰	松花江干流	松花江干流汤原县保留区	
14	港务局	松花江干流	松花江干流佳木斯市开发利用区	佳木斯农业用水、工业用水区
15	福合村	松花江干流	松花江干流佳木斯市开发利用区	佳木斯、桦川、富锦农业用水区
16	三江口	松花江干流	松花江干流三江口鱼类保护区	
17	义和公路桥	安肇新河	安肇新河大庆市开发利用区	大庆市排污控制区
18	安肇新河入松江口	安肇新河	安肇新河大庆市开发利用区	大庆市过渡区

序号	监测断面	河流（湖库）	水功能一级区	水功能二级区
19	磨盘山水库库尾	拉林河	拉林河五常市源头水保护区	
20	沙河子镇	拉林河	拉林河磨盘山水库调水水源保护区	
21	双龙屯	拉林河	拉林河五常市保留区	
22	五常公路桥	拉林河	拉林河五常市开发利用区	五常市农业用水区
23	振兴	拉林河	拉林河吉黑缓冲区 2	
24	蔡家沟	拉林河	拉林河吉黑缓冲区 2	
25	板子房	拉林河	拉林河吉黑缓冲区 2	
26	亮甲山水库	卡岔河	卡岔河舒兰市、榆树市开发利用区	舒兰市、榆树市农业用水、渔业用水区
27	山河镇公路桥	细浪河	细浪河吉黑缓冲区	
28	东进村	细浪河	细浪河五常市开发利用区	五常市农业用水区
29	冲河镇	牤牛河	牤牛河五常市源头水保护区	
30	卫国	牤牛河	牤牛河五常市开发利用区	五常市农业用水、工业用水区
31	大碾子沟水文站	牤牛河	牤牛河五常市保留区	
32	西泉眼水库坝址	阿什河	阿什河阿城市源头水保护区	
33	马鞍山水文站	阿什河	阿什河阿城市保留区	
34	阿城与哈尔滨交界	阿什河	阿什河阿城市开发利用区	阿城市农业用水区
35	汲家村	阿什河	阿什河阿城市开发利用区	哈尔滨市排污控制区
36	入松花江河口	阿什河	阿什河阿城市开发利用区	哈尔滨市过渡区
37	桃山镇	呼兰河	呼兰河铁力市源头水保护区	
38	秦家	呼兰河	呼兰河呼兰县开发利用区	农业用水、饮用水水源区
39	太平镇	呼兰河	呼兰河呼兰县开发利用区	农业用水、饮用水水源区
40	绥胜排干入河口	呼兰河	呼兰河呼兰县开发利用区	农业用水、饮用水水源区
41	双榆	呼兰河	呼兰河呼兰县开发利用区	双榆排污控制区
42	金河	呼兰河	呼兰河呼兰县开发利用区	双榆过渡区
43	富强村	呼兰河	呼兰河呼兰县开发利用区	兰西、呼兰农业、渔业用水区
44	呼兰河铁路桥	呼兰河	呼兰河呼兰县开发利用区	呼兰县排污控制区
45	入松花江河口	呼兰河	呼兰河呼兰县开发利用区	呼兰县过渡区
46	阎山大桥	努敏河	努敏河绥棱县源头水保护区	
47	上集镇	努敏河	绥棱县、绥化市开发利用区	绥棱、绥化农业用水区
48	四方台镇	努敏河	绥棱县、绥化市开发利用区	绥棱、绥化农业用水区
49	青石岭水库末	通肯河	通肯河海伦市源头水保护区	
50	海北镇	通肯河	通肯河海伦县开发利用区	海伦农业用水区
51	伦河镇	通肯河	通肯河海伦县开发利用区	海伦农业用水区
52	青冈站	通肯河	通肯河望奎县保留区	
53	青肯泡库尾	肇兰新河	肇兰新河肇东市开发利用区	青肯泡农业用水区
54	实理村	肇兰新河	肇兰新河肇东市开发利用区	大庆市、肇东市排污控制区
55	入呼兰河口	肇兰新河	肇兰新河肇东市开发利用区	大庆过渡区
56	青云村	蚂蚁河	蚂蚁河尚志市源头水保护区	

序号	监测断面	河流（湖库）	水功能一级区	水功能二级区
57	一面坡铁路桥	蚂蚁河	蚂蚁河尚志市开发利用区	尚志市饮用水水源、工业用水区
58	尚志镇蚂蚁河大桥	蚂蚁河	蚂蚁河尚志市开发利用区	尚志市农业用水区
59	芦沟桥	蚂蚁河	蚂蚁河尚志市开发利用区	尚志市排污控制区
60	北兴屯	蚂蚁河	蚂蚁河尚志市开发利用区	尚志市过渡区
61	延寿	蚂蚁河	蚂蚁河延寿县保留区	
62	延寿与方正县交界	蚂蚁河	蚂蚁河延寿县保留区	
63	入松花江河口	蚂蚁河	蚂蚁河方正县开发利用区	方正县农业用水区
64	风山镇	岔林河	岔林河通河县源头水保护区	
65	蚂螂河七队	岔林河	岔林河通河县保留区	
66	岔林	岔林河	岔林河通河县开发利用区	通河县农业用水区
67	敦化水源	牡丹江	牡丹江敦化市开发利用区	敦化市饮用水水源、工业用水、农业用水区
68	敦化	牡丹江	牡丹江敦化市开发利用区	敦化市农业用水区
69	牡丹江 1 号桥	牡丹江	牡丹江吉黑缓冲区	
70	镜泊湖（中）	牡丹江	牡丹江镜泊湖自然保护区	
71	渤海镇	牡丹江	牡丹江宁安市开发利用区	渤海镇农业用水区
72	牡丹江水文站	牡丹江	牡丹江牡丹江市开发利用区	牡丹江饮用水水源、工业用水区
73	柴河大桥（上）	牡丹江	牡丹江牡丹江市开发利用区	牡丹江市过渡区
74	柴河大桥	牡丹江	牡丹江牡丹江市开发利用区	柴河工业用水区
75	良种村（莲花中）	牡丹江	牡丹江莲花湖自然保护区	
76	长江屯	牡丹江	牡丹江依兰县保留区	
77	依兰牡丹江大桥	牡丹江	牡丹江依兰县保留区	
78	长汀子水文站	海浪河	海浪河海林市源头水保护区	
79	海林市水源地	海浪河	海浪河海林市开发利用区	海林市饮用水水源、工业用水区
80	北兴水文站	倭肯河	倭肯河勃利县源头水保护区	
81	桃山水库（中）	倭肯河	倭肯河七台河市开发利用区	七台河饮用水水源、工业用水区
82	三道岗镇	倭肯河	倭肯河依兰县保留区	
83	入松花江河口	倭肯河	倭肯河依兰县开发利用区	依兰县农业用水区
84	五营水文站	汤旺河	汤旺河上甘岭区源头水保护区	
85	东升	汤旺河	汤旺河伊春市开发利用区	友好农业、工业用水区
86	伊新水文站	汤旺河	汤旺河伊春市开发利用区	伊春区排污控制区
87	苔青	汤旺河	汤旺河伊春市开发利用区	美溪过渡区
88	西林钢厂	汤旺河	汤旺河伊春市开发利用区	西林工业用水区
89	金山屯	汤旺河	汤旺河伊春市开发利用区	西林排污控制区
90	绿潭	汤旺河	汤旺河伊春市开发利用区	金山屯过渡区
91	桦阳	汤旺河	汤旺河伊春市开发利用区	南岔排污控制区
92	浩良河	汤旺河	汤旺河伊春市开发利用区	南岔过渡区

序号	监测断面	河流（湖库）	水功能一级区	水功能二级区
93	木良镇	汤旺河	汤旺河伊春市开发利用区	汤原县排污控制
94	汤原大桥	汤旺河	汤旺河伊春市开发利用区	汤原县农业用水区
95	西山水库库尾	伊春河	伊春河翠峦区源头水保护区	
96	和平	伊春河	伊春河伊春市开发利用区	伊春市饮用、工业用水区
97	伊春水文站	伊春河	伊春河伊春市开发利用区	伊春市农业、工业用水区
98	鹤北镇	梧桐河	梧桐河鹤岗市源头水保护区	
99	梧桐河河口	梧桐河	梧桐河鹤岗市开发利用区	鹤岗市农业、渔业用水区
100	五号水库（上）	鹤立河	鹤立河鹤岗市源头水保护区	
101	红旗林场	鹤立河	鹤立河鹤岗市开发利用区	鹤岗市饮用水水源、工业用水区
102	米乡六村	鹤立河	鹤立河鹤岗市开发利用区	三股流农业用水区
103	寒葱沟水库库末	安邦河	安邦河双鸭山市源头水保护区	
104	窑地村	安邦河	安邦河双鸭山市开发利用区	双鸭山饮用水水源、工业用水区
105	东林	安邦河	安邦河双鸭山市开发利用区	集贤县农业用水区

第 6 章　水循环水质监测站网优化设计

6.1　自然水循环水质监测站网设计

根据松花江流域自然水循环特征，结合流域水资源管理与保护工作需求，在现有水质监测体系基础上进一步优化设计，科学构建流域水循环水质监测站网。松花江流域布设 369 个水功能区监测断面、52 个省界水体监测断面、43 个国控监测断面、67 个省控监测断面、58 个重要水源地监测断面、100 个重要湖库监测断面。该设计方案基本覆盖整个松花江流域一、二级河流，水功能区监测覆盖率达到 87.5%，水源地监测覆盖率达到 100%。优化后的监测断面具有较好的空间代表性，能够较全面、真实、客观地反映所在水域水环境质量状况。

6.1.1　水功能区水质监测站网设计

全面开展流域水功能区水质监测，是贯彻落实最严格水资源管理制度，强化水功能区管理的重要基础性工作。目前，松花江流域划分 359 个水功能区，现状水功能区监测断面 223 个，覆盖 184 个水功能区，覆盖率仅为 51.25%，其中第二松花江现状水功能区监测断面覆盖率仅为 26.05%，远不能满足新时期水功能区管理需要。

在松花江流域现有水功能区监测断面基础上，新增设 146 个断面，优化设计后水功能区监测断面总数达到 369 个，覆盖 314 个水功能区，优化后水功能区监测断面布设情况详见表 6-1。松花江流域水功能区监测断面图见附图 1。

表 6-1　松花江流域水功能区监测断面优化布设一览表

水系	水功能区 / 个	现有监测断面 / 个	新增断面 / 个	覆盖水功能区 / 个	水功能区监测覆盖率 / %
嫩江	109	70	24	69	63.30
第二松花江	119	48	88	118	99.16
松花江干流	131	105	34	127	96.95
松花江流域	359	223	146	314	87.47

从表 6-1 可以看出，嫩江水系新增监测断面 24 个，水功能区监测覆盖率为 63.3%；

第二松花江水系新增断面 88 个，水功能区监测覆盖率由原来的 26.1% 提高到 99.2%；松花江干流水系新增断面 34 个，水功能区监测覆盖率由原来的 73.3% 提高到 97%。优化后，松花江流域水功能区监测覆盖率由现状 51.3% 提高到 87.5%，基本能够满足流域水功能区管理要求。松花江流域水功能区监测断面布设情况详见表 6-2。

表 6-2　松花江流域水功能区监测断面一览表

序号	监测断面名称	水系	水功能一级区	水功能二级区
1	南翁河大桥	嫩江	南翁河森林湿地自然保护区	
2	卧都河	嫩江	嫩江嫩江县源头水保护区	
3	石灰窑 1	嫩江	嫩江嫩江县源头水保护区	
4	石灰窑	嫩江	嫩江黑蒙缓冲区 1	
5	嫩江浮桥	嫩江	嫩江黑蒙缓冲区 1	
6	繁荣新村	嫩江	嫩江黑蒙缓冲区 1	
7	尼尔基水库库中	嫩江	嫩江尼尔基水库调水水源保护区	
8	尼尔基水库坝址	嫩江	嫩江尼尔基水库调水水源保护区	
9	尼尔基大桥	嫩江	嫩江黑蒙缓冲区 2	
10	小莫丁	嫩江	嫩江黑蒙缓冲区 2	
11	拉哈	嫩江	嫩江黑蒙缓冲区 2	
12	鄂温克族乡	嫩江	嫩江黑蒙缓冲区 2	
13	莫河渡口	嫩江	嫩江黑蒙缓冲区 3	
14	江桥	嫩江	嫩江黑蒙缓冲区 3	
15	同盟水文站	嫩江	嫩江甘南县保留区	
16	东南屯	嫩江	嫩江齐齐哈尔市开发利用区	富裕县农业、饮用水水源用水区
17	莽格吐	嫩江	嫩江齐齐哈尔市开发利用区	富裕县排污控制区
18	登科村	嫩江	嫩江齐齐哈尔市开发利用区	富裕县过渡区
19	雅尔塞乡	嫩江	嫩江齐齐哈尔市开发利用区	中引工业、农业用水区
20	新嫩江公路桥	嫩江	嫩江齐齐哈尔市开发利用区	嫩江中引过渡区
21	齐齐哈尔（浏园）	嫩江	嫩江齐齐哈尔市开发利用区	浏园饮用水水源区
22	屯子房	嫩江	嫩江齐齐哈尔市开发利用区	齐齐哈尔市排污控制区
23	富拉尔基铁路桥	嫩江	嫩江齐齐哈尔市开发利用区	齐齐哈尔市过渡区
24	发电总厂取水口	嫩江	嫩江齐齐哈尔市开发利用区	富拉尔基工业用水、景观娱乐用水区
25	四间房	嫩江	嫩江齐齐哈尔市开发利用区	富拉尔基电厂排污控制区
26	莫呼公路桥	嫩江	嫩江齐齐哈尔市开发利用区	嫩江干流莫呼过渡区
27	吐木西北村	嫩江	嫩江泰来县开发利用区	泰来县农业、渔业用水区
28	光荣	嫩江	嫩江泰来县保留区	
29	白沙滩	嫩江	嫩江黑吉缓冲区	
30	大安	嫩江	嫩江黑吉缓冲区	
31	塔虎城渡口	嫩江	嫩江黑吉缓冲区	
32	马克图	嫩江	嫩江黑吉缓冲区	

序号	监测断面名称	水系	水功能一级区	水功能二级区
33	那都里加卧公路桥	嫩江	那都里河松岭区源头水保护区	
34	古里河加卧公路桥	嫩江	古里河松岭区源头水保护区	
35	松岭水文站	嫩江	多布库尔河松岭区源头水保护区	
36	多布库尔河加卧公路桥	嫩江	多布库尔河松岭区保留区	
37	门鲁河乡	嫩江	门鲁河嫩江县保护区	
38	门鲁河河口	嫩江	门鲁河嫩江县保护区	
39	科后水文站	嫩江	科洛河嫩江县源头水保护区	
40	加西	嫩江	甘河蒙黑缓冲区	
41	加格达奇站	嫩江	甘河加格达奇市开发利用区	加格达奇市饮用、工业用水区
42	东风经营所	嫩江	甘河加格达奇市开发利用区	加格达奇市排污控制区
43	白桦	嫩江	甘河加格达奇市开发利用区	白桦过渡区
44	白桦（下）	嫩江	甘河蒙黑缓冲区	
45	柳家屯	嫩江	甘河鄂伦春旗、莫旗保留区	
46	河口工段	嫩江	南北河五大连池市源头水保护区	
47	山口水库库尾	嫩江	南北河五大连池市源头水保护区	
48	青山桥上 300m	嫩江	讷谟尔河五大连池市开发利用区	五大连池市农业用水、工业用水区
49	永发村	嫩江	讷谟尔河五大连池市开发利用区	五大连池市过渡区
50	永生	嫩江	讷谟尔河五大连池市开发利用区	和平农业用水区
51	讷谟尔河入嫩江河口	嫩江	讷谟尔河讷河市开发利用区	讷河市农业用水区
52	古城子	嫩江	诺敏河蒙黑缓冲区	
53	萨马街	嫩江	诺敏河蒙黑缓冲区	
54	那吉	嫩江	阿伦河蒙黑缓冲区	
55	兴鲜公路桥	嫩江	阿伦河蒙黑缓冲区	
56	入嫩江河口	嫩江	阿伦河齐齐哈尔市保留区	
57	音河大桥	嫩江	音河蒙黑缓冲区	
58	大河	嫩江	音河蒙黑缓冲区	
59	大八里岗子	嫩江	音河甘南县开发利用区	甘南县农业用水、饮用水水源区
60	音河入嫩江河口	嫩江	音河甘南县保留区	
61	成吉思汗	嫩江	雅鲁河蒙黑缓冲区	
62	金蛇湾码头	嫩江	雅鲁河蒙黑缓冲区	
63	乌鸦头站	嫩江	雅鲁河齐齐哈尔市保留区	
64	雅鲁河入嫩江河口	嫩江	雅鲁河黑蒙缓冲区	
65	济沁河大桥	嫩江	济沁河黑蒙缓冲区	
66	苗家堡子	嫩江	济沁河黑蒙缓冲区	
67	济沁河入雅鲁河河口	嫩江	济沁河龙江县保留区	
68	两家子水文站	嫩江	绰尔河黑蒙缓冲区	
69	绰尔河口	嫩江	绰尔河黑蒙缓冲区	

序号	监测断面名称	水系	水功能一级区	水功能二级区
70	斯力很	嫩江	洮儿河蒙吉缓冲区	
71	林海	嫩江	洮儿河蒙吉缓冲区	
72	洮南	嫩江	洮儿河白城市开发利用区	洮北区、洮南市农业用水区
73	黑帝庙	嫩江	洮儿河白城市开发利用区	镇赉县、大安农业用水、渔业用水区
74	月亮泡水库	嫩江	洮儿河白城市开发利用区	镇赉县、大安渔业用水、农业用水区
75	宝泉	嫩江	蛟流河蒙吉缓冲区	
76	野马图	嫩江	蛟流河蒙吉缓冲区	
77	务本	嫩江	蛟流河洮南市开发利用区	洮南市农业用水区
78	永安	嫩江	那金河蒙吉缓冲区	
79	煤窑	嫩江	那金河蒙吉缓冲区	
80	赵光窑地	嫩江	乌裕尔河北安市源头水保护区	
81	民生	嫩江	乌裕尔河北安市源头水保护区	
82	北安水文站	嫩江	乌裕尔河北安市开发利用水区	北安市农业用水区
83	向前	嫩江	乌裕尔河北安市开发利用水区	北安市农业用水区
84	前亚洲	嫩江	乌裕尔克东县保留区	
85	小河东	嫩江	乌裕尔河富裕县开发利用水区	富裕县农业用水区
86	东升水库库尾	嫩江	乌裕尔河富裕县保留区	
87	林甸县三合农场	嫩江	双阳河拜泉县开发利用区	
88	高力板	嫩江	霍林河蒙吉缓冲区	
89	同发	嫩江	霍林河蒙吉缓冲区	
90	喇叭仓水库	嫩江	霍林河科尔沁、向海自然保护区	
91	双岗	嫩江	霍林河白城市开发利用区	洮南、通榆、大安渔业用水、农业用水区
92	查干湖	嫩江	霍林河查干湖自然保护区	
93	大库里泡	嫩江	霍林河前郭县开发利用区	前郭县渔业用水区
94	兴盛	嫩江	南霍林河向海自然保护区	
95	胜利水库	嫩江	南霍林河通榆县、大安市开发利用区	通榆县、大安渔业用水、农业用水区
96	长白山口	二松	二道白河长白山自然保护区	
97	二道白河	二松	二道白河安图县保留区	
98	汉阳屯	二松	二道松花江安图县、抚松县、敦化市保留区	
99	南岗	二松	二道松花江松花江三湖保护区	
100	白山水库	二松	第二松花江松花江三湖保护区	
101	红石水库	二松	第二松花江松花江三湖保护区	
102	丰满水库（一）	二松	第二松花江松花江三湖保护区	
103	丰满水库（二）	二松	第二松花江松花江三湖保护区	
104	丰满水库（三）	二松	第二松花江松花江三湖保护区	
105	马家	二松	第二松花江长春市调水水源保护区	

序号	监测断面名称	水系	水功能一级区	水功能二级区
106	一水厂	二松	吉林市、长春市、松原市开发利用区	吉林市饮用水水源、工业用水区 1
107	吉林大桥	二松	吉林市、长春市、松原市开发利用区	吉林市景观娱乐用水区
108	三水厂	二松	吉林市、长春市、松原市开发利用区	吉林市饮用水水源、工业用水区 2
109	二水厂	二松	吉林市、长春市、松原市开发利用区	吉林市饮用水水源、工业用水区 2
110	九站	二松	吉林市、长春市、松原市开发利用区	吉林市工业用水区
111	吉林	二松	吉林市、长春市、松原市开发利用区	吉林市、长春市农业用水、过渡区
112	石屯	二松	吉林市、长春市、松原市开发利用区	吉林市、长春市农业用水、过渡区
113	松花江	二松	吉林市、长春市、松原市开发利用区	长春、松原饮用水水源、工业、农业、渔业用水区
114	五家站	二松	吉林市、长春市、松原市开发利用区	长春、松原饮用水水源、工业、农业、渔业用水
115	松原水源	二松	吉林市、长春市、松原市开发利用区	长春、松原饮用水水源、工业、农业、渔业用水
116	松原	二松	吉林市、长春市、松原市开发利用区	松原市排污控制区
117	石桥	二松	吉林市、长春市、松原市开发利用区	松原市过渡区
118	松林	二松	第二松花江吉黑缓冲区	
119	头道白河桥	二松	五道白河安图县源头水保护区	
120	松江	二松	五道白河安图县保留区	
121	头道白河桥	二松	四道白河安图县源头水保护区	
122	四道白河桥	二松	四道白河安图县保留区	
123	三道白河桥	二松	三道白河安图县源头水保护区	
124	三道白河桥	二松	三道白河安图县保留区	
125	老岭	二松	古洞河和龙市源头水保护区	
126	清山	二松	古洞河安图县保留区	
127	小黄泥河	二松	富尔河敦化市源头水保护区	
128	大蒲柴河	二松	富尔河敦化市、安图县保留区	
129	永庆	二松	大沙河安图县保留区	
130	露水河铁路桥	二松	露水河抚松县源头水保护区	
131	露水河公路桥	二松	露水河抚松县、安图县保留区	
132	长松	二松	头道松花江长白山自然保护区	
133	漫江	二松	头道松花江抚松县保留区	
134	参乡一号桥	二松	头道松花江靖宇县、抚松县开发利用区	靖宇县、抚松县过渡区
135	高丽城子	二松	头道松花江靖宇县、抚松县缓冲区	
136	白龙湾	二松	头道松花江松花江三湖保护区	
137	锦江	二松	老黑河抚松县源头水保护区	
138	锦江	二松	锦江长白山自然保护区	

序号	监测断面名称	水系	水功能一级区	水功能二级区
139	庙岭	二松	石头河临江市、抚松县源头水保护区	
140	松树	二松	汤河江源县、抚松县开发利用区	江源县饮用水水源、工业用水区
141	仙人桥	二松	汤河江源县、抚松县开发利用区	江源县、抚松县工业用水区
142	老松江	二松	松江河抚松县源头水保护区	
143	北江水库	二松	松江河抚松县开发利用区	抚松县饮用水水源、工业用水区
144	护林	二松	头道花园河靖宇县源头水保护区	
145	巴里	二松	头道花园河松花江三湖保护区	
146	西山	二松	那尔轰河松花江三湖保护区	
147	龙头堡	二松	辉发河辽吉缓冲区	
148	海龙水库	二松	辉发河通化市、吉林市开发利用区	梅河口市饮用水水源、农业用水区
149	梅河口	二松	辉发河通化市、吉林市开发利用区	通化市、吉林市农业、饮用水水源、工业、渔业用水区
150	辉南	二松	辉发河通化市、吉林市开发利用区	通化市、吉林市农业、饮用水水源、工业、渔业用水区
151	桦甸水源	二松	辉发河通化市、吉林市开发利用区	通化市、吉林市农业、饮用水水源、工业、渔业用水区
152	桦甸	二松	辉发河松花江三湖保护区	
153	龙头水库	二松	大横道河东丰县开发利用区	东丰县农业用水、渔业用水区
154	古年水库	二松	梅河东丰县源头水保护区	
155	长胜	二松	梅河东丰县、梅河口市开发利用区	东丰县、梅河口市饮用水水源、农业用水区
156	杨木林	二松	莲河东丰县源头水保护区	
157	长甸	二松	莲河东丰县开发利用区	东丰县饮用水水源区
158	东丰	二松	莲河东丰县开发利用区	东丰县农业用水、渔业用水区
159	青山	二松	大沙河伊通县、磐石市、东丰县源头水保护区	
160	牛心顶子	二松	大沙河梅河口市、东丰县开发利用区	梅河口市、东丰县农业用水、渔业用水区
161	向阳	二松	一统河柳河县源头水保护区	
162	柳河水源	二松	一统河柳河县、梅河口市、辉南县开发利用区	柳河县饮用水水源、工业用水区
163	柳河	二松	一统河柳河县、梅河口市、辉南县开发利用区	柳河县、梅河口市、辉南县农业用水、渔业用水区
164	和平水库	二松	三统河柳河县源头水保护区	
165	孤山子	二松	三统河柳河县、辉南县开发利用区	柳河县农业用水、渔业用水区
166	朝阳水源	二松	三统河柳河县、辉南县开发利用区	辉南县饮用水水源、工业用水、农业用水、渔业用水区
167	萝卜地水库	二松	挡石河磐石市源头水保护区	

序号	监测断面名称	水系	水功能一级区	水功能二级区
168	磐石	二松	挡石河磐石市开发利用区	磐石市农业用水、渔业用水区
169	抚民	二松	蛤蟆河辉南县源头水保护区	
170	辉发城	二松	蛤蟆河辉南县开发利用区	辉南县农业用水、渔业用水、工业用水区
171	太和上	二松	石道河辉南县源头水保护区	
172	蛟河口	二松	石道河辉南县开发利用区	辉南县农业用水、渔业用水区
173	六间房	二松	富太河磐石市源头水保护区	
174	富太	二松	富太河磐石市开发利用区	磐石市农业用水、渔业用水区
175	呼兰	二松	呼兰河磐石市开发利用区	磐石市农业用水、渔业用水、工业用水区
176	关门砬子水库	二松	发别河桦甸市开发利用区	桦甸市饮用水水源区
177	双杨树水库	二松	金沙河桦甸市源头水保护区	
178	八道河子	二松	金沙河桦甸市开发利用区	桦甸市农业用水区
179	金沙	二松	金沙河松花江三湖保护区	
180	二道甸子	二松	木箕河松花江三湖保护区	
181	漂河	二松	漂河松花江三湖保护区	
182	民主上	二松	蛟河蛟河市源头水保护区	
183	蛟河水源	二松	蛟河蛟河市开发利用区	蛟河市饮用水水源、工业用水、农业用水、渔业用水区
184	蛟河	二松	蛟河蛟河市缓冲区	
185	团山水库	二松	义气河蛟河市开发利用区	蛟河市饮用水水源、工业用水、农业用水、渔业用水区
186	养鱼	二松	拉法河蛟河市源头水保护区	
187	拉法河水源	二松	拉法河蛟河市开发利用区	蛟河市饮用水水源、工业用水、农业用水、渔业用水区
188	小蛟河水源	二松	小蛟河蛟河市开发利用区	蛟河市饮用水水源、工业用水、农业用水区
189	朝阳水库	二松	温德河永吉县源头水保护区	
190	新村水厂	二松	温德河永吉县、吉林市开发利用区	永吉县、吉林市饮用水水源、工业用水、农业用水区
191	温德桥	二松	温德河永吉县、吉林市开发利用区	永吉县、吉林市饮用水水源、工业用水、农业用水区
192	荒山	二松	牤牛河蛟河市源头水保护区	
193	五水厂	二松	牤牛河蛟河市、永吉县、吉林市开发利用区	牤蛟河、永县、吉市饮用水水源、农业用水、渔业用水区
194	火石	二松	鳌龙河永吉县源头水保护区	
195	大绥河	二松	大绥河永吉县开发利用区	永吉县农业用水、渔业用水区
196	庆丰水库	二松	团山子河蛟河市源头水保护区	
197	大口钦	二松	团山子河蛟河市、永吉县开发利用区	蛟河市、双阳区农业用水、渔业用水区

序号	监测断面名称	水系	水功能一级区	水功能二级区
198	其塔木	二松	三岔河九台市开发利用区	九台市农业用水、渔业用水区
199	永安	二松	沐石河九台市源头水保护区	
200	浮家桥	二松	沐石河九台市、德惠市开发利用区	九台市、德惠市农业用水、渔业用水区
201	亚吉水库	二松	饮马河伊通县、磐石市源头水保护区	
202	烟筒山	二松	饮马河吉林市、长春市开发利用区	磐石、双阳、永吉农业用水、渔业用水、工业用水区
203	长岭	二松	饮马河吉林市、长春市开发利用区	磐石、双阳、永吉农业用水、渔业用水、工业用水区
204	石头口门水库（1）	二松	饮马河吉林市、长春市开发利用区	长春市饮用水水源、渔业用水区
205	石头口门水库（2）	二松	饮马河吉林市、长春市开发利用区	长春市饮用水水源、渔业用水区
206	石头口门水库（3）	二松	饮马河吉林市、长春市开发利用区	长春市饮用水水源、渔业用水区
207	拉他泡	二松	饮马河吉林市、长春市开发利用区	长春市饮用水水源、渔业用水区
208	德惠	二松	饮马河吉林市、长春市开发利用区	九台市、德惠市农业用水区
209	靠山屯	二松	饮马河农安县、德惠市缓冲区	德惠市农业用水区
210	太平	二松	双阳河双阳区源头水保护区	
211	双阳水库	二松	双阳河双阳区开发利用区	双阳区饮用水水源、渔业用水、景观娱乐用水区
212	新安	二松	双阳河双阳区开发利用区	双阳区农业用水区
213	兴隆川	二松	岔路河磐石市源头水保护区	
214	星星哨水库	二松	岔路河磐石市、永吉县开发利用区	磐石市、永吉县农业用水、渔业用水区
215	三道（长春）	二松	雾开河长春市源头水保护区	
216	卡伦湖水库	二松	雾开河长春市开发利用区	长春市、九台市景观娱乐用水、渔业用水区
217	卡伦湖镇	二松	雾开河长春市开发利用区	九台市、德惠市农业用水区
218	十三家子	二松	雾开河长春市开发利用区	德惠市农业用水区
219	太兴	二松	三道沟德惠市保留区	
220	寿山水库	二松	伊通河伊通县源头水保护区	
221	那丹伯	二松	伊通河伊通县、东丰县开发利用区	伊通县、东丰县农业用水区
222	伊通	二松	吉林伊通火山群国家级自然保护区	
223	乐山	二松	伊通河长春市开发利用区	长春市农业用水、渔业用水区 1
224	新立城水库（1）	二松	伊通河长春市开发利用区	长春市饮用水水源、渔业用水区
225	新立城水库（2）	二松	伊通河长春市开发利用区	长春市饮用水水源、渔业用水区
226	新立城水库（3）	二松	伊通河长春市开发利用区	长春市饮用水水源、渔业用水区

序号	监测断面名称	水系	水功能一级区	水功能二级区
227	义合	二松	伊通河长春市开发利用区	长春市农业用水、渔业用水区 2
228	长春大桥	二松	伊通河长春市开发利用区	长春市景观娱乐用水区
229	长春	二松	伊通河长春市开发利用区	长春市、农安县、德惠市农业用水区
230	农安	二松	伊通河长春市开发利用区	长春市、农安县、德惠市农业用水区
231	靠山	二松	伊通河长春市开发利用区	伊农安县、德惠市农业用水、过渡区
232	下岱吉	松干	松花江干流黑吉缓冲区	
233	88 号照	松干	松花江干流缓冲区	
234	双城市与哈尔滨市交界	松干	松花江干流哈尔滨市开发利用区	肇东市、双城市农业用水、渔业用水区
235	东兴龙岗	松干	松花江干流哈尔滨市开发利用区	哈尔滨市太平镇过渡区
236	朱顺屯	松干	松花江干流哈尔滨市开发利用区	朱顺屯饮用水水源区
237	马家沟入松花江河口上	松干	松花江干流哈尔滨市开发利用区	哈尔滨市景观娱乐用水区
238	哈尔滨与阿城交界	松干	松花江干流哈尔滨市开发利用区	哈尔滨市东江桥排污控制区
239	大顶子山	松干	松花江干流哈尔滨市开发利用区	阿城市过渡区
240	木兰县贮木场	松干	松花江干流哈尔滨市开发利用区	宾县、巴彦县农业用水区
241	木兰县城西	松干	松花江干流哈尔滨市保留区	
242	木兰	松干	松花江干流木兰县开发利用区	木兰镇景观娱乐用水区
243	通河	松干	松花江干流汤原县保留区	
244	依兰	松干	松花江干流汤原县保留区	
245	港务局	松干	松花江干流佳木斯市开发利用区	佳木斯市农业用水、工业用水区
246	福合村	松干	松花江干流佳木斯市开发利用区	佳木斯市、桦川县、富锦市农业用水区
247	同江	松干	松花江干流同江市缓冲区	
248	三江口	松干	松花江干流三江口鱼类保护区	
249	义和公路桥	松干	安肇新河大庆市开发利用区	大庆市排污控制区
250	安肇新河入松江口	松干	安肇新河大庆市开发利用区	大庆市过渡区
251	磨盘山水库库尾	松干	拉林河五常市源头水保护区	
252	沙河子镇	松干	拉林河磨盘山水库调水水源保护区	
253	双龙屯	松干	拉林河五常市保留区	
254	向阳	松干	拉林河吉黑缓冲区 1	
255	五常公路桥	松干	拉林河五常市开发利用区	五常市农业用水区
256	振兴	松干	拉林河吉黑缓冲区 2	
257	牛头山大桥	松干	拉林河吉黑缓冲区 2	
258	蔡家沟	松干	拉林河吉黑缓冲区 2	
259	板子房	松干	拉林河吉黑缓冲区 2	
260	两方	松干	石头河舒兰市保留区	

序号	监测断面名称	水系	水功能一级区	水功能二级区
261	两方	松干	石头河吉黑缓冲区	
262	孟屯	松干	细鳞河舒兰市源头水保护区	
263	庆岭	松干	细鳞河舒兰市开发利用区	舒兰市饮用水水源、农业用水区
264	舒兰	松干	细鳞河舒兰市开发利用区	舒兰市工业用水区
265	水曲柳	松干	细鳞河舒兰市开发利用区	舒兰市农业用水、过渡区
266	肖家船口	松干	细鳞河（细浪河）吉黑缓冲区	
267	和平桥	松干	细鳞河（细浪河）吉黑缓冲区	
268	沙河子水库	松干	沙河舒兰市开发利用区	舒兰市饮用水水源区
269	青松	松干	珠琦河舒兰市保留区	
270	响水水库	松干	卡岔河舒兰市源头水保护区	
271	亮甲山水库	松干	卡岔河舒兰市、榆树市开发利用区	舒兰市、榆树市农业用水、渔业用水区
272	龙家亮子	松干	卡岔河吉黑缓冲区	
273	向阳水库	松干	三道河榆树市源头水保护区	
274	韩家	松干	三道河榆树市开发利用区	榆树市农业用水、渔业用水区
275	苏家岗水库	松干	大荒沟榆树市源头水保护区	
276	太安	松干	大荒沟榆树市开发利用区	大荒沟榆树市农业用水、渔业用水区
277	东头号	松干	大荒沟吉黑缓冲区	
278	山河镇公路桥	松干	细浪河吉黑缓冲区	
279	东进村	松干	细浪河五常市开发利用区	细浪河五常市农业用水区
280	冲河镇	松干	牤牛河五常市源头水保护区	
281	卫国	松干	牤牛河五常市开发利用区	五常市农业用水、工业用水区
282	大碾子沟水文站	松干	牤牛河五常市保留区	
283	牤牛河大桥	松干	牤牛河黑吉缓冲区	
284	西泉眼水库坝址	松干	阿什河阿城市源头水保护区	
285	马鞍山水文站	松干	阿什河阿城市保留区	
286	阿城市与哈尔滨市交界	松干	阿什河阿城市开发利用区	阿城市农业用水区
287	汲家村	松干	阿什河阿城市开发利用区	哈尔滨市排污控制区
288	阿什河入松花江河口	松干	阿什河阿城市开发利用区	哈尔滨市过渡区
289	桃山镇	松干	呼兰河铁力市源头水保护区	
290	秦家	松干	呼兰河呼兰县开发利用区	庆安、绥化农业用水、饮用水水源区
291	太平镇	松干	呼兰河呼兰县开发利用区	庆安、绥化农业用水、饮用水水源区
292	绥胜排干入河口（上）	松干	呼兰河呼兰县开发利用区	庆安、绥化农业用水、饮用水水源区
293	双榆	松干	呼兰河呼兰县开发利用区	双榆排污控制区

序号	监测断面名称	水系	水功能一级区	水功能二级区
294	金河	松干	呼兰河呼兰县开发利用区	双榆过渡区
295	富强村	松干	呼兰河呼兰县开发利用区	兰西县、呼兰县农业、渔业用水区
296	呼兰河铁路桥	松干	呼兰河呼兰县开发利用区	呼兰河呼兰县排污控制区
297	呼兰河入松花江河口	松干	呼兰河呼兰县开发利用区	呼兰河呼兰县过渡区
298	阁山大桥	松干	努敏河绥棱县源头水保护区	
299	上集镇	松干	绥棱县、绥化市开发利用区	绥棱、绥化农业用水区
300	四方台镇	松干	绥棱县、绥化市开发利用区	绥棱、绥化农业用水区
301	青石岭水库末	松干	通肯河海伦市源头水保护区	
302	海北镇	松干	通肯河海伦县开发利用区	海伦农业用水区
303	伦河镇	松干	通肯河海伦县开发利用区	海伦农业用水区
304	青冈站	松干	通肯河望奎县保留区	
305	青肯泡库尾	松干	肇兰新河肇东市开发利用区	青肯泡农业用水区
306	实理村	松干	肇兰新河肇东市开发利用区	大庆市、肇东市排污控制区
307	入呼兰河口	松干	肇兰新河肇东市开发利用区	大庆过渡区
308	青云村	松干	蚂蚁河尚志市源头水保护区	
309	一面坡铁路桥	松干	蚂蚁河尚志市开发利用区	尚志市饮用水水源、工业用水区
310	尚志镇蚂蚁河大桥	松干	蚂蚁河尚志市开发利用区	尚志市农业用水区
311	芦沟桥	松干	蚂蚁河尚志市开发利用区	尚志市排污控制区
312	北兴屯	松干	蚂蚁河尚志市开发利用区	尚志市过渡区
313	延寿	松干	蚂蚁河延寿县保留区	
314	延寿县与方正县交界	松干	蚂蚁河延寿县保留区	
315	入松花江河口	松干	蚂蚁河方正县开发利用区	方正县农业用水区
316	风山镇	松干	岔林河通河县源头水保护区	
317	蚂螂河七队	松干	岔林河通河县保留区	
318	岔林	松干	岔林河通河县开发利用区	通河县农业用水区
319	江源	松干	牡丹江敦化市源头水保护区	
320	敦化水源	松干	牡丹江敦化市开发利用区	敦化市饮用水水源、工业用水、农业用水区
321	敦化	松干	牡丹江敦化市开发利用区	敦化市农业用水区
322	黑石	松干	牡丹江敦化市开发利用区	敦化市农业用水、过渡区
323	牡丹江1号桥	松干	牡丹江吉黑缓冲区	
324	镜泊湖（中）	松干	牡丹江镜泊湖自然保护区	
325	渤海镇	松干	牡丹江宁安市开发利用区	渤海镇农业用水区
326	牡丹江水文站	松干	牡丹江牡丹江市开发利用区	牡丹江市饮用水水源、工业用水区
327	柴河大桥（上）	松干	牡丹江牡丹江市开发利用区	牡丹江市过渡区
328	柴河大桥	松干	牡丹江牡丹江市开发利用区	牡丹江柴河工业用水区
329	良种村（莲花中）	松干	牡丹江莲花湖自然保护区	
330	长江屯	松干	牡丹江依兰县保留区	

序号	监测断面名称	水系	水功能一级区	水功能二级区
331	依兰牡丹江大桥	松干	牡丹江依兰县保留区	
332	小石河水库	松干	大石河敦化市开发利用区	敦化市饮用水水源区
333	小石河水库	松干	小石河敦化市开发利用区	敦化市饮用水水源区
334	红石	松干	大石河敦化市开发利用区	敦化市农业用水区
335	翰章	松干	小石河敦化市开发利用区	敦化市农业用水区
336	大川	松干	黄泥河敦化市源头水保护区	
337	秋梨沟	松干	黄泥河敦化市开发利用区	敦化市农业用水区
338	大石头	松干	沙河敦化市源头水保护区	
339	沙河桥	松干	沙河敦化市开发利用区	敦化市农业用水区
340	额穆上	松干	珠尔多河敦化市保留区	
341	额穆上	松干	海浪河敦化市保留区	
342	长汀子水文站	松干	海浪河海林市源头水保护区	
343	海林市水源地	松干	海浪河海林市开发利用区	海林市饮用水水源、工业用水区
344	北兴水文站	松干	倭肯河勃利县源头水保护区	
345	桃山水库（中）	松干	倭肯河七台河市开发利用区	七台河市饮用水水源、工业用水区
346	三道岗镇	松干	倭肯河依兰县保留区	
347	入松花江河口	松干	倭肯河依兰县开发利用区	依兰县农业用水区
348	五营水文站	松干	汤旺河上甘岭区源头水保护区	
349	东升	松干	汤旺河伊春市开发利用区	友好农业、工业用水区
350	伊新水文站	松干	汤旺河伊春市开发利用区	伊春区排污控制区
351	苔青	松干	汤旺河伊春市开发利用区	美溪过渡区
352	西林钢厂	松干	汤旺河伊春市开发利用区	西林工业用水区
353	金山屯	松干	汤旺河伊春市开发利用区	西林排污控制区
354	绿潭	松干	汤旺河伊春市开发利用区	金山屯过渡区
355	桦阳	松干	汤旺河伊春市开发利用区	南岔排污控制区
356	浩良河	松干	汤旺河伊春市开发利用区	南岔过渡区
357	木良镇	松干	汤旺河伊春市开发利用区	汤原县排污控制
358	汤原大桥	松干	汤旺河伊春市开发利用区	汤原县农业用水区
359	西山水库库尾	松干	伊春河翠峦区源头水保护区	
360	和平	松干	伊春河伊春市开发利用区	伊春市饮用、工业用水区
361	伊春水文站	松干	伊春河伊春市开发利用区	伊春市农业、工业用水区
362	鹤北镇	松干	梧桐河鹤岗市源头水保护区	
363	梧桐河河口	松干	梧桐河鹤岗市开发利用区	鹤岗市农业、渔业用水区
364	五号水库（上）	松干	鹤立河鹤岗市源头水保护区	
365	红旗林场	松干	鹤立河鹤岗市开发利用区	鹤岗市饮用水水源、工业用水区
366	米乡六村	松干	鹤立河鹤岗市开发利用区	三股流农业用水区
367	寒葱沟水库库末	松干	安邦河双鸭山市源头水保护区	

序号	监测断面名称	水系	水功能一级区	水功能二级区
368	窑地村	松干	安邦河双鸭山市开发利用区	双鸭山市饮用水水源、工业用水区
369	东林	松干	安邦河双鸭山市开发利用区	集贤县农业用水区

6.1.2 省界水体水质监测站网设计

省界水体水质监测断面布设应统筹考虑省界（际）及干支流关系，兼顾入河排污口和灌区退水口分布实际情况，以水质监测单站断面布设为基础，通过干支流监测断面组合识别污染责任，坚持水质水量并重，系统分析河流水系所在区域情况，充分考虑周边现有水文站分布格局及现有陆路交通条件，确保监测断面可达性，确保现场监测采样工作的可操作性。依据以上设计原则，在嫩江、第二松花江、松花江干流布设52个省界水体监测断面，初步形成了松花江流域省界水体缓冲区水质监控体系，结构体系图见图6-1，监测断面布设方案详见表6-3。松花江流域省界水体监测断面图见附图2。

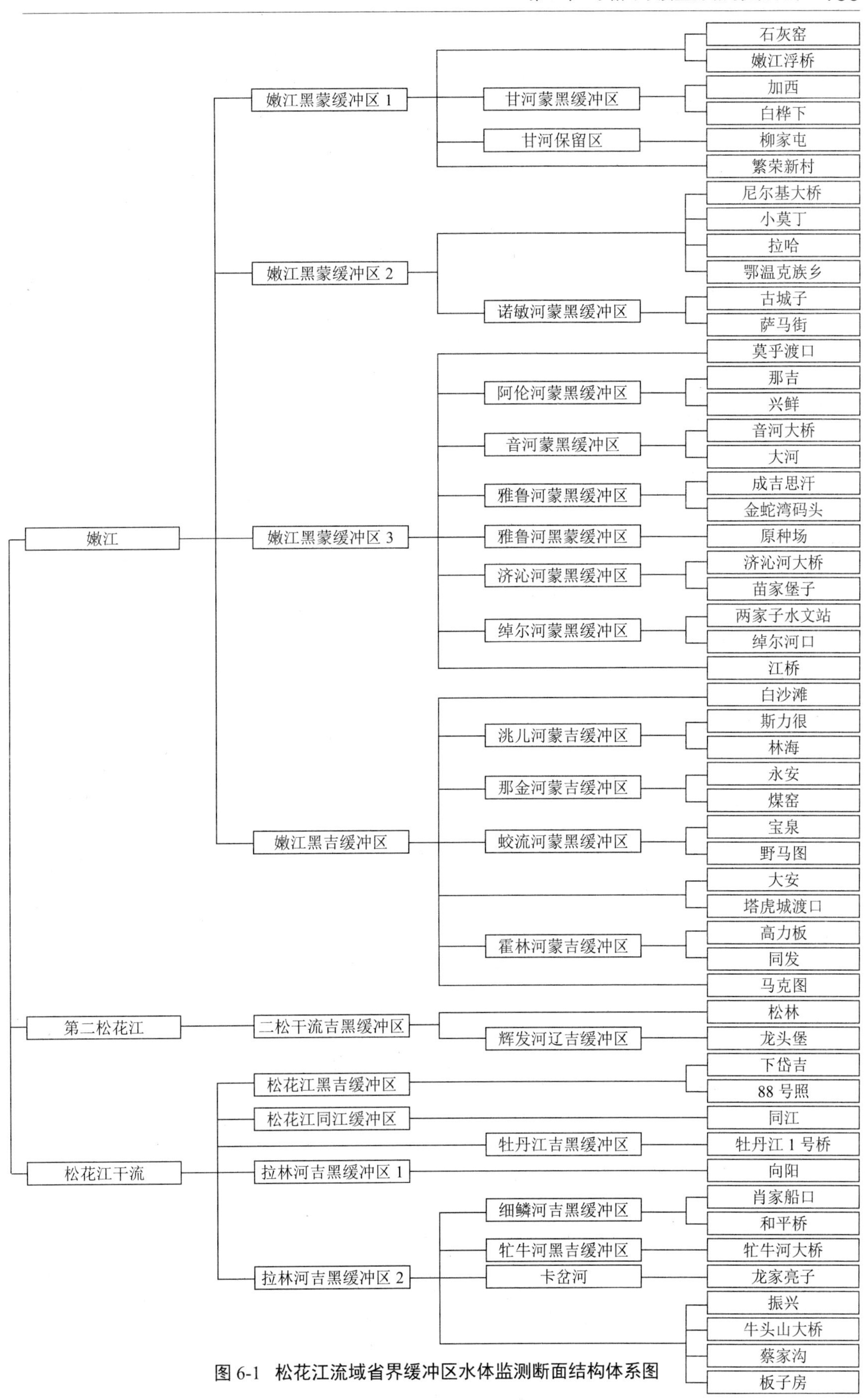

图 6-1　松花江流域省界缓冲区水体监测断面结构体系图

表 6-3 松花江流域省界缓冲区水体监测断面布设情况表

序号	断面名称	所在水功能区	所在河流	所在省区	交界关系
1	石灰窑	嫩江黑蒙缓冲区 1	嫩江	黑龙江	左右岸
2	嫩江浮桥	嫩江黑蒙缓冲区 1	嫩江	黑龙江	左右岸
3	繁荣新村	嫩江黑蒙缓冲区 1	嫩江	黑龙江	左右岸
4	加西	甘河蒙黑缓冲区	甘河	黑龙江	上下游
5	白桦下	甘河蒙黑缓冲区	甘河	黑龙江	上下游
6	柳家屯	甘河保留区	甘河	内蒙古	上下游
7	尼尔基大桥	嫩江黑蒙缓冲区 2	嫩江	内蒙古	左右岸
8	小莫丁	嫩江黑蒙缓冲区 2	嫩江	内蒙古	左右岸
9	拉哈	嫩江黑蒙缓冲区 2	嫩江	黑龙江	左右岸
10	鄂温克族乡	嫩江黑蒙缓冲区 2	嫩江	黑龙江	左右岸
11	古城子	诺敏河蒙黑缓冲区	诺敏河	黑龙江	左右岸
12	萨马街	诺敏河蒙黑缓冲区	诺敏河	内蒙古	左右岸
13	那吉	阿伦河蒙黑缓冲区	阿伦河	内蒙古	上下游
14	兴鲜	阿伦河蒙黑缓冲区	阿伦河	黑龙江	上下游
15	音河大桥	音河蒙黑缓冲区	音河	内蒙古	上下游
16	大河	音河蒙黑缓冲区	音河	黑龙江	上下游
17	莫乎渡口	嫩江黑蒙缓冲区 3	嫩江	黑龙江	上下游
18	江桥	嫩江黑蒙缓冲区 3	嫩江	黑龙江	上下游
19	成吉思汗	雅鲁河蒙黑缓冲区	雅鲁河	内蒙古	上下游
20	金蛇湾码头	雅鲁河蒙黑缓冲区	雅鲁河	黑龙江	上下游
21	原种场	雅鲁河黑蒙缓冲区	雅鲁河	黑龙江	左右岸
22	济沁河大桥	济沁河蒙黑缓冲区	济沁河	内蒙古	上下游
23	苗家堡子	济沁河蒙黑缓冲区	济沁河	黑龙江	上下游
24	两家子水文站	绰尔河蒙黑缓冲区	绰尔河	内蒙古	左右岸
25	绰尔河口	绰尔河蒙黑缓冲区	绰尔河	内蒙古	上下游
26	白沙滩	嫩江黑吉缓冲区	嫩江	吉林	上下游
27	大安	嫩江黑吉缓冲区	嫩江	吉林	左右岸
28	塔虎城渡口	嫩江黑吉缓冲区	嫩江	吉林	左右岸
29	马克图	嫩江黑吉缓冲区	嫩江	黑龙江	左右岸
30	斯力很	洮儿河蒙吉缓冲区	洮儿河	内蒙古	上下游
31	林海	洮儿河蒙吉缓冲区	洮儿河	吉林	上下游
32	永安	那金河蒙吉缓冲区	那金河	内蒙古	上下游
33	煤窑	那金河蒙吉缓冲区	那金河	吉林	上下游
34	宝泉	蛟流河蒙黑缓冲区	蛟流河	内蒙古	上下游
35	野马图	蛟流河蒙吉缓冲区	蛟流河	吉林	上下游
36	高力板	霍林河蒙吉缓冲区	霍林河	内蒙古	上下游
37	同发	霍林河蒙吉缓冲区	霍林河	吉林	上下游
38	松林	二松干流吉黑缓冲区	二松江	吉林	上下游
39	龙头堡	辉发河辽吉缓冲区	辉发河	辽宁	上下游

序号	断面名称	所在水功能区	所在河流	所在省区	交界关系
40	下岱吉	松花江干流黑吉缓冲区	松花江干流	吉林	左右岸
41	88 号照	松花江干流缓冲区	松花江干流	黑龙江	上下游
42	同江	出国界	松花江干流	黑龙江	上下游
43	向阳	拉林河吉黑缓冲区 1	拉林河	黑龙江	左右岸
44	振兴	拉林河吉黑缓冲区 2	拉林河	黑龙江	左右岸
45	牤牛河大桥	牤牛河黑吉缓冲区	牤牛河	黑龙江	上下游
46	牛头山大桥	拉林河吉黑缓冲区 2	拉林河	吉林	左右岸
47	蔡家沟	拉林河吉黑缓冲区 2	拉林河	吉林	左右岸
48	板子房	拉林河吉黑缓冲区 2	拉林河	黑龙江	左右岸
49	龙家亮子	卡岔河	卡岔河	吉林	上下游
50	肖家船口	细鳞河吉黑缓冲区	细鳞河	吉林	上下游
51	和平桥	细鳞河吉黑缓冲区	细鳞河	黑龙江	上下游
52	牡丹江 1 号桥	牡丹江吉黑缓冲区	牡丹江	吉林	上下游

6.1.2.1　嫩江省界缓冲区水质监测断面设计方案

（1）黑蒙缓冲区 1 控制单元

黑蒙缓冲区 1 控制单元包括嫩江黑蒙缓冲区 1、甘河蒙黑缓冲区及甘河保留区 3 个水功能区，布设 6 个水质监测断面。

嫩江黑蒙缓冲区 1 起始石灰窑水文站，终止于尼尔基水库库末，全长约 165km，布设石灰窑、嫩江浮桥、繁荣新村三个水质监测断面。石灰窑监测断面是嫩江干流上第一个控制断面，反映嫩江源头来水水质；嫩江浮桥监测断面用来反映上游喇嘛河、科洛河、门鲁河、欧肯河、库里河等支流汇入嫩江干流后嫩江水质；繁荣新村监测断面布设在尼尔基水库库末，反映尼尔基水库入库水质。

在支流甘河蒙黑缓冲区上布设加西和白桦（下）两个水质监测断面，加西监测断面反映甘河流经内蒙古自治区后流入黑龙江省加格达奇市的入境水质；白桦（下）监测断面反映甘河流经黑龙江省加格达奇市后流入内蒙古自治区的入境水质和加格达奇市对甘河水质的污染情况。

在甘河下游甘河保留区上布设柳家屯水质监测断面，用来反映甘河入嫩江干流前水质状况。

黑蒙缓冲区 1 控制单元设计断面组合功能如下：某月监测结果发现繁荣新村断面水质数据超标，分析污染原因，追溯上游对其有影响的嫩江干流浮桥断面与甘河柳家屯断面。通常会有两种情况，一是两个断面水质数据都超标，二是其中一个断面水质数据超标。如果是第一种情况分别追溯上游断面，即嫩江干流石灰窑断面与白桦（下）断面，仍然存在以上相同的两种情况，如果石灰窑断面水质超标，说明嫩江源头水受到污染；如果白桦（下）

断面水质超标，可判定污染责任在黑龙江省加格达奇区，继续追溯上游加西断面，若加西水质也超标，判定污染责任在内蒙古自治区。以此类推，可针对第二种情况实现污染责任判别。

由此可见，通过嫩江干流及其支流甘河上6个断面的组合，基本上能判别嫩江黑蒙缓冲区1区间的省际污染责任和支流甘河对嫩江干流水质的影响。

（2）黑蒙缓冲区2控制单元

黑蒙缓冲区2控制单元包括嫩江黑蒙缓冲区2、诺敏河蒙黑缓冲区两个水功能区，布设6个水质监测断面。

嫩江黑蒙缓冲区2起始尼尔基坝址，终止于鄂温克族乡，全长约56km，布设尼尔基大桥、小莫丁、拉哈、鄂温克族乡四个监测断面。尼尔基大桥监测断面反映尼尔基水库出库水质，作为嫩江黑蒙缓冲区2起始值；小莫丁与尼尔基大桥监测断面结合可判别莫力达瓦旗对嫩江干流水质的污染；拉哈与小莫丁监测断面结合可判别讷莫尔河对嫩江干流水质的污染；鄂温克族乡与拉哈监测断面结合可判红光糖厂对嫩江干流水质的污染。

在支流诺敏河蒙黑缓冲区上布设古城子、萨马街两个水质监测断面，古城子监测断面反映诺敏河流经内蒙古自治区后流入蒙黑左右岸河道的水质状况；萨马街监测断面与古城子监测断面结合反映查哈阳灌区退水对诺敏河水质的影响。

通过以上6个监测断面的组合，基本上能够识别清楚嫩江黑蒙缓冲区2区间污染责任，以及支流诺敏河、讷莫尔河对嫩江干流的影响。

（3）嫩江黑蒙缓冲区3控制单元

嫩江黑蒙缓冲区3控制单元包括嫩江黑蒙缓冲区3、阿伦河蒙黑缓冲区、音河蒙黑缓冲区、雅鲁河蒙黑缓冲区、雅鲁河黑蒙缓冲区、济沁河蒙黑缓冲区、绰尔河蒙黑缓冲区7个水功能区，布设13个水质监测断面。

在支流阿伦河蒙黑缓冲区上布设那吉、兴鲜两个水质监测断面，那吉监测断面反映阿伦河内蒙古自治区出境水质；兴鲜监测断面反映阿伦河黑龙江省入境水质。

在支流音河蒙黑缓冲区上布设音河大桥、大河两个水质监测断面，音河大桥监测断面反映音河内蒙古自治区出境水质；大河监测断面反映音河黑龙江省入境水质。

在支流雅鲁河蒙黑缓冲区上布设成吉思汗、金蛇湾码头两个水质监测断面，成吉思汗监测断面反映雅鲁河内蒙古自治区出境水质；金蛇湾码头监测断面反映雅鲁河黑龙江省入境水质。

在雅鲁河黑蒙缓冲区上布设原种场监测断面，用来反映雅鲁河入嫩江水质。

在支流济沁河蒙黑缓冲区上布设济沁河大桥、苗家堡子两个水质监测断面，济沁河大桥监测断面反映济沁河内蒙古自治区出境水质；苗家堡子监测断面反映济沁河黑龙江省入境水质。

在支流绰尔河蒙黑缓冲区上布设两家子水文站监测断面，用来反映绰尔河内蒙古自治区出境水质。在绰尔河入嫩江河口布设绰尔河口监测断面，用来反映绰尔河入嫩江水质。

嫩江黑蒙缓冲区3起始莫乎公路桥，终止于江桥镇，全长约62km，其间布设莫乎渡口、江桥两个水质监测断面。莫乎渡口监测断面与萨马街、鄂温克族乡、兴鲜、大河监测断面组合判别齐齐哈尔市对嫩江水质的污染情况；江桥监测断面与莫乎渡口、绰尔河口、原种场监测断面组合判别干支流对嫩江黑蒙缓冲区3的污染情况。

通过以上13个水质监测断面的相互组合，基本上厘清嫩江黑蒙缓冲区3区间的污染责任，以及支流阿伦河、音河、雅鲁河、绰尔河对嫩江干流水质的影响。

（4）嫩江黑吉缓冲区控制单元

嫩江黑吉缓冲区控制单元包括嫩江黑吉缓冲区、洮儿河蒙吉缓冲区、那金河蒙吉缓冲区、蛟流河蒙吉缓冲区、霍林河蒙吉缓冲区5个水功能区，布设12个水质监测断面。

在支流洮儿河蒙吉缓冲区上布设斯力很、林海两个水质监测断面。斯力很监测断面反映洮儿河内蒙古出境水质；林海监测断面反映洮儿河吉林省入境水质。

在支流那金河蒙吉缓冲区上布设永安、煤窑两个水质监测断面。永安监测断面反映那金河内蒙古出境水质；煤窑监测断面反映那金河吉林省入境水质。

在支流蛟流河蒙吉缓冲区上布设宝泉、野马图两个水质监测断面。宝泉监测断面反映蛟流河内蒙古出境水质；野马图监测断面反映蛟流河吉林省入境水质。

在支流霍林河蒙吉缓冲区上布设高力板、同发两个水质监测断面。高力板监测断面反映霍林河内蒙古出境水质；同发监测断面反映霍林河吉林省入境水质。

嫩江黑吉缓冲区起始光荣村，终止于三岔河，全长约250km，布设白沙滩、大安、塔虎城渡口、马克图4个水质监测断面。白沙滩监测断面与江桥监测断面结合判别大庆部分地区及泰来市对嫩江干流水质的影响；大安监测断面与白沙滩监测断面结合判别支流洮儿河对嫩江水质的影响；塔虎城渡口监测断面与大安监测断面结合判别大安市对嫩江水质的影响；马克图监测断面反映嫩江汇入松花江干流前水质。

通过以上12个水质监测断面的相互组合，基本上反映了嫩江黑吉缓冲区区间的污染责任，以及支流洮儿河、霍林河对嫩江干流水质的影响。

6.1.2.2 第二松花江省界缓冲区水质监测断面设计方案

（1）第二松花江吉黑缓冲区控制单元

第二松花江吉黑缓冲区控制单元只有一个水功能区，即第二松花江吉黑缓冲区。该水功能区起始石桥村，终止于入松花江干流河口，全长约13km，其间布设松林水质监测断面，反映第二松花江入松花江干流前水质状况。

（2）辉发河辽吉缓冲区控制单元

辉发河辽吉缓冲区控制单元只有一个水功能区，即辉发河辽吉缓冲区，该水功能区起始南山城，终止于辽吉省界，全长约10km，其间布设龙头堡水质监测断面，反映辉发河辽宁省出境水质。

6.1.2.3 松花江干流省界缓冲区水质监测断面设计方案

松花江黑吉缓冲区控制单元只包括一个水功能区，即松花江干流黑吉缓冲区，该水功能区起始三岔河，终止于双城临江屯，全长约138km，其间布设下岱吉、88号照两个水质监测断面。下岱吉监测断面与马克图监测断面、松林监测断面结合，判别吉、黑两省左右岸区间黑龙江省大庆市肇源县对松花江干流水质影响；88号照监测断面是松花江进入黑龙江省的第一个上下游监测断面，与同江监测断面结合反映黑龙江省对松花江干流水质的影响。

6.1.3 饮用水水源地监测站网设计

松花江流域有51个饮用水水源地，其中36个已开展监测，布设42个监测断面。按照流域水资源管理要求，应实现流域水源地100%监测覆盖率，因此针对15个未开展监测的水源地设计新增16个监测断面，全流域布设58个水源地监测断面，具体监测站点布设情况详见表6-4。松花江流域饮用水水源地监测站点图见附图3。

表6-4 松花江流域饮用水水源地监测站点布设一览表

序号	监测断面名称	水系	所在河流	监测断面位置
1	尼尔基水库库中	嫩江	嫩江干流	讷河市
2	齐齐哈尔（浏园）	嫩江	嫩江干流	齐齐哈尔市
3	甘河水源地	嫩江	甘河	大兴安岭地区加格达奇区
4	大庆水库	嫩江	北引	大庆市
5	红旗泡水库	嫩江	北引	大庆市
6	丰满水库（1）	第二松花江	第二松花江	桦甸市桦树林子乡大兴屯第二松花江公路桥
7	丰满水库（2）	第二松花江	第二松花江	蛟河市松江镇小车背沟屯
8	丰满水库（3）	第二松花江	第二松花江	吉林市丰满水库坝上
9	马家	第二松花江	第二松花江	吉林市小白山乡马家屯引松入长取水处
10	一水厂	第二松花江	第二松花江	吉林市一水厂取水处
11	三水厂	第二松花江	第二松花江	吉林市三水厂取水处
12	二水厂	第二松花江	第二松花江	吉林市二水厂取水处
13	吉林四水厂	第二松花江	第二松花江	丰满坝下游3 km处
14	松原水源	第二松花江	第二松花江	松原市自来水公司第二松花江取水处
15	龙坑	第二松花江	第二松花江	前郭县套浩太乡公路左侧1km处
16	海龙水库	第二松花江	辉发河	梅河口市海龙水库坝上
17	桦甸水源	第二松花江	辉发河	桦甸市自来水公司辉发河取水处
18	龙山水库	第二松花江	小柳树河	东丰县龙山水库坝上

序号	监测断面名称	水系	所在河流	监测断面位置
19	仁合水库	第二松花江	横道子河	东丰县仁合水库坝上
20	柳河水源	第二松花江	一统河	柳河县柳河镇自来水公司一统河取水处
21	柳河水库	第二松花江	烧锅河	柳河县柳河水库坝上
22	朝阳水源	第二松花江	三统河	辉南县朝阳镇自来水公司三统河取水处
23	郭大院水库	第二松花江	拐子坑河	磐石市郭大院水库坝上
24	关门砬子水库	第二松花江	发别河	桦甸市关门砬子水库坝上
25	蛟河水源	第二松花江	蛟河	蛟河市自来水公司蛟河取水处
26	拉法河水源	第二松花江	拉法河	蛟河市自来水公司拉法河取水处
27	小蛟河水源	第二松花江	小蛟河	蛟河市自来水公司小蛟河取水处
28	新村水厂	第二松花江	温德河	永吉县口前镇新村水厂取水处
29	五水厂	第二松花江	牤牛河	吉林市五水厂取水处
30	石头口门水库（1）	第二松花江	饮马河	九台市石头口门水库库区上部
31	石头口门水库（2）	第二松花江	饮马河	九台市石头口门水库库区中部
32	石头口门水库（3）	第二松花江	饮马河	长春市自来水公司石头口门水库取水处
33	新立城水库（1）	第二松花江	伊通河	长春市新立城水库库区上部
34	新立城水库（2）	第二松花江	伊通河	长春市新立城水库库区中部
35	新立城水库（3）	第二松花江	伊通河	长春市自来水公司新立城水库取水处
36	两家子水库	第二松花江	赵家沟	农安县两家子水库坝上
37	肇东水库	松花江干流	松花江干流	哈尔滨市
38	朱顺屯	松花江干流	松花江干流	哈尔滨市
39	磨盘山水库库尾	松花江干流	拉林河	五常市
40	沙河子水库	松花江干流	沙河	舒兰市沙河子水库坝上
41	东方红湖水库	松花江干流	通肯河	海伦市
42	西水源	松花江干流	牡丹江	牡丹江市
43	铁路水源	松花江干流	牡丹江	牡丹江市
44	电视塔（镜泊湖）	松花江干流	牡丹江	牡丹江市
45	果树场（镜泊湖）	松花江干流	牡丹江	牡丹江市
46	老孤砬子（镜泊湖）	松花江干流	牡丹江	牡丹江市
47	敦化水源	松花江干流	牡丹江	敦化市自来水公司牡丹江取水处
48	宁安水源地	松花江干流	牡丹江	宁安市
49	林口县龙爪水库	松花江干流	牡丹江	林口县
50	小石河水库	松花江干流	大石河	敦化市小石河水库坝上
51	小石河水库	松花江干流	小石河	敦化市小石河水库坝上
52	海林市水源地	松花江干流	海浪河	海林市
53	桃山水库（中）	松花江干流	倭肯河	七台河市
54	碧源湖水库	松花江干流	汤旺河	伊春市
55	五号水库（上）	松花江干流	鹤立河	鹤岗市
56	细鳞河水库（中）	松花江干流	鹤立河	鹤岗市
57	小鹤立河水库（中）	松花江干流	鹤立河	鹤岗市
58	寒葱沟水库库末	松花江干流	安邦河	双鸭山市

6.1.4 湖泊水库水质监测站网设计

松花江流域有 79 个重要湖泊水库，其中 31 个已开展监测，按照流域重要湖库全部开展监测的管理要求，流域优化后布设 100 个监测点位。其中嫩江流域有 19 个重要湖泊水库，已监测 12 个，优化后布设 24 个监测点位；第二松花江流域有 36 个重要湖泊水库，已监测 10 个，优化后布设 47 个监测点位；松花江干流有 24 个，已监测 9 个，优化后布设 29 个监测点位，具体优化布设情况见表 6-5。松花江流域重要湖泊水库监测点位图见附图 4。

表 6-5 松花江流域重要湖库水质监测点位优化布设一览表

序号	监测点位名称	湖泊水库名称	水系	所在省份	所在地区
1	尼尔基水库库中	尼尔基水库	嫩江	黑龙江省	齐齐哈尔市
2	富源村	尼尔基水库	嫩江	黑龙江省	齐齐哈尔市
3	库中	尼尔基水库	嫩江	黑龙江省	齐齐哈尔市
4	库尾	尼尔基水库	嫩江	黑龙江省	齐齐哈尔市
5	扎龙湖	扎龙湖	嫩江	黑龙江省	齐齐哈尔市
6	克钦湖	克钦湖	嫩江	黑龙江省	齐齐哈尔市
7	五大连池三池	五大连池	嫩江	黑龙江省	黑河市
8	五大连池药泉	五大连池	嫩江	黑龙江省	黑河市
9	音河水库库中	音河水库	嫩江	黑龙江省	齐齐哈尔市
10	红旗泡水库	红旗泡水库	嫩江	黑龙江省	大庆市
11	东升水库坝上	东升水库坝上	嫩江	黑龙江省	大庆市
12	东升水库库尾	东升水库库尾	嫩江	黑龙江省	大庆市
13	大庆水库出口	大庆水库	嫩江	黑龙江省	大庆市
14	红旗水库出口	红旗水库	嫩江	黑龙江省	大庆市
15	西葫芦	连环湖	嫩江	黑龙江省	大庆市
16	东湖水库	东湖水库	嫩江	黑龙江省	绥化市
17	月亮泡水库	月亮泡水库	嫩江	吉林省	白城市
18	泡上	月亮湖水库	嫩江	吉林省	白城市
19	喇叭仓水库	喇叭仓水库	嫩江	吉林省	白城市
20	查干湖	查干湖	嫩江	吉林省	松原市
21	大库里泡	大库里泡	嫩江	吉林省	松原市
22	胜利水库	胜利水库	嫩江	吉林省	白城市
23	向海水库（一）	向海水库（一）	嫩江	吉林省	白城市
24	向海水库（二）	向海水库（二）	嫩江	吉林省	白城市
25	柳河水库	柳河水库	第二松花江	吉林省	通化市
26	和平水库	和平水库	第二松花江	吉林省	通化市
27	库中心	海龙水库	第二松花江	吉林省	通化市
28	库大坝	海龙水库	第二松花江	吉林省	通化市
29	北江水库	北江水库	第二松花江	吉林省	白山市
30	库中心	曲家营水库	第二松花江	吉林省	白山市

序号	监测点位名称	湖泊水库名称	水系	所在省份	所在地区
31	库中心	五道水库	第二松花江	吉林省	白山市
32	白山水库	白山水库	第二松花江	吉林省	吉林市
33	丰满水库（一）	丰满水库（一）	第二松花江	吉林省	吉林市
34	丰满水库（二）	丰满水库（二）	第二松花江	吉林省	吉林市
35	丰满水库（三）	丰满水库（三）	第二松花江	吉林省	吉林市
36	萝卜地水库	萝卜地水库	第二松花江	吉林省	吉林市
37	郭大院水库	郭大院水库	第二松花江	吉林省	吉林市
38	关门砬子水库	关门砬子水库	第二松花江	吉林省	吉林市
39	双杨树水库	双杨树水库	第二松花江	吉林省	吉林市
40	团山水库	团山水库	第二松花江	吉林省	吉林市
41	朝阳水库	朝阳水库	第二松花江	吉林省	吉林市
42	胖头沟水库	胖头沟水库	第二松花江	吉林省	吉林市
43	庆丰水库	庆丰水库	第二松花江	吉林省	吉林市
44	亚吉水库	亚吉水库	第二松花江	吉林省	吉林市
45	星星哨水库	星星哨水库	第二松花江	吉林省	吉林市
46	庙岭水库	庙岭水库	第二松花江	吉林省	吉林市
47	桦树林子	松花湖	第二松花江	吉林省	吉林市
48	小荒地	松花湖	第二松花江	吉林省	吉林市
49	沙石浒	松花湖	第二松花江	吉林省	吉林市
50	大丰满	松花湖	第二松花江	吉林省	吉林市
51	库中心	红石水库	第二松花江	吉林省	吉林市
52	库大坝	红石水库	第二松花江	吉林省	吉林市
53	龙头水库	龙头水库	第二松花江	吉林省	辽源市
54	古年水库	古年水库	第二松花江	吉林省	辽源市
55	龙山水库	龙山水库	第二松花江	吉林省	辽源市
56	仁合水库	仁合水库	第二松花江	吉林省	辽源市
57	寿山水库	寿山水库	第二松花江	吉林省	四平市
58	石门水库	石门水库	第二松花江	吉林省	四平市
59	石头口门水库（一）	石头口门水库（1）	第二松花江	吉林省	长春市
60	石头口门水库（二）	石头口门水库（2）	第二松花江	吉林省	长春市
61	石头口门水库（三）	石头口门水库（3）	第二松花江	吉林省	长春市
62	双阳水库	双阳水库	第二松花江	吉林省	长春市
63	黑顶子水库	黑顶子水库	第二松花江	吉林省	长春市
64	卡伦湖水库	卡伦湖水库	第二松花江	吉林省	长春市
65	新立城水库（一）	新立城水库（1）	第二松花江	吉林省	长春市
66	新立城水库（二）	新立城水库（2）	第二松花江	吉林省	长春市
67	新立城水库（三）	新立城水库（3）	第二松花江	吉林省	长春市
68	净月水库	净月水库	第二松花江	吉林省	长春市
69	太平池水库	太平池水库	第二松花江	吉林省	长春市
70	两家子水库	两家子水库	第二松花江	吉林省	长春市

序号	监测点位名称	湖泊水库名称	水系	所在省份	所在地区
71	大坝	净月潭	第二松花江	吉林省	长春市
72	青石岭水	青石岭水	松花江干流	黑龙江省	绥化市
73	青肯泡库尾	青肯泡库尾	松花江干流	黑龙江省	绥化市
74	西泉眼水库	西泉眼水库	松花江干流	黑龙江省	哈尔滨市
75	沙河子水库	沙河子水库	松花江干流	吉林省	吉林市
76	响水水库	响水水库	松花江干流	吉林省	吉林市
77	亮甲山水库	亮甲山水库	松花江干流	吉林省	吉林市
78	磨盘山水库出口	磨盘山水库	松花江干流	黑龙江省	哈尔滨市
79	玉皇庙水库	玉皇庙水库	松花江干流	吉林省	长春市
80	石塘水库	石塘水库	松花江干流	吉林省	长春市
81	向阳水库	向阳水库	松花江干流	吉林省	长春市
82	于家水库	于家水库	松花江干流	吉林省	长春市
83	苏家岗水库	苏家岗水库	松花江干流	吉林省	长春市
84	老鸹砬子	镜泊湖	松花江干流	黑龙江省	牡丹江市
85	电视塔	镜泊湖	松花江干流	黑龙江省	牡丹江市
86	果树场	镜泊湖	松花江干流	黑龙江省	牡丹江市
87	群力	莲花水库	松花江干流	黑龙江省	牡丹江市
88	三道	莲花水库	松花江干流	黑龙江省	牡丹江市
89	大坝	莲花水库	松花江干流	黑龙江省	牡丹江市
90	小石河水库	小石河水库	松花江干流	黑龙江省	延边州
91	小石河水库	小石河水库	松花江干流	黑龙江省	延边州
92	西山水库	西山水库	松花江干流	黑龙江省	伊春市
93	桃山水库	桃山水库	松花江干流	黑龙江省	七台河市
94	乌基河水库	乌基河水库	松花江干流	黑龙江省	七台河市
95	新水源水库	新水源水库	松花江干流	黑龙江省	七台河市
96	万宝水库	万宝水库	松花江干流	黑龙江省	七台河市
97	四丰山水库	四丰山水库	松花江干流	黑龙江省	佳木斯市
98	五号水库	五号水库	松花江干流	黑龙江省	鹤岗市
99	细鳞河水库	细鳞河水库	松花江干流	黑龙江省	鹤岗市
100	寒葱沟水库	寒葱沟水库	松花江干流	黑龙江省	双鸭山市

6.1.5 省控国控水质监测站网设计

优化设计松花江流域国控水质监测断面、省控水质监测断面计 110 个，其中国控监测断面 43 个，占 39.1%，省控监测断面 67 个，占 60.9%。优化后国控监测断面、省控监测断面布设情况见表 6-6，松花江流域国控省控监测断面图见附图 5。

表 6-6　优化后国控、省控水质监测断面布设情况

水系	断面总数 / 个	国控断面		省控断面		原有断面 / 个	新增断面 / 个
		个数	比例 / %	个数	比例 / %		
嫩江	20	12	10.91	8	7.27	16	4
第二松花江	31	12	10.91	19	17.27	24	7
松花江干流	59	19	17.27	40	36.36	56	3
松花江流域	110	43	39.09	67	60.91	96	14

由表 6-6 可见，国控监测断面中松花江干流水系所占比例最大，占 17.3%，嫩江和第二松花江水系均占 10.9%；省控监测断面中除嫩江水系外，第二松花江和松花江干流水系所占比例均大于国控监测断面；松花江干流水系国控监测断面、省控监测断面均多于嫩江和第二松花江水系。松花江流域省控国控水质监测站布设情况详见表 6-7。

表 6-7　松花江流域省控国控水质监测断面布设一览表

序号	断面名称	河流名称	断面位置	断面级别	断面类别
1	博霍头嫩江上	嫩江	黑河市嫩江县	国控	对照
2	阿彦浅	嫩江	齐齐哈尔市讷河市	国控	对照
3	讷谟尔河口上	嫩江	齐齐哈尔市讷河市	国控	对照
4	拉哈	嫩江	齐齐哈尔市讷河市二克浅镇	国控	对照
5	浏园	嫩江	齐齐哈尔城区	国控	对照
6	富上	嫩江	齐齐哈尔市富拉尔基区	省控	控制
7	江桥	嫩江	齐齐哈尔市泰来县江桥镇	国控	控制
8	白沙滩	嫩江	镇赉县丹岱乡白沙滩自动站取水口	国控	控制
9	嫩江口内	嫩江	大庆市肇源县茂兴镇	国控	控制
10	老坎子	嫩江	大安市北铁路桥下 500 米处	省控	控制
11	哈戈尔	嫩江	大安市水文局所立石碑下游 400 米处	省控	控制
12	加格达奇上	甘河	大兴安岭加格达奇区	省控	背景
13	柳家屯	甘河	内蒙古莫旗额尔河乡柳家屯	国控	控制
14	讷谟尔河口	讷谟尔河	齐齐哈尔市讷河市前二里村	省控	控制
15	查哈阳乡	诺敏河	齐齐哈尔市甘南县查哈阳乡	国控	控制
16	音河水库	音河	齐齐哈尔市甘南县	国控	控制
17	绰尔河口	绰尔河	内蒙古扎旗努文木仁乡靠山村	国控	控制
18	镇西大桥（林海）	洮儿河	洮北区岭下镇白城水文局石碑下游 300 米	省控	对照
19	到保大桥	洮儿河	洮北区到保镇白城水文局石碑下游 100 米	省控	控制
20	月亮湖下	洮儿河	白城市大安市月亮泡镇	省控	控制
21	瀑布下	二道松花江	长白山天池瀑布下	国控	背景
22	池北铁桥	二道松花江	二道白河镇	省控	考核
23	批州上	第二松花江	白山市靖宇县批州村	国控	考核
24	白山大桥	第二松花江	桦甸市白山电厂坝下	省控	对照
25	临江大桥	第二松花江	桦甸市红石镇西北侧	省控	控制

序号	断面名称	河流名称	断面位置	断面级别	断面类别
26	墙缝	第二松花江	吉林市丰满区吉丰东路	国控	控制
27	兰旗大桥（丰满）	第二松花江	吉林市昌邑区	国控	对照
28	清源桥（龙潭桥）	第二松花江	吉林市龙潭区	省控	控制
29	九站	第二松花江	吉林市龙潭区	省控	控制
30	哨口	第二松花江	吉林市龙潭区	省控	控制
31	溪浪口	第二松花江	舒兰市溪河镇溪浪口村溪浪口渡口	省控	控制
32	白旗	第二松花江	舒兰市白旗镇小白旗村	国控	控制
33	松花江村	第二松花江	长春市榆树市五棵树镇龚家村	国控	对照
34	镇江口	第二松花江	长春市农安县小城乡镇江口村	省控	控制
35	宁江（畜牧场）	第二松花江	松原市前郭县七家子村	国控	对照
36	西大嘴子	第二松花江	松原市	省控	控制
37	松林	第二松花江	松原市宁江区松林村	国控	削减
38	兴隆	辉发河	通化市辉南县兴隆村	省控	考核
39	一闸门	辉发河	桦甸市城区西南侧	省控	控制
40	沙金	辉发河	桦甸市东北侧	省控	控制
41	福兴	辉发河	桦甸市金沙乡福兴村	国控	控制
42	烟筒山	饮马河	吉林市烟筒山镇	省控	控制
43	饮马河大桥	饮马河	九台市西营城镇石头口门村	省控	控制
44	靠山南楼	饮马河	长春市农安县靠山镇红石村	国控	控制
45	官厅桥	岔路河	吉林市万昌镇官厅乡	省控	控制
46	砖瓦窑桥	双阳河	双阳区新安镇	省控	控制
47	星光	伊通河	四平市伊通镇星光村	省控	考核
48	新立城大坝	伊通河	长春市净月开发区新立城镇	国控	控制
49	水厂小坝	伊通河	长春市一水厂反冲水排水口处	省控	控制
50	杨家崴子大桥	伊通河	北环城公路四化桥处	国控	控制
51	靠山大桥	伊通河	农安县靠山镇外 1 公里处	省控	削减
52	三岔河	松花江	大庆市肇源县茂兴镇对过	省控	控制
53	肇源	松花江	大庆市肇源县	国控	对照
54	拉林河口下	松花江	大庆市肇源县	省控	控制
55	朱顺屯	松花江	哈尔滨市道里区群力乡松江村	国控	对照
56	阿什河口下	松花江	哈尔滨市道外区	省控	控制
57	呼兰河口下	松花江	哈尔滨市呼兰区腰堡街道办事处腰堡村	省控	控制
58	大顶子山	松花江	宾县塘坊镇塘坊村	国控	控制
59	摆渡镇	松花江	哈尔滨市木兰县木兰镇松江村	国控	控制
60	牡丹江口上	松花江	哈尔滨市依兰县依兰镇福兴村	省控	对照
61	牡丹江口下	松花江	哈尔滨市依兰县	省控	控制
62	宏克利	松花江	哈尔滨市依兰县宏克利镇	省控	控制
63	佳木斯上	松花江	佳木斯郊区大来镇	国控	对照
64	佳木斯下	松花江	佳木斯市桦川县悦来镇	国控	控制
65	江南屯	松花江	桦川县万里河通村	国控	控制

序号	断面名称	河流名称	断面位置	断面级别	断面类别
66	同江	松花江	佳木斯市同江市	国控	控制
67	汇合前	安肇新河	大庆市龙凤区卧里屯	省控	对照
68	中出口	安肇新河	大庆市红岗区采油四厂	省控	控制
69	西干后	安肇新河	大庆市大同区	省控	控制
70	古恰闸口	安肇新河	大庆市肇源县古恰乡	省控	削减
71	红旗前	安肇新河	大庆市萨尔图区	省控	控制
72	青肯闸口	肇兰新河	绥化市安达市	省控	控制
73	蔡家沟	拉林河	哈尔滨市双城市拉林河大桥	国控	控制
74	苗家	拉林河	哈尔滨市双城市万隆乡苗家村	国控	控制
75	拉林河口内	拉林河	哈尔滨市双城市	省控	控制
76	肖家船口	细鳞河	舒兰市平安镇肖家船口	省控	控制
77	阿什河口内	阿什河	哈尔滨市道外区团结镇红光村	国控	控制
78	绥庆桥	呼兰河	绥化市庆安县	省控	对照
79	绥望桥	呼兰河	绥化市望奎县	省控	控制
80	呼兰河口内	呼兰河	哈尔滨市呼兰区腰堡街道办事处腰堡村	国控	控制
81	马号	牡丹江	敦化市马号乡	省控	对照
82	敦化上	牡丹江	敦化市上游5公里处	省控	控制
83	敦化下	牡丹江	敦化市敖东工业园区下游5公里	省控	控制
84	大山（大山咀子）	牡丹江	敦化市雁鸣湖镇新甸村	国控	削减
85	大山咀子	牡丹江	吉林省敦化市大山镇	省控	控制
86	果树场	牡丹江	牡丹江市镜泊湖风景管理区	省控	对照
87	海浪	牡丹江	牡丹江市温春镇	国控	对照
88	大桥	牡丹江	牡丹江市西安区	省控	控制
89	柴河铁路桥	牡丹江	牡丹江市桦林镇	国控	控制
90	花脸沟	牡丹江	林口县建堂乡江南村	省控	控制
91	牡丹江口内	牡丹江	哈尔滨依兰县依兰镇	国控	控制
92	海浪河口内	海浪河	牡丹江市西安区	省控	控制
93	北兴	倭肯河	七台河市北兴农场	省控	对照
94	桃山水库	倭肯河	七台河市套上水库坝下	省控	省控
95	葫头沟	倭肯河	七台河市北兴区	省控	省控
96	抢肯	倭肯河	七台河市勃利县抢肯镇	省控	省控
97	倭肯河口内	倭肯河	哈尔滨依兰县依兰镇	省控	控制
98	苗圃	西汤旺河	伊春市汤旺河区	国控	背景
99	友好	汤旺河	伊春市友好区	国控	对照
100	柳树	汤旺河	伊春市南岔区	省控	控制
101	晨明	汤旺河	伊春市浩良河镇	省控	控制
102	汤旺河口内	汤旺河	佳木斯市汤原县香兰镇	国控	控制
103	梧桐河口内	梧桐河	黑龙江省梧桐河农场	省控	控制
104	红旗	鹤立河	鹤岗市红旗林场	省控	对照
105	新铁	鹤立河	鹤岗市兴安区	省控	控制

序号	断面名称	河流名称	断面位置	断面级别	断面类别
106	三股流	鹤立河	鹤岗市新华区新华农场	省控	控制
107	岭东水库	安邦河	双鸭山市岭东区	省控	对照
108	造纸上	安邦河	双鸭山市岭东区	省控	控制
109	黑鱼泡	安邦河	双鸭山市尖山区	省控	控制
110	滚兔岭	安邦河	双鸭山市尖山区	省控	控制

6.1.6 污染控制水质监测站网设计

《松花江流域水污染防治规划》（2011—2015 年），统筹考虑水资源分区、水功能区的对应关系，以水质监测断面为节点，将流域划分 33 个控制单元。根据各控制单元地理位置、对应水体敏感程度、断面水质污染程度、对下游单元影响轻重以及排污强度大小，划分为优先控制单元和一般控制单元。优先控制单元位于松花江干流或主要支流上游、包含一个或多个敏感水体、断面水质污染严重、对下游单元水质具有较大影响、环境风险突出的单元。松花江流域共划分 9 个优先控制单元和 24 个一般控制单元，详见表 6-8。松花江流域水污染防治规划控制单元监测断面图见附图 6。

表 6-8 松花江流域水污染防治规划监测断面布设情况

控制区	级别	控制单元 / 个	监测断面 / 个
黑龙江控制区	一般	12	11
	优先	4	7
	小计	16	18
吉林控制区	一般	5	4
	优先	3	4
	小计	8	8
内蒙古控制区	一般	7	7
	优先	2	2
	小计	9	9
松花江流域	一般	24	22
	优先	9	13
	小计	33	35

由表 6-8 可知，黑龙江省划分 16 个控制单元，布设 18 个监测断面，占监测断面总数的 51%；吉林省划分 8 个控制单元，布设 8 个监测断面，占监测断面总数的 23%；内蒙古自治区划分 9 个控制单元，布设 9 个监测断面，占监测断面总数的 26.%。松花江流域水污染防治规划控制单元监测断面具体布设情况详见表 6-9。

表6-9 松花江流域水污染防治规划控制单元监测断面表

控制区	控制单元	类别	水体	监测断面
内蒙古控制区	甘河呼伦贝尔市控制单元	优先	甘河	巴彦
	雅鲁河呼伦贝尔市控制单元	优先	雅鲁河	成吉思汗（金蛇湾码头）
	嫩江呼伦贝尔市控制单元	一般	嫩江	讷谟尔河口上（小莫丁）
	诺敏河呼伦贝尔市控制单元	一般	诺敏河	查哈阳乡（古城子）
	阿伦河呼伦贝尔市控制单元	一般	阿伦河	新发（兴鲜）
	绰尔河兴安盟控制单元	一般	绰尔河	绰尔河口（两家子水文站）
	洮儿河兴安盟控制单元	一般	洮儿河	斯力很（林海）
	蛟流河兴安盟控制单元	一般	蛟流河	宝泉（环保、水利）
	霍林河通辽兴安盟控制单元	一般	霍林河	高力板（环保、水利）
吉林控制区	第二松花江长春市控制单元	优先	第二松花江	镇江口
			伊通河	靠山大桥
	第二松花江吉林市控制单元	优先	第二松花江	白旗
	辉发河通化吉林市控制单元	优先	辉发河	福兴
	第二松花江白山市控制单元	一般	第二松花江	批州
	第二松花江松原市控制单元	一般	第二松花江	松林
	嫩江白城市控制单元	一般	—	—
	松原长春吉林市控制单元	一般	拉林河	苗家（板子房）
			细鳞河	肖家船口
	牡丹江敦化市控制单元	一般	牡丹江	大山（牡丹江1号桥）
黑龙江控制区	哈尔滨市市辖区控制单元	优先	松花江	大顶子山
			阿什河	阿什河口内
	松花江佳木斯市控制单元	优先	松花江	同江
			松花江	江南屯
	安邦河双鸭山市控制单元	优先	安邦河	滚兔岭
	牡丹江牡丹江市控制单元	优先	牡丹江	牡丹江口内
			牡丹江	柴河铁路桥
	嫩江黑河市控制单元	一般	嫩江	博霍头（繁荣新村）
	黑河齐齐哈尔市控制单元	一般	讷谟尔河	讷谟尔河口
	黑河齐齐哈尔市控制单元	一般	乌裕尔河	龙安桥
	嫩江齐齐哈尔市控制单元	一般	嫩江	江桥
	松花江大庆绥化市控制单元	一般	—	—
	拉林河哈尔滨市控制单元	一般	拉林河	苗家（板子房）
	伊春绥化哈尔滨市控制单元	一般	呼兰河	呼兰河口内
	松花江哈尔滨市辖县控制单元	一般	松花江	佳木斯上
黑龙江控制区	汤旺河伊春市控制单元	一般	汤旺河	汤旺河口内
	梧桐河鹤岗市控制单元	一般	梧桐河	梧桐河口内
	倭肯河七台河佳木斯市控制单元	一般	倭肯河	倭肯河口内
	穆棱河鸡西市控制单元	一般	穆棱河	穆棱河口内

6.1.7 责任考核水质监测站网设计

为推进实行最严格水资源管理制度，确保实现水资源开发利用和节约保护的主要目标，国家拟将对各省、自治区、直辖市落实最严格水资源管理制度情况进行考核。根据《实行最严格水资源管理制度考核办法》（国办发 [2013]2 号），经与松花江流域各省区充分协调沟通，确定“十二五”期间流域重要江河湖泊水功能区水质达标考核名录，详见表 6-10。

表 6-10 松花江流域重要水功能区水质责任考核断面布设情况表

序号	水功能区名称		水质目标	考核省份	断面名称
	一级水功能区名称	二级水功能区名称			
1	南瓮河森林湿地自然保护区		II	蒙	入嫩江之前
2	嫩江嫩江县源头水保护区		II	黑	卧都河
					石灰窑
3	那都里河鄂伦春自治旗源头水保护区		II	蒙	入嫩江河口
4	欧肯河莫力达瓦达斡尔族自治旗保留区		II	蒙	欧肯河农场
5	甘河鄂伦春自治旗源头水保护区		II	蒙	吉文
6	甘河鄂伦春自治旗开发利用区	鄂伦春自治旗过渡区	III	蒙	齐奇岭
7	甘河蒙黑缓冲区		III	蒙	加西
8	甘河加格达奇市开发利用区	加格达奇市饮用、工业用水区	II	黑	加格达奇水文站
9	甘河加格达奇市开发利用区	甘河白桦过渡区	III	黑	白桦
10	甘河黑蒙缓冲区		III	黑	白桦下
11	甘河鄂伦春自治旗、莫力达瓦达斡尔族自治旗保留区		III	蒙	柳家屯
12	奎勒河鄂伦春自治旗源头水保护区		II	蒙	宜里农场
13	嫩江黑蒙缓冲区 1		III	黑	柳家屯水文站
					繁荣新村
14	南北河北安市源头水保护区		II	黑	南北河终点
					河口工段
15	讷谟尔河五大连池市保留区		III	黑	讷谟尔
16	讷谟尔河五大连池市开发利用区	五大连池市农业、工业用水区	II～III	黑	青山桥上 300m
17	讷谟尔河五大连池市开发利用区	五大连池市过渡区	IV	黑	永发村
18	讷谟尔河讷河市开发利用区	讷河市农业用水区	III	黑	讷谟尔河入嫩江河口
					进化
					龙河镇

序号	水功能区名称		水质目标	考核省份	断面名称
	一级水功能区名称	二级水功能区名称			
19	诺敏河鄂伦春自治旗源头水保护区		II	蒙	东风经营所
20	诺敏河莫力达瓦达斡尔族自治旗开发利用区	莫力达瓦达斡尔族自治旗农业用水区	III	蒙	五家子
21	诺敏河蒙黑缓冲区		III	蒙、黑	古城子
					萨马街
22	扎文河鄂伦春自治旗源头水保护区		II	蒙	扎文
23	嫩江黑蒙缓冲区 2		III	黑、蒙	尼尔基大桥
					小莫丁
					鄂温克族乡
24	嫩江甘南县保留区		III	黑	同盟水文站
25	嫩江齐齐哈尔市开发利用区	富裕县农业用水区	III	黑	东南屯
26	嫩江齐齐哈尔市开发利用区	富裕县过渡区	IV	黑	登科村
27	嫩江齐齐哈尔市开发利用区	嫩江中部引嫩工业、农业用水区	III	黑	雅尔塞乡
28	嫩江齐齐哈尔市开发利用区	嫩江中部引嫩过渡区	II	黑	新嫩江公路桥
29	嫩江齐齐哈尔市开发利用区	浏园饮用、农业用水区	II～III	黑	明星屯
30	嫩江齐齐哈尔市开发利用区	齐齐哈尔市过渡区	III	黑	富拉尔基铁路桥
31	嫩江齐齐哈尔市开发利用区	富拉尔基工业、景观娱乐用水区	III	黑	富拉尔基站
32	嫩江齐齐哈尔市开发利用区	莫呼过渡区	IV	黑	莫呼公路桥
33	嫩江黑蒙缓冲区 3		III	黑	莫呼渡口
					江桥
34	北部引嫩大庆市开发利用区	北部引嫩农业、工业用水区	II～III	黑	大庆水库
					红旗水库
					东湖水库
35	阿伦河阿荣旗开发利用区	阿荣旗过渡区	III	蒙	章塔尔
36	阿伦河蒙黑缓冲区		III	蒙	兴鲜
37	阿伦河齐齐哈尔市保留区		III	黑	巨宝乡畜牧场
					入嫩江河口
38	音河蒙黑缓冲区		III	蒙	新发
39	雅鲁河扎兰屯市源头水保护区		II	蒙	雅鲁
40	雅鲁河扎兰屯市开发利用区	扎兰屯市工业用水区	III	蒙	扎兰屯水文站
41	雅鲁河扎兰屯市开发利用区	扎兰屯市过渡区	IV	蒙	东德胜村
42	雅鲁河蒙黑缓冲区		III	蒙	金蛇湾码头
43	雅鲁河齐齐哈尔市保留区		III	黑	金家屯公路桥
44	雅鲁河黑蒙缓冲区		III	黑	原种场
45	济沁河蒙黑缓冲区		III	蒙	东明
46	绰尔河牙克石市开发利用区	牙克石市工业用水区	II	蒙	塔尔气水文站

序号	水功能区名称		水质目标	考核省份	断面名称
	一级水功能区名称	二级水功能区名称			
47	绰尔河扎赉特旗开发利用区 1	扎赉特旗农业用水区	III	蒙	文得根水文站
48	绰尔河黑蒙缓冲区		III	蒙	两家子水文站
49	绰尔河扎赉特旗缓冲区		III	蒙	乌塔其农场
					乌塔其农场
50	中部引嫩大庆市开发利用区	中部引嫩工业、农业用水区	III～IV	黑	龙虎泡
					大胜营子
51	乌裕尔河富裕县保留区		III	黑	东升水库库尾
52	嫩江扎龙自然保护区		II	黑	东升水库坝上
					扎龙湖
					克钦湖
53	洮儿河阿尔山市源头水保护区		II	蒙	五叉沟水文站
54	洮儿河科尔沁右翼前旗开发利用区 1	科尔沁右翼前旗农业用水区 1	III	蒙	索伦水文站
55	洮儿河乌兰浩特市开发利用区	乌兰浩特市过渡区	IV	蒙	白音哈达
56	洮儿河蒙吉缓冲区		III	蒙	浩特营子
57	洮儿河白城市开发利用区	洮北区、洮南市农业用水区	III	吉	洮南
58	洮儿河白城市开发利用区	镇赉县、大安市农业、渔业用水区	III	吉	黑帝庙
59	洮儿河白城市开发利用区	镇赉县、大安市渔业、农业用水区	III	吉	月亮泡水库
60	归流河科尔沁右翼前旗源头水保护区		II	蒙	乌兰河
61	归流河科尔沁右翼前旗开发利用区	科尔沁右翼前旗农业用水区	III	蒙	大石寨水文站
62	蛟流河突泉县开发利用区	突泉县农业用水区	IV	蒙	杜尔基水文站
63	蛟流河蒙吉缓冲区		III	蒙	宝泉
64	那金河蒙吉缓冲区		II	蒙	永安
65	霍林河霍林河市开发利用区	霍林河市工业用水区	IV	蒙	包尔呼吉村桥
66	霍林河科尔沁右翼中旗保留区		III	蒙	吐列毛都水文站
67	霍林河科尔沁右翼中旗缓冲区		III	蒙	高力板
					高力板
68	霍林河前郭县开发利用区	前郭县渔业用水区	III	吉	
69	嫩江泰来县开发利用区	泰来县农业、渔业用水区	III	黑	光荣
70	嫩江黑吉缓冲区		III	黑、吉	白沙滩
					马克图
71	安肇新河大庆市开发利用区	大庆市过渡区	IV	黑	安肇新河入松江口
					纪家围子
72	辉发河辽宁省源头水保护区		II	辽	源头
73	辉发河辽吉缓冲区		II	辽	龙头堡

序号	水功能区名称		水质目标	考核省份	断面名称
	一级水功能区名称	二级水功能区名称			
74	辉发河通化市、吉林市开发利用区	梅河口市饮用、农业用水区	Ⅱ～Ⅲ	吉	海龙水库
75	辉发河松花江三湖保护区		Ⅲ	吉	
76	一统河柳河县、梅河口市、辉南县开发利用区	柳河县饮用、工业用水区	Ⅱ～Ⅲ	吉	
77	三统河柳河县、辉南县开发利用区	辉南县饮用、工业用水区	Ⅱ～Ⅲ	吉	
78	莲河东丰县开发利用区	东丰县饮用水水源区	Ⅱ～Ⅲ	吉	
79	二道白河长白山自然保护区		Ⅰ	吉	长白山口
80	二道白河安图县保留区		Ⅱ	吉	二道白河
81	二道松花江安图县、抚松县、敦化市保留区		Ⅱ	吉	汉阳屯
82	二道松花江松花江三湖保护区		Ⅱ	吉	
83	第二松花江松花江三湖保护区		Ⅱ～Ⅲ	吉	丰满水库（三） 红石水库 白山水库
84	头道松花江长白山自然保护区		Ⅱ	吉	
85	头道松花江抚松县保留区		Ⅱ	吉	漫江
86	头道松花江靖宇县、抚松县开发利用区	靖宇县、抚松县过渡区	Ⅲ	吉	参乡一号桥
87	头道松花江靖宇县、抚松县缓冲区		Ⅱ	吉	高丽城子
88	头道松花江松花江三湖保护区		Ⅱ	吉	
89	五道白河安图县源头水保护区		Ⅰ	吉	
90	五道白河安图县保留区		Ⅱ	吉	
91	松江河抚松县源头水保护区		Ⅱ	吉	
92	松江河抚松县开发利用区	抚松县饮用、工业用水区	Ⅱ～Ⅲ	吉	
93	蛟河蛟河市开发利用区	蛟河市饮用、工业用水区	Ⅱ～Ⅲ	吉	
94	蛟河蛟河市缓冲区		Ⅲ	吉	蛟河
95	伊通河长春市开发利用区	长春市饮用、渔业用水区	Ⅱ～Ⅲ	吉	新立城水库（三）
96	伊通河长春市开发利用区	长春市农业、渔业用水区 2	Ⅲ	吉	
97	伊通河长春市开发利用区	长春市景观娱乐用水区	Ⅲ	吉	
98	饮马河伊通县、磐石市源头水保护区		Ⅱ	吉	亚吉水库
99	饮马河吉林市、长春市开发利用区	磐石市、双阳区、永吉县农业、渔业用水区	Ⅲ	吉	烟筒山
100	饮马河吉林市、长春市开发利用区	长春市饮用、渔业用水区	Ⅱ～Ⅲ	吉	石头口门水库（三）
101	饮马河吉林市、长春市开发利用区	九台市、德惠市农业用水区	Ⅲ	吉	拉他泡
102	饮马河吉林市、长春市开发利用区	德惠市农业用水区	Ⅳ	吉	德惠

序号	水功能区名称		水质目标	考核省份	断面名称
	一级水功能区名称	二级水功能区名称			
103	饮马河农安县、德惠市缓冲区		III	吉	靠山屯
104	岔路河磐石市源头水保护区		II	吉	
105	岔路河磐石市、永吉县开发利用区	磐石市、永吉县农业、渔业用水区	III	吉	星星哨水库
106	第二松花江长春市调水水源保护区		II	吉	马家
107	第二松花江吉林市、长春市开发利用区	吉林市饮用、工业用水区 1	II～III	吉	一水厂
108	第二松花江吉林市、长春市开发利用区	吉林市景观娱乐用水区	III	吉	
109	第二松花江吉林市、长春市开发利用区	吉林市饮用、工业用水区 2	II～III	吉	三水厂
110	第二松花江吉林市、长春市开发利用区	吉林市工业用水区	IV	吉	
111	第二松花江吉林市、长春市开发利用区	吉林市、长春市农业、过渡区	III	吉	石屯
112	第二松花江吉林市、长春市开发利用区	德惠市、榆树市饮用、工业用水区	II～III	吉	松花江
113	第二松花江吉林扶余洪泛湿地自然保护区		III	吉	五家站
114	第二松花江松原市开发利用区	松原市饮用、工业用水区	II～III	吉	松原上
115	第二松花江松原市开发利用区	松原市过渡区	IV	吉	石桥
116	第二松花江吉黑缓冲区		III	吉	松林
117	拉林河五常市源头水保护区		II	黑	磨盘山水库库尾
118	拉林河磨盘山水库调水水源保护区		II	黑	拉林河磨盘山水库
119	拉林河五常市保留区		III	黑	双龙屯
120	拉林河吉黑缓冲区 1		III	黑、吉	向阳
121	拉林河五常市开发利用区	五常市农业用水区	III	黑	五常公路桥
122	拉林河吉黑缓冲区 2		III	黑、吉	振兴
					牛头山大桥
					龙家亮子
					蔡家沟
					板子房
123	细鳞河舒兰市源头水保护区		II	吉	
124	细鳞河舒兰市开发利用区	舒兰市饮用、农业用水区	III	吉	
125	细鳞河舒兰市开发利用区	舒兰市农业、过渡区	III	吉	
126	细鳞河（溪浪河）吉黑缓冲区		III	吉	肖家船口
127	牤牛河黑吉缓冲区		III	黑	牤牛河大桥
128	松花江黑吉缓冲区		III	黑、吉	下岱吉
					88 号照

序号	水功能区名称		水质目标	考核省份	断面名称
	一级水功能区名称	二级水功能区名称			
129	松花江哈尔滨市开发利用区	肇东市、双城市农业、渔业用水区	III	黑	双城市与哈尔滨市交界
130	松花江哈尔滨市开发利用区	哈尔滨市太平镇过渡区	II	黑	东兴龙岗
131	松花江哈尔滨市开发利用区	哈尔滨市朱顺屯饮用水水源区	II	黑	朱顺屯
132	松花江哈尔滨市开发利用区	哈尔滨市景观娱乐用水区	III	黑	马家沟汇入口上
133	松花江哈尔滨市开发利用区	阿城市过渡区	IV	黑	大顶子山
134	松花江哈尔滨市开发利用区	宾县、巴彦县农业用水区	III	黑	鸟河
					新甸
					木兰县贮木场
135	阿什河阿城市源头水保护区		II	黑	西泉眼水库坝址
					新村
136	阿什河阿城市保留区		III	黑	马鞍山水文站
137	阿什河阿城市开发利用区	阿城市农业用水区	IV	黑	阿城市与哈尔滨市交界
138	阿什河阿城市开发利用区	哈尔滨市过渡区	IV	黑	阿什河入松花江河口
139	呼兰河铁力市源头水保护区		II	黑	神树镇
140	呼兰河绥化市、呼兰区开发利用区	庆安县、绥化市农业、饮用水水源区	III～IV	黑	秦家
					建华公路
					双河镇
					卫星镇
					太平镇
					绥胜排干入呼兰河口（上）
141	呼兰河绥化市、呼兰区开发利用区	双榆过渡区	IV	黑	金河
142	呼兰河绥化市、呼兰区开发利用区	兰西县、呼兰区农业、渔业用水区	III～IV	黑	榆林镇
					富强
143	呼兰河绥化市、呼兰区开发利用区	呼兰区过渡区	IV	黑	呼兰河入松花江河口
144	蚂蚁河尚志市源头水保护区		II	黑	亚布力
145	蚂蚁河尚志市开发利用区	尚志市饮用、工业用水区	II～III	黑	一面坡铁路桥
146	蚂蚁河尚志市开发利用区	尚志市农业用水区	III	黑	尚志镇蚂蚁河大桥
147	蚂蚁河尚志市开发利用区	尚志市过渡区	IV	黑	北兴屯
148	蚂蚁河延寿县保留区		III	黑	延寿
					延寿县与方正县交界
149	蚂蚁河方正县开发利用区	方正县农业用水区	III	黑	G221公路桥
150	松花江木兰县开发利用区	木兰县景观娱乐、农业用水区	III	黑	宾县临江屯
151	松花江依兰县开发利用区	通河县农业用水区	III	黑	达连河

序号	水功能区名称		水质目标	考核省份	断面名称
	一级水功能区名称	二级水功能区名称			
152	松花江依兰县开发利用区	依兰县饮用、工业用水区	Ⅲ	黑	依兰
153	牡丹江敦化市源头水保护区		Ⅱ	吉	江源
154	牡丹江敦化市开发利用区	敦化市饮用、工业用水区	Ⅱ～Ⅲ	吉	敦化水源
155	牡丹江敦化市开发利用区	敦化市农业用水区	Ⅴ	吉	
156	牡丹江敦化市开发利用区	敦化市农业、过渡区	Ⅲ	吉	
157	牡丹江敦化市开发利用区		Ⅲ	吉	
158	牡丹江吉黑缓冲区		Ⅲ	吉	牡丹江 1 号桥
159	牡丹江镜泊湖自然保护区		Ⅱ	黑	镜泊湖（中）
160	牡丹江宁安市保留区		Ⅲ	黑	朱家屯
161	牡丹江宁安市开发利用区	渤海镇农业用水区	Ⅲ	黑	渤海镇
162	牡丹江牡丹江市保留区		Ⅲ	黑	温春
					黑山屯
163	牡丹江牡丹江市开发利用区	牡丹江市饮用、工业用水区	Ⅱ～Ⅲ	黑	牡丹江水文站
164	牡丹江牡丹江市开发利用区	牡丹江市过渡区	Ⅲ	黑	柴河大桥（上）
165	牡丹江牡丹江市开发利用区	柴河工业用水区	Ⅲ	黑	柴河大桥
166	牡丹江莲花湖自然保护区		Ⅱ	黑	良种村(莲花中)
					莲花水库坝址
167	牡丹江依兰县保留区		Ⅲ	黑	长江屯
					依兰牡丹江大桥
168	海浪河海林市开发利用区	海林市饮用、工业用水区	Ⅱ～Ⅲ	黑	海林市水源地
					海浪河河口
169	倭肯河七台河市开发利用区	七台河市饮用、工业用水区	Ⅱ～Ⅲ	黑	桃山水库
170	倭肯河依兰县开发利用区	依兰县农业用水区	Ⅳ	黑	倭肯河入松花江河口
					涌泉
171	汤旺河上甘岭区源头水保护区		Ⅱ	黑	友好（上）
172	汤旺河伊春市开发利用区	友好农业、工业用水区	Ⅳ	黑	东升
173	汤旺河伊春市开发利用区	美溪过渡区	Ⅳ	黑	苔青
174	汤旺河伊春市开发利用区	西林工业用水区	Ⅳ	黑	西林钢厂
175	汤旺河伊春市开发利用区	金山屯过渡区	Ⅴ	黑	绿潭
176	汤旺河伊春市开发利用区	南岔过渡区	Ⅴ	黑	浩良河
177	汤旺河伊春市开发利用区	汤原县过渡区	Ⅳ	黑	渠首电站
178	汤旺河伊春市开发利用区	汤原县农业用水区	Ⅳ	黑	汤原大桥
179	伊春河伊春市开发利用区	伊春市饮用、工业用水区	Ⅱ～Ⅲ	黑	平山林场
180	松花江汤原县保留区		Ⅲ	黑	竹帘
181	松花江佳木斯市开发利用区	佳木斯市农业、工业用水区	Ⅳ	黑	佳木斯港务局
182	松花江佳木斯市开发利用区	佳木斯市过渡区	Ⅳ	黑	中和村
183	松花江佳木斯市开发利用区	佳木斯市、桦川县、富锦市农业用水区	Ⅲ	黑	新城镇沿江村
					富锦
					福合村

序号	水功能区名称		水质目标	考核省份	断面名称
	一级水功能区名称	二级水功能区名称			
184	梧桐河鹤岗市源头水保护区		Ⅱ	黑	鹤北镇
185	梧桐河鹤岗市开发利用区	鹤岗市农业、渔业用水区	Ⅳ	黑	梧桐河农场
186	鹤立河鹤岗市开发利用区	鹤岗市饮用、工业用水区	Ⅱ～Ⅲ	黑	五号水库（上）
187	松花江同江市缓冲区		Ⅲ	黑	同江
					同江
188	松花江三江口鱼类保护区		Ⅲ	黑	三江口
189	安邦河双鸭山市开发利用区	双鸭山市饮用、工业用水区	Ⅱ～Ⅲ	黑	窑地村
190	安邦河双鸭山市开发利用区	集贤县农业用水区	Ⅳ	黑	东林

6.2　社会水循环水质监测站网设计

6.2.1　城市入河排污口监测站网设计

入河排污口设置随着国家政策要求、地区产业结构调整、企业运行状况等经常发生变更，建立入河排污口实时监控体系是最直接反映入河污染物变化情况的手段，需要协调环保部门现有监控体系，建立从污染源到入河排污口的污染排放综合监控体系，并根据流域内不同区域的经济社会发展水平和水环境问题，选取不同的监控重点和方向，建立富有流域地方特色的水污染监测体系模式。目前，城镇生活污染已成为入河污染的主要来源，因此，城镇生活污水处理厂入河排污口是监控重点。对于工业污染，黑龙江省处于嫩江上游、松花江中下游，重点监控石油、煤炭、化工、造纸、食品等支柱产业，尤其是重点加强哈尔滨阿什河、呼兰河、双鸭山安邦河等重污染支流入河排污口监测；吉林省处于松花江上游，重点开展沿江沿河石化企业、化学品生产企业监控，重点掌握化工、造纸、饮料制造、农副食品加工、冶金五个行业排污情况；内蒙古自治区处于嫩江上游，水资源丰富，污染物排放总量较小、水质较好，重点关注食品制造业、农副食品加工、饮料制造业等行业监控。

对于干流及主要支流沿线水环境问题突出、环境风险防范薄弱、水体敏感性高、经济社会发展压力大的地区进行重点监控，侧重危险化学品、化工、尾矿库石油、冶金等重点行业入河排污口监测。对突发环境事件多发、易发的重点地区，环境安全管理基础薄弱的工业园区及重点企业的入河排污口也要加强监管。松花江流域重点控制单元入河排污口监测见表 6-11。松花江流域入河排污口分布图见附图 7。

表 6-11 松花江流域城市入河排污口重点监控单元站网设计

污水类型	入河排污口重点监控单元	
生活污水	各级城市（镇）污水处理厂入河排污口	
工业废水	松花江哈尔滨市市辖区	哈药集团制药总厂、哈尔滨啤酒有限公司、中煤龙化哈尔滨煤化工有限公司等现有排污量大的企业；哈尔滨市表面处理工业园区、哈尔滨金禹表面处理生态工业园、哈尔滨再生纸生态工业园等新增重点工业源
	牡丹江牡丹江市	制糖、酿酒、造纸、洗煤等行业
	松花江佳木斯市	造纸、煤化工、食品加工等行业
	第二松花江长春市	兰家工业园、合隆经济开发区、朝阳经济开发区、二道经济开发区等工业园区污水排放口
	辉发河通化市 - 吉林市	辉南轧钢厂、辉南县造纸厂、吉林省卓越实业股份有限公司、梅河口市海山纸业有限公司
	第二松花江吉林市	31 家重点风险源；汇水区工业污染源有毒有害物质管控；吉林晨鸣纸业有限责任公司、吉林石化公司炼油厂、吉林化纤集团有限责任公司、中钢吉林炭素股份有限公司、吉林市白翎羽绒制品有限公司、吉林鹿王制药有限公司等企业

6.2.2 灌区农田退水口监测站网设计

截至 2010 年，松花江流域重点大中型灌区共 76 个。吉林省境内拥有重点大中型灌区 42 个，其中大型灌区 20 个，中型灌区 22 个。黑龙江省境内重点大中型灌区灌溉面积 10 万亩以下有 2 个，灌溉面积介于 10 万～ 30 万亩有 24 个，灌溉面积介于 30 万～ 100 万亩有 3 个，灌溉面积在 100 万亩以上有 1 个。目前，松花江流域尚未布设灌区取退水水质监测站点，无法掌握灌区退水水质状况。从面源污染治理角度，选择典型灌区布设退水水质监测断面是非常必要的。

根据松花江流域水环境监测断面布设原则和断面设计要求，本书考虑到灌区实际情况，拟在流域 76 个大中型灌区中选择具备监测条件（主要是具有通达性和便利条件）的典型灌区，且能够表征面源污染特征和控制灌区退水面积的水域设立监测断面。选择 12 个典型灌区规划布设了 16 个监测断面，这些断面覆盖了松花江流域第二松花江水系拉林河、辉发河以及松花江干流水系和嫩江水系的重要河流，可以反映出松花江流域典型灌区退水水质与水量的变化情况，详见表 6-12。松花江流域大型灌区分布示意图见附图 8。

表 6-12 松花江流域大中型灌区监测断面布设情况表

序号	监测断面	灌区名称	所属河流	所在地区	退水口位置
1	新庙泡大桥	前郭灌区	二松丰下	前郭县	退水位置为新庙泡
2	姜家围子	大安灌区	嫩江	大安市	排入到小西米泡和姜家围子
3	二龙涛河大桥	五家子灌区	洮儿河	镇赉县	退水口位于二龙涛河段
4	白旗镇沟北村	永舒灌区	第二松花江	吉林市	白旗镇沟北村、法特镇及老干江
5	老干江				
6	东高线 6 号桥	饮马河灌区	饮马河	九台市	饮马河水利工程引东高线 6 号桥附近
7	永胜拦河坝	海龙灌区	辉发河	梅河口市	永胜拦河坝和城南拦河坝
8	中央排干	查哈阳灌区	诺敏河	甘南县	中央排干与黄蒿沟汇合处
9	翁海排干管理站	江东灌区	嫩江中引	富裕县	在翁海排干管理站附近
10	大贵镇四合屯	香磨山灌区	木兰达河	木兰县	韩家甸子以及一、二分干和柳河镇
11	柳河镇出水口				
12	新兴镇	倭肯河灌区	倭肯河	依兰县	安兴与新兴中间区域排水口
13	学兴镇				
14	香兰河退水口	引汤灌区	汤旺河	汤原县	分别排入香兰河和黑金河
15	黑金河退水口				
16	富锦黑鱼泡	幸福灌区	松花江	富锦市	总承泄区为富锦支河区域

第 7 章　水循环监测体系共享机制建设

7.1　水循环监测体系共享机制需求

7.1.1　共享机制的有利作用

（1）有利于宏观控制入河污染物总量。建立水循环监测体系信息共享平台可使监测数据信息最大限度地发挥作用。流域机构和省区水利、环保行政主管部门通过信息共享平台可以掌握相对动态的全流域不同类型的水质监测信息，实时对整个流域的水环境状况予以控制。

水利部门可以有针对性地根据经济社会发展及水资源开发利用的需要，适时调整水功能区，不断完善不同河流、不同河段的功能定位，科学确定水功能区水质目标，进一步细化和规范水功能区的监督管理工作；按照水功能区对水质的要求和水体的自然净化能力核定水域的纳污能力，科学计算不同水域水体各种污染负荷的允许入河总量及削减量，科学分配入河污染物排放限额，提出入河污染物总量控制的动态指标体系和分阶段入河污染物总量控制计划，依法向有关部门提出入河污染物限制排放意见。

环保部门可以通过水循环监测体系共享平台，及时掌握信息动态变化状况，为满足水质预警、落实省界责任、流域规划考核、监控重点城市水源地水质提供客观证据；可以准确反映流域地表水和地下水水质状况，为流域水污染防治提供客观的决策依据。

（2）有利于完善水污染联合防控机制。共享机制的建立促使全流域监测网络各组成机构加强相互联系、相互合作，可以充分发挥流域机构水资源保护部门的职能作用，组织跨省区联合监测，进一步完善流域与区域结合、水利与环保联合的水资源保护和水污染防控机制，特别是重大问题的协商与决策机制，合理整合水利、环保系统监测资源。

（3）有利于及时应对重大水污染事故。重大水污染事故大多都会对全流域的水环境造成影响，应对这种重大水污染事故需要流域机构、上下游地区政府水利、环保及相关部门强有力的配合，也需要各水质监测机构的通力合作才能确保所提供的监测数据及时准确，为采取有效的应对措施提供有力保障。日常工作中的相互配合协作为应急监测创造了良好的工作基础。

（4）有利于推进监测信息标准化进程。信息共享首先需要信息的统一，只有在信息采集、分析、归纳和整理的程序上执行相同的标准，在执行的监测方法、监测标准和监测指标上统一，在信息涵盖内容的选择上一致，才能为相关部门充分利用共享信息进行水质状况评价分析，为管理部门提供决策依据。因此信息共享机制可以极大地推进水循环监测数据信息的标准化进程。

（5）有利于各部门监测优势作用发挥。共享机制的建立有利于各部门监测优势得到互补，公益作用得到充分发挥，使各部门能够从多方位、多角度共同监控流域水环境质量变化，使水循环监测数据真正形成可以共享的公共资源，避免了监测数据“多头采集、重复存放、分散管理”的局面，提高了监测信息的利用率，满足了流域水循环监测信息动态化、定量化分析与评价要求，满足了流域层面和地方政府水质安全管理的需要。

（6）有利于节省投资和避免重复建设。共享机制的建立有利于避免行业部门、流域机构和地方政府在同一河段或水域重复布设监测站点，重复建设水质自动监测站，既解决了为决策部门和公众提供水质监测信息口径不统一的问题，又节省了人力资源、物力资源和财力资源的投入，使水环境监测资源的社会效益和经济效益最大化。

7.1.2　共享机制面临的问题

众所周知，水循环系统是一个相互联系、相互影响的统一整体，水质与水量密切相关，两者相互依存，互相影响。以往水质与水量相互独立，由不同的部门主管，使两者互相割裂，相互制约，造成水质监测信息面向服务部门单一，信息利用率低，为决策部门和公众提供的水质监测信息口径不一致，数据不统一。

迄今为止，人们对二元水循环耦合作用仍认识不足，只致力于自然水循环系统的监测，而缺乏对社会水循环进行系统研究。在流域水资源评价中，论证自然水循环水量平衡较多，考虑社会水循环水质影响较少，评价结果往往与现实状况不符，不能客观反映某一流域或区域可利用水资源量到底有多少。归纳起来，水循环监测体系共享主要存在以下问题：

（1）由于水循环监测信息分散管理，管理机构无法掌握全面的监测信息数据，不能满足流域层面水质安全管理的需要。

（2）各地区新建的水利工程和工业、市政项目及农业灌区项目信息，其他地区和部门无法及时掌握，使得监测点位的布设不能做到及时调整，监测信息动态化管理无法实现，不能满足各级政府开展区域水质安全管理工作的需要。

（3）各行业和地区为满足本行业和本区域工作的实际需要，在一些河段重复建设水质自动监测站，重复布设监测点位，导致了人力、财力等社会资源浪费，也使得大量的监测数据资源没有充分发挥作用。

（4）各部门监测方法和采样时间的不一致造成同一河流所获得监测数据有差异，依据不同的数据所获得的评价结果不一致，向公众公开的环境状况评价结果也不一致。

（5）目前不同行业和不同地区数据管理系统开发利用不充分，水循环监测信息采集标准、编码标准不统一，信息存储交换共享困难，没有形成可以共享公共资源，难以满足政府和社会对水循环监测时空信息进行动态化、定量化分析与管理要求。

（6）目前分散管理模式不能适应水资源保护及污染防治部门和地方政府有效应对水污染突发事件，快速行动、及时采取相应措施减轻水污染事件对环境和公众影响的实际工作需要。

因此，从保障流域整体水质安全角度出发，打破行业之间和部门之间垄断，在现有监测网络基础上，构建流域水循环监测体系共享机制，统一监测断面、监测标准、监测项目和监测方法，实现监测信息共享，已成为保障流域水质安全急需解决的首要问题。

7.2 水循环监测体系共享机制建设

近年来，互联网以其便捷、迅速、信息丰富、更新简便迅速走进人们的日常工作和生活中，各级政府和各行业部门也充分利用互联网平台建立起了先进的电子政务系统，建立起了服务于公众的各种不同信息共享平台，公众对政府管理能力和服务水平的知情权得到了极大的尊重，政府部门的工作效率和服务意识也得到了极大的提升。国家拟在“十二五”期间完成覆盖中央、流域、省（自治区、直辖市）三级水资源管理机构的国家水资源管理系统建设，服务于流域水资源调配管理、供水管理、用水管理、水资源管理保护、水资源统计管理等日常业务处理。本书提出的松花流域水循环监测体系可依托于松辽流域水资源管理系统，增加环保部门及相关水循环监测信息，形成全流域共享的一个监测信息平台，节约资源，又能达到互补的效果，既符合水质安全保障工作的客观实际又符合建设和谐社会要求。为确保实现水循环监测体系信息共享，要加强共享机制建设，避免各部门之间各自为政的情况，充分发挥监测信息作用，更好地为保障流域水质安全服务。

7.2.1 监测共享机制建设原则

（1）满足需求原则。调查和分析流域水循环监测机构应用的监测业务流程，梳理部门间监测信息交换与共享的需求，构建部门间监测信息交换框架，以满足监测业务需求作为出发点和归宿点。

（2）分工合作原则。建立基础信息资源、专业信息资源的分工合作原则，相互配合，共建共享，避免不必要的重复和浪费，从而发挥出整体效益。

（3）信息交换原则。为其他部门提供有关监测信息列入部门的职责范围，以推动部门之间的信息交换，使部门间信息交换制度化。

（4）信息共享原则。建立监测信息资源的采集、加工、存储、交换、发布技术标准，满足监测信息共享的技术要求。

7.2.2 监测信息共享机制建设

影响水循环监测信息共享的因素很多，应从组织体制、政策法规及管理制度与技术方法等方面，加强流域水循环监测信息共享的长效机制建设。

7.2.2.1 信息共享组织体制

流域水循环监测信息资源由流域、省区两个层面的相关部门负责管理，两个层面的责任主体为信息共享提供组织体制保障。

按照事权划分及松花江流域管理实际现状，松辽流域水资源保护局可作为水循环监测信息共享的流域层面管理部门，国家赋予流域机构保护水资源工作职责，承担流域跨省界水质日常监测。多年来，松辽流域水资源保护局积累大量流域自然水循环和社会水循环监测数据，而且拥有良好的信息化基础，现已建成了松花江干流水质模型及水环境管理信息系统、松辽流域入河排污口快速调查与信息管理系统。目前，按照国家水资源管理信息系统建设要求，承担松辽流域水资源管理系统中水资源保护部分的建设工作，同时作为松辽水系保护领导小组办公室，承担松辽水系保护日常工作。

松辽水系保护领导小组是现阶段我国七大流域水资源保护和水污染防治工作中有效运行的管理模式，在松花江流域和辽河流域跨省区水资源保护和水污染防治工作中履行指导、协调、监督、管理、服务职责的领导机构。四省区人民政府是领导小组上级主管部门。领导小组正副组长由吉林省、黑龙江省、辽宁省、内蒙古自治区人民政府的副省长（副主席）及松辽水利委员会主任担任，其他成员由四省区环保、水利行政主管部门及松辽流域水资源保护局负责人组成。因此，松辽流域水资源保护局既是领导小组日常办事机构，又是流域水资源保护机构，履行双重管理职责，能够很好协调流域内水利、环保部门，非常适合流域层面信息共享管理的责任主体。其主要任务是制定全流域信息采集、处理、存储、发布、交换、服务等管理法规与制度，与有关部门共同确定信息公开和保密的范畴，负责流域水循环监测体系共享平台的运行及维护管理。

各省区水利、环保水循环监测部门是该地区对跨部门应用信息共享工作负责的责任主体。主要职责是负责制定本部门信息提供、交换、共享的规则和范围，负责向共享平台提供及上传相关水循环监测数据。

7.2.2.2 信息共享管理制度

水循环监测信息共享管理制度，是从战略高度对监测信息进行有效配置和共享使用的办法。要实现信息共享就需要改变目前条条块块、各自为政、纵强横弱的现状，建立科学有效的管理体制。

（1）完善流域会商制度

2009 年 4 月，国务院办公厅下发《关于转发环境保护部等部门重点流域水污染防治专项规划实施情况考核暂行办法的通知》（国办发 [2009]38 号），明确提出了将专项规划实施情况考核结果作为对各省（区、市）人民政府领导班子和领导干部综合考核评价的重要依据。2009 年 5 月，环境保护部《关于印发〈重点流域水污染防治专项规划实施情况考核指标解释（试行）〉的函》（环办函 [2009]445 号），进一步明确了将流域水资源保护机构的跨省界断面水质监测数据作为考核评估的重要依据之一。国家对流域水污染防治规划落实情况及污染减排成效的考核逐渐深入和严格，省界缓冲区水质控制断面水质考核工作引起高度重视。该项工作涉及水利和环保两个行业、流域与区域不同部门以及省（区）间相关利益，从系统关联性及过程控制的观点出发，松辽流域水资源保护局基于松辽水系保护领导小组这一有效协调平台，建立了省界缓冲区水质控制断面考核会商制度，遵循“依法规范，民主协商，协同互动，主动预防，提前警示，过程管理”原则，通过经常性的沟通会商，及时发现问题、分析问题和解决问题，能够更好地配合开展考核工作，逐步实现省界缓冲区水质持续稳定达标。

省界缓冲区水质控制断面考核会商分为常规会商和应急会商。

常规会商：实行季度会商制，由松辽水系保护领导小组办公室（松辽流域水资源保护局）召集流域内省（自治区）环保、水利行政主管部门和省界缓冲区水质控制断面所在地市环保、水利行政管理及水环境监测部门进行会商。特邀环境保护部东北督察中心派员参加。

应急会商：遇流域省界缓冲区水质控制断面水体发生特殊变化或紧急情况时，由松辽水系保护领导小组办公室（松辽流域水资源保护局）或流域内省（自治区）环保、水利行政管理部门提出会商建议，经请示松辽水系保护领导小组同意，由松辽水系保护领导小组办公室（松辽流域水资源保护局）通知流域内相关省（自治区）及事发地省级人民政府办公厅有关部门，环保、水利等行政管理部门和水环境监测等部门随时会商。特邀环境保护部东北督察中心派员参加。

（2）制定新的管理制度

关于流域水循环监测信息的政策法规和管理制度是建立信息资源共享宏观环境的关键，也是实现信息共享的制度保障，建议制定《松花江流域水循环监测信息共享管理办法》，主要内容应包括信息共享管理责任主体；提供共享信息内容、范围和规则；信息资源采集、加工、储存与交换制度；信息资源交换与监督制度；信息公开责任制；信息组织机构设置制度。

7.3 水循环监测体系标准平台建设

7.3.1 河流湖库监测断面布设

7.3.1.1 水质监测断面布设原则

（1）能客观、真实反映自然变化趋势与人类活动对水环境质量影响状况。

（2）具有较好的代表性、完整性、可比性和长期观测的连续性，并兼顾实际采样时的可行性和方便性。

（3）充分考虑河段内取水口和排污口分布，支流汇入及水利工程等影响河流水文情势变化的因素。

（4）避开死水区、回水区、排污口，选择河段较为顺直、河床稳定、水流平稳、水面宽阔、无浅滩位置。

（5）与现有水文观测断面相结合。

7.3.1.2 河流监测断面布设要求

（1）河流或水系背景断面布设在上游接近河流源头处，或未受人类活动明显影响的上游河段。

（2）干、支流流经城市或工业区河段在上、下游处分别布设对照断面和削减断面；污染严重的河段，根据排污口分布及排污状况布设若干控制断面，控制排污量不得小于本河段入河排污量总量的 80%。

（3）河段内有较大支流汇入时，在汇入点支流上游及充分混合后的干流下游处分别布设监测断面。

（4）出入国境河段或水域在出入境处布设监测断面，重要省际河流等水环境敏感水域在行政区界处布设监测断面。

（5）水文地质或地球化学异常河段，在上、下游分别布设监测断面。

（6）水生生物保护区以及水源型地方病发病区、水土流失严重区布设对照断面和控制断面。

（7）城镇饮用水水源在取水口及其上游 1 000m 处布设监测断面。在饮用水水源保护区以外如有排污口时，应视其影响范围与程度增设监测断面。

（8）有多个叉路时监测断面设在较大干流上，控制径流量不少于总径流量 80%。

7.3.1.3 湖库监测断面布设要求

（1）在湖泊、水库出入口、中心区、滞流区、近坝区等水域分别布设监测断面。

（2）湖泊、水库水质无明显差异，采用网格法均匀布设，网格大小依据湖泊、水库面积而定，精度需满足掌握整体水质的要求。设在湖泊、水库的重要供水水源取水口，以取水口处为圆心，按扇形法在 100 ～ 1 000m 范围布设若干弧形监测断面或垂线。

（3）河道型水库，应在水库上游、中游、近坝区及库尾与主要库湾回水区分别布设监测断面。

（4）湖泊、水库的监测断面布设与附近水流方向垂直；流速较小或无法判断水流方向时，以常年主导流向布设监测断面。

7.3.1.4 受水工程控制断面布设要求

（1）已建、在建或规划的大型水利工程，应根据工程类型、规模和涉水影响范围以及工程进度的不同阶段，综合考虑布设监测断面。

（2）灌溉、排水、阻水、引水、蓄水工程，应根据工程规模与涉水范围分别在取水处、干支渠主要控制节点和主要退水口布设监测断面。

（3）有水工建筑物并受人工控制河段，视情况分别在闸（坝、堰）上、下布设监测断面，如水质常年无明显差别，可只在闸（坝、堰）上布设监测断面。

（4）在引、排、输、蓄水系统的水域，监测断面布设应控制引水、排水节点水量的80%；引、排、输水系统较长的，应适当增加监测断面布设数量。

7.3.2 水功能区监测断面布设

7.3.2.1 水功能区监测断面基本要求

（1）按水功能区的要求布设监测断面，水功能区具有多种功能的，按主导功能要求布设监测断面。

（2）每一水功能区监测断面布设不得少于一个，并根据影响水质的主要因素与分布状况等，增设监测断面。

（3）相邻水功能区界间水质变化较大或区间有争议的，按影响水质的主要因素增设监测断面。

（4）水功能区内有较大支流汇入时，在汇入点支流的河口上游处及充分混合后的干流下游处分别布设监测断面。

（5）同一湖泊、水库只划分一种类型水功能区的，应按网格法均匀布设监测断面（点）；划分为两种或两种以上水功能区的，应根据不同类型水功能区特点布设监测断面（点）。

7.3.2.2 保护区监测断面布设方法

（1）自然保护区应根据所涉及保护区水域分布情况和主导流向，分别在出入保护区和核心保护区水域布设监测断面；保护区水域范围内有支流汇入时，应在汇入点支流河口上游处布设监测断面。

（2）源头水保护区应在河流上游未受人类开发利用活动影响的河段布设监测断面，或在水系河源区第一个村落或第一个水文站以上河段布设监测断面。

（3）跨流域、跨省及省内大型调水工程水源地保护区，应按本节 7.3.1.2 ～ 7.3.1.4 规定布设监测断面；水源地核心保护区应布设一个或若干个监测断面。

7.3.2.3 保留区监测断面布设方法

（1）保留区内水质稳定的，应在保留区下游区界处布设一个监测断面。

（2）保留区内水质变化较大的，应分别在区内主要城镇、重要取、排水口附近水域布设若干个监测断面。

7.3.2.4 缓冲区监测断面布设方法

（1）缓冲区监测断面应根据跨行政区界的类型、区界内影响水质的主要因素以及对相邻水功能区水质影响的程度布设。

（2）上、下游相邻行政区界缓冲区，区间水质稳定的，可在行政区界处布设一个监测断面；区间水质时常变化的，应分别在区界处的上下游布设监测断面。

（3）左、右岸相邻行政区界缓冲区，区间水质稳定的，在相邻行政区界河段的上游入境处、下游出境处分别布设监测断面。区内污染物随流态变化可能跨左、右岸相邻行政区界时，应增设监测断面。

（4）相邻行政区界缓冲区，两岸有支流汇入时，在汇入点支流河口上游增设监测断面;有入河排污口污水汇入时，应视其污染物扩散情况，在入河排污口下游 100 ～ 1 000m 处增设监测断面。

（5）以河流为界，既有上、下游又有左、右岸交错分布的缓冲区，应根据具体实际情况，按本款（2）～（4）的要求分别布设监测断面。

（6）湖泊、水库缓冲区应根据水体流态特点分别在区界处布设监测断面。河道型水库监测断面布设按照河流缓冲区布设方法与要求布设。相邻水功能区水质管理目标高于缓冲区水质管理目标的，在相邻水功能区区界处增设监测断面。

7.3.2.5 开发利用区监测断面布设方法

（1）饮用水源区应在取水口处、取水口上游500m或1 000m的范围内分别布设一个监测断面。

（2）工业用水区、农业用水区应分别在主要取水口上游1 000m范围内布设监测断面。区间有入河排污口的，应在其下游污水均匀混合处布设监测断面。

（3）渔业用水区一般布设一个或多个监测断面。区内有国家、省级重要经济和保护鱼虾类的产卵场、索饵场、越冬场、洄游通道的，应根据区内水质状况增设监测断面。

（4）景观娱乐用水区可根据长度或水域面积，布设一个或多个监测断面。

（5）过渡区应在下游区界处布设监测断面，下游连接饮用水源区的应根据区界内水质状况增设监测断面。

（6）排污控制区应在下游区界处布设监测断面，区间入河污水浓度变化大的，应在主要入河排污口下游增设监测断面。

7.3.3 入河排污口监测断面布设

7.3.3.1 一般规定

（1）根据水功能区监督管理的需要，应对直接或者通过沟、渠、管道等设施向江河、湖泊、水库排放污水的排污口开展调查与监测。

（2）入河排污口调查与监测，应能较全面、真实地反映流域或区域排放污水所含主要污染物种类、排放浓度、排放总量和入河排放规律；客观地反映节水和用水定额、污水处理和循环利用率、水域纳污能力及排污总量限值等基本状况。

（3）流域或区域入河排污口监测，监测的入河排污口污染物质量和污水排放量之和应分别大于该流域或区域入河污染物质量和污水排放总量的80%。

（4）入河排污口监测应同步施测污水排放量和主要污染物质的排放浓度，并计算入河污染物排放总量。

（5）对入河排污口污水进行调查、测量和采集样品时，应采取有效防护措施，防止有毒有害物质、放射性物质和热污染等危及人身安全。

7.3.3.2 入河排污口监测要求

（1）污水流量和水质同步监测

①入河排污口调查性监测每年不少于1次；监督性监测每年不少于2次。

②列为国家、流域或省级年度重点监测入河排污口，每年不少于4次。

③因水行政管理的需要所进行的入河排污口抽查性监测，依照管理部门或机构的要求确定监测频次。

（2）污水流量测量和采样

①入河排污口为连续排放的，每隔 6 ～ 8h 测量和采样一次，连续施测 2 天。

②入河排污口为间歇排放的，每隔 2 ～ 4h 测量和采样一次，连续施测 2 天。

③入河排污口为季节性排放的，应调查了解排污周期和排放规律，在排放期间，每隔 6 ～ 8h 测量和采样一次，连续施测 2 天。

④入河排污口发生事故性排污时，每隔 1h 测量和采样一次，延续时间可视具体情况而定。

⑤入河排污口污水排放有明显波动又无规律可循的，则应加密测量和采样频次；入河排污口污水排放稳定或有明显排放规律的，可适当降低测量和采样频次。

⑥有条件的，可根据监测结果绘制入河排污口污水和污染物排放曲线，优化调整监测频次和监测时间。

（3）流量监测方法

根据不同入河排污口和具体条件，可选择下列方法之一进行入河排污口流量监测。但在选定方法时，应注意各自的测量范围和所需条件。

①流速仪法。根据水深和流速大小选用合适的流速仪。使用流速仪测量时，一般采用一点法。如废污水水面较宽时，应设置测流断面。仪器放入相对水深的位置，可根据水深和流速仪器悬吊方式确定，测量时间不得少于 100s。所使用的流量计、流速仪定期进行计量检定。

②浮标法。适用低壁平滑，长度不小于 10m，无弯曲，有一定液面高度的排污渠道。

③三角形薄壁堰法。堰口角为 90° 的三角形薄壁堰，为废（污）水测量中最长用的测流设备。适用于水头 H 在 0.05 ～ 0.035m，流量 Q 小于或等于 $0.1m^3/s$，堰高 P 大于 $2H$ 时的污水流量的测定。

④矩形薄壁堰法。适用于较大污水流量的测定。

⑤容积法。适用于污水量小于每分钟 $1m^3$ 的排污口。测量时用秒表测定污废水充满容器所需的时间。容器容积的选择应使水充满容器的时间不少于 10s，重复测量数次，取平均值。

⑥入河排污口为管道输送污水的，可根据不同情况，分别采用超声波流量计和电磁流量计测流。

⑦采用流速仪、浮标、薄壁堰测量污水排放量时，测验环境条件、技术要求和精度等符合现行国家和行业有关技术标准的规定。

⑧施测入河排污口的前三天，无明显降水。

（4）入河排污量计算方法

①在某一时间间隔内，入河排污口的污水排放量按下式计算：

$$Q = V \cdot A \cdot t$$

式中：Q —— 污水排放量，t/d；

V —— 污水平均流速，m/s；

A —— 过水断面面积，m^2；

t —— 日排污时间，s。

②装有污水流量计的排污口，排放量从仪器上读取。

③经水泵抽取排放的污水量，由水泵额定流量与开泵时间计算。

④当无法测量污水量时，可根据以下经验计算公式推算污水排放量：

$$Q = q \cdot w \cdot k$$

式中：Q —— 污（废）水排放量，t/d；

q —— 单位产品污水排放量，t/ 产品；

w —— 产品日产量；

k —— 污水入河量系数。

⑤入河排污口污水量测量结果应采用水量平衡等方法进行校核。对有地表或地下径流影响的入河排污口，在计算排污量时，应予以合理扣除。

⑥入河排污口排污量应按入河各测次分别计算，取加权平均值；根据调查入河排污口周期性或季节性变化排放规律，确定排污天数，计算年排放量。

（5）监测断面（点）布设

①监测断面（点）可选择在入河排污口（沟渠）平直、水流稳定、水质均匀的部位，但应避免纳污河道水流的影响。有一定宽度和深度的，应按本规范地表水监测有关条款的要求布设监测断面（点）。

②有涵闸或泵站控制的排污口，在积蓄污水的池塘、洼地内或涵闸或泵站出口处设置监测断面（点）。

③城镇集中式污水处理设施的进出水口应分别设置采样点。

④根据农田灌溉方式和退水流向，在灌区主要退水口布设监测断面（点）；有多处农田退水口时，应控制监测区域入河退水总量的 80% 以上；建有农田小区径流池的，可在径流池内布设监测断面（点）。

7.3.4 水污染应急监测断面布设

7.3.4.1 一般规定

（1）应急监测是指在突发重大公共水事件，如水污染事件、水生态破坏事件、特大水旱等自然灾害危及饮用水源安全的紧急情况下，为发现或查明污染物种类、浓度、危害程度和水生态环境恶化范围而对敏感水域进行的动态监测。

（2）应急监测实行属地管理为主、分级响应和跨区域联动机制。当突发重大公共水事件时，各级水文机构和流域水环境监测机构应当按照地方应急事件指挥机构或上级主管部门的要求，承担应急监测任务。根据水资源管理和保护的需要，各级水文机构和流域水环境监测机构应当制定应急监测预案，适时开展水环境水生态应急监测演练，不断提高应急监测能力。

（3）突发重大公共水事件实行逐级报告制度。当发现或获悉发生公共水事件时，各级水文机构和流域水环境监测机构应及时向当地人民政府和上一级水行政主管部门报告；紧急情况下，可越级报告。并向可能受到影响的上下游或左右岸相关地区水行政主管部门通报。

（4）报告内容包括发生地点、污染类型、可能影响和已采取的措施等。并要继续关注事件发展动态，及时续报。有条件的，应同时采集现场的音像等资料。

（5）报告的方式可采用电话、电子邮件、传真、文件等，但应确保信息及时、内容准确，并符合国家保密规定。

（6）以各种方式传递的突发事件信息均应按规定备份存档，并应记录传递方式、时间、传递人、接收单位、接收时间和人员等。

7.3.4.2 水污染事件应急监测

（1）应急监测断面布设

①）现场监测断面（点）布设应以事故发生地点及其附近水域为主，根据现场具体情况（如地形地貌等）和污染水体的特性（水流方向、扩散速度或流速）布设监测断面（点）。

②河流监测应在事故地点及其下游布设监测断面（点），同时要在事故发生地的上游采集对照样；结合水流条件和污染物特性布设分层采样点，如地表水中污染物为石油类时，则可布设表层监测断面（点）。

③湖泊、水库监测应以事故发生地点为中心，按水流方向在一定间隔的扇形或圆形布点采样，同时采集对照样品，并根据污染物特性在不同水层采样。

④地下水监测应以事故发生地为中心，根据所在地段的地下水流向，采用网格法或辐射法在事故发生地周边一定范围内布设监测井采样；同时，沿地下水主要补给路径，在事故发生地上游一定距离设置对照监测井采样。

⑤重要饮用水水源地等敏感水域，应根据污染水体的传播特性（扩散速度、时间和估算浓度）布设监视监测断面（点）。

（2）应急监测样品采集

①对于所有采集的样品，应分类保存，防止交叉污染。

②现场无法测定的项目，应立即将样品送至实验室分析。

③应对事故发生地点、采样现场进行定位、录像或拍照。

④采集样品时，应尽可能同步施测流量。如有必要，应同时采集受到污染水域的沉积物样品。

⑤现场应采平行双样，一份供现场快速测定，一份供送实验室测定。实验室测定同时还应测定有证标准物质质控样品。

⑥保存留样，以备复检或其他用途；未经批准不得擅自处置。

（3）应急监测项目确定原则

①根据人员中毒或动物中毒反应的特殊症状，确定主要污染物和监测项目。

②通过事故排放源的生产、环保、安全记录，确定主要污染物和监测项目。

③利用自动监测站和污染源在线监测系统的监测信息，确定主要污染物和监测项目。

④通过现场采样，利用试纸、快速监测管和便携式监测仪器等现场快速分析手段，确定主要污染物和监测项目。

⑤通过现场采样，包括采集有代表性的污染源样品，送实验室进行定性、半定量分析，确定主要污染物和监测项目。

（4）应急监测项目分析方法

①选择操作步骤简便、快速、灵敏，直接或间接指示污染物变化，无需特殊专门知识，监测人员经简易培训就能掌握，具有一定测量精度的分析方法。

②监测仪器设备轻便易于携带，操作简便、快速，适用于野外作业，并具有数据处理、计算和存储等功能。

③移动实验室或现场监测使用的水质监测管、便携式、车载式监测仪器等监测手段，能快速鉴定污染物的种类，并给出定量或半定量的测定数据。

（5）应急监测频次确定原则

①事发阶段的监测频次应加密，采样时间间隔短，必要时采用连续监测。

②事中阶段应根据污水团演进过程、演进速度和影响范围，动态调整各监测断面（点）的监测频次和时间间隔。

③后期阶段或在基本确认污染程度、影响范围和发展变化趋势后，可逐渐减少现场监测频次，或终止监测。

（6）应急监测人员安全措施

①应急监测人员必须有二人以上同行进入事故现场。

②采样人员进入事故现场应按规定佩戴防护服、防毒面具等防护设备，经事故现场指挥、警戒人员的许可，在确认安全的情况下进行采样；采集水样时，应穿戴救生衣和佩戴防护安全绳。

③进入易燃、易爆事故现场的应急监测车辆应配有防火、防爆安全装置；在确认安全的情况下，使用现场应急监测仪器设备进行现场监测。

④对送实验室进行分析的有毒有害、易燃易爆或性状不明样品，特别是污染源样品应用特别的标识（如图案、文字）加以注明，以便送样、接样和监测人员采取合适的防护措施，确保人身安全。

⑤对含有剧毒或大量有毒有害化合物样品不得随意处置，应做无害化处理。

（7）水污染事件动态监测

对水污染事件和水生态环境破坏事件发生后，滞留在水体中短期内不能消除、降解的污染物，或水体短期内不能恢复正常，应实施动态监测。

①按实时水情变化，采取不同的监测频次和跟踪（移动）方式进行监测，以确定污染的影响范围和程度。

②水污染动态监测应根据污染物质的性质和数量及水文要素等变化特点，设置若干个监测断面（点）。

③饮用水取水口应设置监测断面（点）。

④根据当地实时水文情势，可采用水文、水质等模型对水污染事件演进过程进行模拟和预测，并运用模型计算结果布设和调整监测断面（点）。

7.4 水循环监测技术共享平台建设

7.4.1 监测断面平台建设

（1）监测断面共享平台建设目标。充分利用流域水利、环保部门基础设施，以整合水循环监测资源为手段，设计松花江流域二元耦合水环境监测体系。按照统一的监测断面和监测标准，以松花江流域水资源管理信息系统为依托，建设覆盖全流域水环境监测机构的水循环监测断面共享平台，及时掌握流域水循环的水质状况，实现松花江流域水循环监测断面、监测数据、评价结果共享，从而为相关管理部门更好地履行管理职责提供基础支撑。

（2）监测断面共享平台建设内容。按照二元耦合水环境监测体系设计方案，建立起覆盖全流域水功能区监测断面、省界水体监测断面、饮用水水源地监测断面、湖泊水库监测断面、省控国控监测断面、污染控制水质监测断面、责任考核水质监测断面的自然水循环监测体系平台，以及灌区农田退水口监测断面、城市入河排污口监测断面的社会水循环监测体系平台。建设具体内容详见本书第6章水循环水质监测站网优化设计。

（3）监测断面共享平台服务对象。流域机构及流域内环保、水利等水循环监测部门工作人员、取用水户等流域水资源管理对象，并兼顾具有水循环监测业务行为的流域所属科研、规划、设计部门人员，以及社会公众等。通过设置系统使用权限控制不同用户使用共享信息的权限范围。

7.4.2 监测项目平台建设

7.4.2.1 监测项目确定原则

（1）选择地表水环境质量标准中要求控制的监测项目；
（2）选择国家地下水质量标准中要求控制的监测项目；
（3）选择国家水污染物排放标准要求控制的监测项目；
（4）选择水功能区和入河排污口要求控制的监测项目；
（5）选择国家重要饮用水水源地要求控制的监测项目；
（6）选择区域天然水化学特征与污染特征的监测项目；
（7）选择对人危害大、对水环境影响范围广的污染物。

7.4.2.2 监测项目选择要求

（1）基本监测断面、国家控制断面、省界考核断面监测项目，应符合表 7-1 中常规项目要求，并符合《地表水资源质量评价技术规程》（SL/T 395—2007）、《地表水和污水监测技术规范》（HJ/T 91—2002）和《地下水环境监测技术规范》（HJ/T 164—2004）所规定的非常规项目要求。

（2）水功能区监测项目应符合表 7-1 中常规项目要求，并根据水功能区界内水污染特征增加其他监测项目。

（3）饮用水水源地监测项目应包括《地表水水环境质量标准》（GB 3838—2002）中的基本项目和集中式生活饮用水地表水源地补充项目，有条件的地区应增加有毒有机物评价项目。

（4）入河排污口和灌区退水口监测项目应符合表 7-1 中常规项目要求，并应根据污水排放主要污染物质种类增加其他监测项目。

（5）专用监测断面（包括考核断面、自动监测站）可根据设站目的与要求，参照表 7-1 常规项目和非常规项目确定专用监测断面监测项目。

表 7-1 地表水监测项目

水体	常规项目	非常规项目
河流	水温、pH、溶解氧、高锰酸盐指数、化学需氧量、五日生化需氧量、氨氮、总磷、总氮、铜、锌、氟化物、硒、砷、汞、镉、六价铬、铅、氰化物、挥发酚、石油类、阴离子表面活性剂、硫化物、粪大肠菌群	矿化度、总硬度、电导率、悬浮物、硝酸盐氮、硫酸盐、氯化物、碳酸盐、重碳酸盐、总有机碳、钾、钠、钙、镁、铁、锰、镍。其他项目可根据水功能区和入河排污口管理需要确定
湖泊水库	水温、pH、溶解氧、高锰酸盐指数、化学需氧量、五日生化需氧量、氨氮、总磷、总氮、铜、锌、氟化物、硒、砷、汞、镉、六价铬、铅、氰化物、挥发酚、石油类、阴离子表面活性剂、硫化物、粪大肠菌群、氯化物、叶绿素 a、透明度	矿化度、总硬度、电导率、悬浮物、硝酸盐氮、硫酸盐、碳酸盐、重碳酸盐、总有机碳、钾、钠、钙、镁、铁、锰、镍。其他项目可根据水功能区和取退水许可管理需要确定
饮用水源地	水温、pH、溶解氧、高锰酸盐指数、化学需氧量、五日生化需氧量、氨氮、总磷、总氮、铜、锌、氟化物、硒、砷、汞、镉、六价铬、铅、氰化物、挥发酚、石油类、阴离子表面活性剂、硫化物、粪大肠菌群、氯化物、硫酸盐、硝酸盐、总硬度、电导率、铁、锰、铝	三氯甲烷、四氯化碳、三溴甲烷、二氯甲烷、1,2-二氯乙烷、环氧氯丙烷、氯乙烯、1,1- 二氯乙烯、1,2- 二氯乙烯、三氯乙烯、四氯乙烯、氯丁二烯、六氯丁二烯、苯乙烯、甲醛、乙醛、丙烯醛、三氯乙醛、苯、甲苯、乙苯、二甲苯、异丙苯、氯苯、1,2- 二氯苯、1,4- 二氯苯、三氯苯 、四氯苯、六氯苯、硝基苯、二硝基苯 、2,4-二硝基甲苯、2,4,6- 三硝基甲苯、硝基氯苯 、2,4-二硝基氯苯、2,4- 二氯苯酚、2,4,6- 三氯苯酚、五氯酚、苯胺、联苯胺、丙烯酰胺、丙烯腈、邻苯二甲酸二丁酯、邻苯二甲酸二(2- 乙基己基)酯、水合肼、四乙基铅、吡啶、松节油、苦味酸、丁基黄原酸、活性氯、滴滴涕、林丹、环氧七氯、对硫磷、甲基对硫磷、马拉硫磷、乐果、敌敌畏、敌百虫、内吸磷、百菌清、甲萘威、溴氰菊酯、阿特拉津、苯并(a)芘、甲基汞、多氯联苯、微囊藻毒素 -LR、黄磷、钼、钴、铍、硼、锑、镍、钡、钒、钛、铊

7.4.3 监测方法平台建设

7.4.3.1 水质监测分析方法分类

根据监测方法所依据的原理，水质监测常用的方法有化学分析法、仪器分析法等（见表 7-2）。其中，化学法是目前国内外水质常规监测普遍使用的方法。

表 7-2 水质监测分析方法分类表

分析方法分类			方法原理
化学分析法	质量分析法		称重
	滴定分析法	酸碱滴定	酸碱反应
		沉淀滴定	沉淀反应
		氧化还原滴定	氧化还原反应
		络合滴定	络合反应

<table>
<tr><th colspan="5">分析方法分类</th><th>方法原理</th></tr>
<tr><td rowspan="4">仪器分析法</td><td rowspan="4">电化学分析法</td><td colspan="3">电导分析法</td><td>通过测定溶液中的电导（电阻）确定待测物质的含量</td></tr>
<tr><td colspan="3">电位分析法</td><td>指示电极与参比电极组成电池，通过测量电池的电动势确定被测物的含量</td></tr>
<tr><td colspan="3">库仑分析法</td><td>根据电解过程中待测物质在电极上反应所消耗的电量，按法拉第定律计算得到被测物含量</td></tr>
<tr><td colspan="3">溶出伏安法</td><td>用悬汞滴或其他固体微电极电解被测物质溶液，根据所得到的电流，电位曲线测定被测物质含量</td></tr>
<tr><td rowspan="11">仪器分析法</td><td rowspan="8">光学分析法</td><td rowspan="3">分子光谱法</td><td colspan="2">紫外分光光度法</td><td>以物质对可见和紫外光谱区域辐射的吸收为基础，根据吸收的程度对物质定量</td></tr>
<tr><td colspan="2">分子荧光光度法</td><td>根据某些物质被辐射激发后发射出波长相同或不同的特征辐射（即分子荧光）的强度对待测物质进行定量</td></tr>
<tr><td colspan="2">红外吸收光谱法</td><td>以物质对红外光谱区域辐射的吸收为基础，根据吸收的程度对物质定量</td></tr>
<tr><td rowspan="5">原子光谱法</td><td rowspan="3">原子吸收光谱法</td><td>火焰法</td><td>通过火焰产生高温使待测物原子化，根据基态原子对特征谱线的吸收程度来进行定量</td></tr>
<tr><td>石墨炉法</td><td>大电流通过高阻值的石墨管产生高温使待测物原子化，根据基态原子对特征谱线的吸收程度来进行定量</td></tr>
<tr><td>石英管路法</td><td>也是电加热形式，电阻丝缠绕在石英管上；仅适用于已生成氢化物的待测元素或易挥发的金属，将这种方法称为氢化物发生 - 原子吸收法</td></tr>
<tr><td colspan="2">原子发射光谱法</td><td>根据气态原子受热或电激发时发射出的紫外和可见光光域内的特征辐射来进行定性和定量分析</td></tr>
<tr><td colspan="2">原子荧光光谱法</td><td>被辐射激发的原子在返回基态去活化的过程中发射出一种波长相同或不同的特征辐射（即荧光），由发射的荧光强度对待测元素进行定量</td></tr>
<tr><td rowspan="3">色谱分析法</td><td colspan="3">气相色谱法</td><td rowspan="3">色谱是一种物理分离分析法。以混合物在互不相溶的两项中的吸收能力、分配系数或其他亲和力作用的差异作为分离的依据，当待测混合物随流动相移动时，各组分由于在移动速度上的差异得到分离，从而进行定性、定量分析。当流动相为气相，即为气相色谱法；当流动相为液相，即为液相色谱法；当分离是通过离子交换，干扰通过洗涤液消除，测试通过电导测量，则为离子交换色谱法</td></tr>
<tr><td colspan="3">液相色谱法</td></tr>
<tr><td colspan="3">离子色谱法</td></tr>
</table>

我国水质分析方法主要有以下 3 个层次，它们相互补充，构成我国完整的监测分析方法体系。

（1）国家或行业标准分析方法：目前我国已编制了 200 多个包括采样在内的水和废水监测分析方法（见附录 1）。这些方法比较经典、准确度较高，是水污染纠纷法定的仲裁方法，也是用于评价其他分析方法的基准方法。包括国家标准方法（GB，GB/T）、环境保护行业标准方法（HJ，HJ/T）、水利行业标准方法（SL）和城镇建设行业标准（CJ/T）。

（2）行业统一推荐分析方法：在我国，部分项目的监测方法尚不成熟，还没有形成国家或行业标准，但经过研究可以作为统一方法予以推广，并在使用中积累经验，不断完善，为上升标准方法创造条件。例如，《水和废水监测分析方法》（第四版）中的 B 类及

C 类方法等。

（3）自行建立分析方法：实验室参照国际标准方法、其他国家标准方法或科学研究而自行建立的方法。这些方法必须通过方法验证和对比实验，证明其与标准方法或统一方法等效时方可使用，常以作业指导书的形式出现。

据不完全统计，我国现有水和废水监测分析方法标准约 190 项，已被替代监测分析方法标准 33 项，在《水和废水监测分析方法》（第四版）中还建立了一些统一分析方法。

7.4.3.2　监测分析方法选择原则

正确选择监测分析方法，是获得准确监测结果的关键因素之一。选择分析方法的原则是：灵敏度能满足定量要求；方法成熟、准确；操作简便，易于普及；抗干扰能力好。具体遵循的原则应满足如下要求：

（1）选用国家标准分析方法、行业标准分析方法或统一分析方法。

（2）河流、湖泊、水库等地表水监测项目应优先选用地表水环境质量标准、渔业水质标准、农田灌溉水质标准和生活饮用水卫生标准规定的分析方法。

（3）特殊监测项目尚无国家或行业标准分析方法或统一分析方法时，可采用 ISO 等标准分析方法，但须进行适用性检验，验证其检出限、准确度和精密度等技术指标均能达到质控要求。

（4）当规定的分析方法应用于基体复杂或干扰严重的样品分析时，应增加必要的消除基体干扰的净化步骤等，并进行可适用性检验。

7.4.3.3　常规监测项目分析方法

我国地表水常规监测项目监测活动中采用的分析测试方法包括：国家标准方法、行业标准方法、行业统一分析方法。统计结果表明，除水温、溶解氧和粪大肠菌群三项不适合制定质量控制指标以外，其他适合制定控制指标的 26 个监测项目所涉及的分析方法共 146 个，详见表 7-3。

河流、湖泊、水库地表水监测按表 7-3 中规定的标准分析方法执行。

饮用水水源地水质监测按表 7-3 和《地表水水环境质量标准》（GB 3838）规定的标准分析方法执行。

表 7-3　26 个地表水常规监测项目分析方法汇总表

监测项目	采用的分析方法	标准编号
pH	玻璃电极法	GB 6920—86
	生活饮用水标准检验方法	GB/T 5750.4—2006
	城市污水水质检验方法标准	CJ/T 51—2004
高锰酸盐指数	酸性法	GB 11892—89

监测项目	采用的分析方法	标准编号
化学需氧量（COD）	重铬酸盐法	GB 11914—89
	生活饮用水标准检验方法	GB/T 5750.7—2006
	快速消解分光光度法	HJ/T 399—2007
	城市污水水质检验方法标准	CJ/T 51—2004
五日生化需氧量（BOD_5）	生活饮用水标准检验方法	GB/T 5750.7—2006
	稀释与接种法	HJ 505—2009
	微生物传感器快速测定法	HJ/T 86—2002
	城市污水水质检验方法标准	CJ/T 51—2004
氨氮（NH_3-N）	生活饮用水标准检验方法	GB/T 5750.5—2006
	连续流动 - 水杨酸分光光度法	HJ 665—2013
	连续注射 - 水杨酸分光光度法	HJ 666—2013
	纳氏试剂分光光度法	HJ 535—2009
	水杨酸分光光度法	HJ 536—2009
	蒸馏 - 中和滴定法	HJ 537—2009
	气相分子吸收光谱法	HJ/T 195—2005
	城市污水水质检验方法标准	CJ/T 51—2004
总磷（以 P 计）	钼酸铵分光光度法	GB 11893—89
	连续流动 - 钼酸铵分光光度法	HJ 670—2013
	流动注射 - 钼酸铵分光光度法	HJ 671—2013
	离子色谱法	HJ 669—2013
	电感耦合等离子体原子发射光谱法（ICP-AES）	SL394.1—2007
	电感耦合等离子体质谱法（ICP-MS）	SL394.2—2007
总氮（以 N 计）	连续流动 - 盐酸萘乙二胺分光光度法	HJ 667—2013
	流动注射 - 盐酸萘乙二胺分光光度法	HJ 668—2013
	碱性过硫酸钾消解紫外分光光度法	HJ 636—2012
	气相分子吸收光谱法	HJ/T 199—2005
	城市污水水质检验方法标准	CJ/T 51—2004
铜	生活饮用水标准检验方法	GB/T 5750.6—2006
	原子吸收分光光度法	GB 7475—87
	二乙基二硫代氨基甲酸钠分光光度法	HJ 485—2009
	2,9- 二甲基 -l,10 菲啰啉分光光度法	HJ 486—2009
	电感耦合等离子体原子发射光谱法（ICP-AES）	SL394.1—2007
	电感耦合等离子体质谱法（ICP-MS）	SL394.2—2007
	城市污水水质检验方法标准	CJ/T 51—2004
锌	生活饮用水标准检验方法	GB/T 5750.6—2006
	双硫腙分光光度法	GB 7472—87
	原子吸收分光光度法	GB 7475—87
	电感耦合等离子体原子发射光谱法（ICP-AES）	SL394.1—2007
	电感耦合等离子体质谱法（ICP-MS）	SL394.2—2007
	城市污水水质检验方法标准	CJ/T 51—2004

监测项目	采用的分析方法	标准编号
氟化物（以 F 计）	生活饮用水标准检验方法	GB/T 5750.5—2006
	离子选择电极法	GB 7484—87
	茜素磺酸锆目视比色法	HJ 487—2009
	氟试剂分光光度法	HJ 488—2009
	离子色谱法	HJ/T 84—2001
	城市污水水质检验方法标准	CJ/T 51—2004
硒	生活饮用水标准检验方法	GB/T 5750.6—2006
	2,3- 二氨基萘荧光法	GB 11902—89
	石墨炉原子吸收分光光度法	GB/T 15505—1995
	铁（II）邻菲啰啉间接分光光度法	SL272—2001
	原子荧光光度法	SL327.3—2005
	电感耦合等离子体原子发射光谱法（ICP-AES）	SL394.1—2007
	电感耦合等离子体质谱法（ICP-MS）	SL394.2—2007
	城市污水水质检验方法标准	CJ/T 51—2004
砷	生活饮用水标准检验方法	GB/T 5750.6—2006
	二乙基二硫代氨基甲酸银分光光度法	GB 7485—87
	硼氢化钾 - 硝酸银分光光度法	GB/T 11900—89
	原子荧光光度法	SL327.1—2005
	电感耦合等离子体原子发射光谱法（ICP-AES）	SL394.1—2007
	电感耦合等离子体质谱法（ICP-MS）	SL394.2—2007
	城市污水水质检验方法标准	CJ/T 51—2004
汞	生活饮用水标准检验方法	GB/T 5750.6—2006
	双硫腙分光光度法	GB 7469—87
	冷原子吸收分光光度法	HJ 597—2011
	冷原子荧光法	HJ/T 341—2007
	硼氢化钾还原冷原子吸收分光光度法	SL271—2001
	原子荧光光度法	SL327.2—2005
	电感耦合等离子体原子发射光谱法（ICP-AES）	SL394.1—2007
	电感耦合等离子体质谱法（ICP-MS）	SL394.2—2007
	城市污水水质检验方法标准	CJ/T 51—2004
镉	生活饮用水标准检验方法	GB/T 5750.6—2006
	双硫腙分光光度法	GB 7471—87
	原子吸收分光光度法	GB 7475—87
	电感耦合等离子体原子发射光谱法（ICP-AES）	SL394.1—2007
	电感耦合等离子体质谱法（ICP-MS）	SL394.2—2007
	城市污水水质检验方法标准	CJ/T 51—2004
铬（六价）	生活饮用水标准检验方法	GB/T 5750.6—2006
	二苯碳酰二肼分光光度法	GB 7467—87
	电感耦合等离子体原子发射光谱法（ICP-AES）	SL394.1—2007
	电感耦合等离子体质谱法（ICP-MS）	SL394.2—2007

监测项目	采用的分析方法	标准编号
铬（六价）	城市污水水质检验方法标准	CJ/T 51—2004
铅	生活饮用水标准检验方法	GB/T 5750.6—2006
	双硫腙分光光度法	GB 7470—87
	原子吸收分光光度法	GB 7475—87
	示波极谱法	GB/T 13896—92
	原子荧光光度法	SL327.4—2005
	电感耦合等离子体原子发射光谱法（ICP-AES）	SL394.1—2007
	电感耦合等离子体质谱法（ICP-MS）	SL394.2—2007
	城市污水水质检验方法标准	CJ/T 51—2004
氰化物	生活饮用水标准检验方法	GB/T 5750.5—2006
	真空检测管 - 电子比色法	HJ 659—2013
	容量法和分光光度法	HJ 484—2009
挥发酚	溴化容量法	HJ 502—2009
	4- 氨基安替比林分光光度法	HJ 503—2009
	城市污水水质检验方法标准	CJ/T 51—2004
石油类	生活饮用水标准检验方法	GB/T 5750.7—2006
	红外分光光度法	HJ 637—2012
	分子荧光光度法	SL366—2006
	紫外分光光度法	SL93.2—1994
	重量法	SL93.1—1994
	城市污水水质检验方法标准	CJ/T 51—2004
阴离子表面活性剂	生活饮用水标准检验方法	GB/T 5750.4—2006
	亚甲蓝分光光度法	GB 7494—87
	电位滴定法	GB 13199—91
	城市污水水质检验方法标准	CJ/T 51—2004
硫化物	生活饮用水标准检验方法	GB/T 5750.5—2006
	亚甲蓝分光光度法	GB/T 16489—1996
	直接显色分光光度法	GB/T 17133—1997
	气相分子吸收光谱法	HJ/T 200—2005
	碘量法	HJ/T 60—2000
	城市污水水质检验方法标准	CJ/T 51—2004
硫酸盐（以 SO_4^{2-} 计）	生活饮用水标准检验方法	GB/T 5750.5—2006
	重量法	GB 11899—89
	火焰原子吸收分光光度法	GB 13196—91
	离子色谱法	HJ/T 84—2001
	铬酸钡分光光度法	HJ/T 342—2007
	EDTA 滴定法	SL85—1994
	城市污水水质检验方法标准	CJ/T 51—2004
氯化物（以 Cl^- 计）	生活饮用水标准检验方法	GB/T 5750.5—2006
	硝酸银滴定法	GB 11896—89

监测项目	采用的分析方法	标准编号
氯化物（以 Cl^- 计）	离子色谱法	HJ/T 84—2001
	硝酸汞滴定法	HJ/T 343—2007
	城市污水水质检验方法标准	CJ/T 51—2004
硝酸盐（以 N 计）	生活饮用水标准检验方法	GB/T 5750.5—2006
	酚二磺酸分光光度法	GB 7480—87
	离子色谱法	HJ/T 84—2001
	紫外分光光度法	HJ/T 346—2007
	气相分子吸收光谱法	HJ/T 198—2005
	城市污水水质检验方法标准	CJ/T 51—2004
铁	生活饮用水标准检验方法	GB/T 5750.6—2006
	火焰原子吸收分光光度法	GB 11911—89
	邻菲啰啉分光光度法	HJ/T 345—2007
	电感耦合等离子体原子发射光谱法（ICP-AES）	SL394.1—2007
	电感耦合等离子体质谱法（ICP-MS）	SL394.2—2007
	城市污水水质检验方法标准	CJ/T 51—2004
锰	高碘酸钾分光光度法	GB 11906—89
	生活饮用水标准检验方法	GB/T 5750.6—2006
	火焰原子吸收分光光度法	GB 11911—89
	甲醛肟分光光度法	HJ/T 344—2007
	电感耦合等离子体原子发射光谱法（ICP-AES）	SL394.1—2007
	电感耦合等离子体质谱法（ICP-MS）	SL394.2—2007
	城市污水水质检验方法标准	CJ/T 51—2004

参考文献

[1] 水利部松辽水利委员会．松花江志．吉林：吉林人民出版社，2003.

[2] 水利部水资源司．水资源保护实践与探索．北京：中国水利水电出版社，2011.

[3] 水利部水资源司．中国资源科学百科全书·水资源学．北京：石油大学出版社，2000.

[4] 水利部．中国水资源公报（2001—2011）.

[5] 水利部．中国水质量资源年报（2001—2011）.

[6] 环境保护部．中国环境状况公报（2001—2011）.

[7] 水利部松辽水利委员会．松花江流域水资源公报（2001—2011）.

[8] 水利部．全国水资源综合规划．2011.

[9] 水利部松辽水利委员会．松花江流域综合规划．2013.

[10] 环境保护部，等．松花江流域水污染防治规划（2011—2015），2012.

[11] 李青山，等．松花江流域面向水质安全水循环监测体系研究．2011.

[12] 张杰，等．水健康循环原理与应用．北京：中国建筑工业出版社，2006.

[13] 李文生，等．流域水循环的人工影响因素及其作用．水电能源科学，2007，25（4）.

[14] 李文生，等．基于因子分析定权的水质评价模型．辽宁工程技术大学学报，2008，27（3）.

[15] 郭靖．气候变化对流域水循环和水资源影响的研究．武汉大学，2010.

[16] 陈庆秋，等．基于社会水循环概念的水资源管理理论探讨．地域研究与开发，2004，23（3）.

[17] 王浩，等．基于二元水循环模式的水资源评价理论方法．水利学报，2006，12.

[18] 陆桂华，等．全球水循环研究进展．水科学进展，2006，17（3）.

[19] 张杰，等．以水的健康循环应对松花江水系污染．给水排水，2006，32（7）.

[20] 张力，等．松花江流域面源污染特征与防治政策．环境科学与管理，2008，33（7）.

[21] 李平．松花江水环境问题剖析与污染防治对策研究．环境科学与管理，2005，30（3）.

附录一

水和废水分析方法标准目录

标准编号	标准名称	实施日期
HJ 665—2013	水质 氨氮的测定 连续流动 - 水杨酸分光光度法	2014-1-1
HJ 666—2013	水质 氨氮的测定 流动注射 - 水杨酸分光光度法	2014-1-1
HJ 667—2013	水质 总氮的测定 连续流动 - 盐酸萘乙二胺分光光度法	2014-1-1
HJ 668—2013	水质 总氮的测定 流动注射 - 盐酸萘乙二胺分光光度法	2014-1-1
HJ 669—2013	水质 磷酸盐的测定 离子色谱法	2014-1-1
HJ 670—2013	水质 磷酸盐和总磷的测定 连续流动 - 钼酸铵分光光度法	2014-1-1
HJ 671—2013	水质 总磷的测定 流动注射 - 钼酸铵分光光度法	2014-1-1
HJ 639—2012	水质 挥发性有机物的测定 吹扫捕集 / 气相色谱 - 质谱法	2013-3-1
HJ 648—2013	水质 硝基苯类化合物的测定 液液萃取 / 固相萃取 - 气相色谱法	2013-9-1
HJ 659—2013	水质 氰化物等的测定 真空检测管 - 电子比色法	2013-9-20
HJ 636—2012	水质 总氮的测定 碱性过硫酸钾消解紫外分光光度法	2012-6-1
HJ 637—2012	水质 石油类和动植物油类的测定 红外分光光度法	2012-6-1
HJ 591—2010	水质 五氯酚的测定 气相色谱法	2011-1-1
HJ 592—2010	水质 硝基苯类化合物的测定 气相色谱法	2011-1-1
HJ 593—2010	水质 单质磷的测定 磷钼蓝分光光度法（暂行）	2011-1-1
HJ 594—2010	水质 显影剂及其氧化物总量的测定 碘 - 淀粉分光光度法（暂行）	2011-1-1
HJ 595—2010	水质 彩色显影剂总量的测定 169 成色剂分光光度法（暂行）	2011-1-1
HJ596—2010	水质 词汇	2011-3-1
HJ 597—2011	水质 总汞的测定 冷原子吸收分光光度法	2011-6-1
HJ 598—2011	水质 梯恩梯的测定 亚硫酸钠分光光度法	2011-6-1
HJ 599—2011	水质 梯恩梯的测定 *N*- 氯代十六烷基吡啶 - 亚硫酸钠分光光度法	2011-6-1
HJ 600—2011	水质 梯恩梯、黑索今、地恩梯的测定 气相色谱法	2011-6-1
HJ 601—2011	水质 甲醛的测定 乙酰丙酮分光光度法	2011-6-1
HJ 602—2011	水质 钡的测定 石墨炉原子吸收分光光度法	2011-6-1
HJ 603—2011	水质 钡的测定 火焰原子吸收分光光度法	2011-6-1
HJ 620—2011	水质 挥发性卤代烃的测定 顶空气相色谱法	2011-11-1
HJ 621—2011	水质 氯苯类化合物的测定 气相色谱法	2011-11-1
HJ 585—2010	水质 游离氯和总氯的测定 *N*, *N*- 二乙基 -1, 4- 苯二胺滴定法	2010-12-1
HJ 586—2010	水质 游离氯和总氯的测定 *N*, *N*- 二乙基 -1,4- 苯二胺分光光度法	2010-12-1
HJ 587—2010	水质 阿特拉津的测定 高效液相色谱法	2010-12-1
HJ 478—2009	水质 多环芳烃的测定 液液萃取和固相萃取高效液相色谱法	2009-11-1
HJ 484—2009	水质 氰化物的测定 容量法和分光光度法	2009-11-1
HJ 485—2009	水质 铜的测定 二乙基二硫代氨基甲酸钠分光光度法	2009-11-1
HJ 486—2009	水质 铜的测定 2,9- 二甲基 -1,10 菲啰啉分光光度法	2009-11-1
HJ 487—2009	水质 氟化物的测定 茜素磺酸锆目视比色法	2009-11-1
HJ 488—2009	水质 氟化物的测定 氟试剂分光光度法	2009-11-1
HJ 489—2009	水质 银的测定 3,5-Br_2-PADAP 分光光度法	2009-11-1

标准编号	标准名称	实施日期
HJ 490—2009	水质 银的测定 镉试剂 2B 分光光度法	2009-11-1
HJ 493—2009	水质样品的保存和管理技术规定	2009-11-1
HJ 494—2009	水质采样技术指导	2009-11-1
HJ 495—2009	水质采样方案设计技术指导	2009—11-1
HJ 501—2009	水质 总有机碳的测定 燃烧氧化 - 非分散红外吸收法	2009-12-1
HJ 502—2009	水质 挥发酚的测定 溴化容量法	2009-12-1
HJ 503—2009	水质 挥发酚的测定 4- 氨基安替比林分光光度法	2009-12-1
HJ 505—2009	水质 五日生化需氧量（BOD_5）的测定 稀释与接种法	2009-12-1
HJ 506—2009	水质 溶解氧的测定 电化学探头法	2009-12-1
HJ 535—2009	水质 氨氮的测定 纳氏试剂分光光度法	2010-4-1
HJ 536—2009	水质 氨氮的测定 水杨酸分光光度法	2010-4-1
HJ 537—2009	水质 氨氮的测定 蒸馏 - 中和滴定法	2010-4-1
HJ 550—2009	水质 总钴的测定 5- 氯 -2-（吡啶偶氮）-1,3- 二氨基苯分光光度法（暂行）	2010-4-1
HJ 551—2009	水质 二氧化氯的测定 碘量法（暂行）	2010-4-1
HJ 77.1—2008	水质 二噁英类的测定 同位素稀释高分辨气相色谱 - 高分辨质谱法	2009-4-1
HJ/T 341—2007	水质 汞的测定 冷原子荧光法（试行）	2007-5-1
HJ/T 342—2007	水质 硫酸盐的测定 铬酸钡分光光度法（试行）	2007-5-1
HJ/T 343—2007	水质 氯化物的测定 硝酸汞滴定法（试行）	2007-5-1
HJ/T 344—2007	水质 锰的测定 甲醛肟分光光度法（试行）	2007-5-1
HJ/T 345—2007	水质 铁的测定 邻菲啰啉分光光度法（试行）	2007-5-1
HJ/T 346—2007	水质 硝酸盐氮的测定 紫外分光光度法（试行）	2007-5-1
HJ/T 347—2007	水质 粪大肠菌群的测定 多管发酵法和滤膜法（试行）	2007-5-1
HJ/T 372—2007	水质自动采样器技术要求及检测方法	2008-1-1
HJ/T 373—2007	固定污染源监测质量保证与质量控制技术规范（试行）	2008-1-1
HJ/T 399—2007	水质 化学需氧量的测定 快速消解分光光度法	2008-3-1
HJ/T 195—2005	水质 氨氮的测定 气相分子吸收光谱法	2006-1-1
HJ/T 196—2005	水质 凯氏氮的测定 气相分子吸收光谱法	2006-1-1
HJ/T 197—2005	水质 亚硝酸盐氮的测定 气相分子吸收光谱法	2006-1-1
HJ/T 198—2005	水质 硝酸盐氮的测定 气相分子吸收光谱法	2006-1-1
HJ/T 199—2005	水质 总氮的测定 气相分子吸收光谱法	2006-1-1
HJ/T 200—2005	水质 硫化物的测定 气相分子吸收光谱法	2006-1-1
HJ/T 164—2004	地下水环境监测技术规范	2004-12-9
HJ/T 132—2003	高氯废水 化学需氧量的测定 碘化钾碱性高锰酸钾法	2004-1-1
HJ/T 86—2002	水质 生化需氧量（BOD）的测定 微生物传感器快速测定法	2002-7-1
HJ/T 91—2002	地表水和污水监测技术规范	2003-1-1
HJ/T 92—2002	水污染物排放总量监测技术规范	2003-1-1
HJ/T 70—2001	高氯废水 化学需氧量的测定 氯气校正法	2001-12-1
HJ/T 72—2001	水质 邻苯二甲酸二甲（二丁、二辛）酯的测定 液相色谱法	2002-1-1
HJ/T 73—2001	水质 丙烯腈的测定 气相色谱法	2002-1-1
HJ/T 74—2001	水质 氯苯的测定 气相色谱法	2002-1-1

标准编号	标准名称	实施日期
HJ/T 83—2001	水质 可吸附有机卤素（AOX）的测定 离子色谱法	2002-4-1
HJ/T 84—2001	水质 无机阴离子的测定 离子色谱法	2002-4-1
HJ/T 58—2000	水质 铍的测定 铬菁R分光光度法	2001-3-1
HJ/T 59—2000	水质 铍的测定 石墨炉原子吸收分光光度法	2001-3-1
HJ/T 60—2000	水质 硫化物的测定 碘量法	2001-3-1
HJ/T 49—1999	水质 硼的测定 姜黄素分光光度法	2000-1-1
HJ/T 50—1999	水质 三氯乙醛的测定 吡唑啉酮分光光度法	2000-1-1
HJ/T 51—1999	水质 全盐量的测定 重量法	2000-1-1
HJ/T 52—1999	水质河流采样技术指导	2000-1-1
GB/T 17132—1997	环境 甲基汞的测定 气相色谱法	1998-5-1
GB/T 17133—1997	水质 硫化物的测定 直接显色分光光度法	1998-5-1
GB/T 16489—1996	水质 硫化物的测定 亚甲基蓝分光光度法	1997-1-1
GB/T 15441—1995	水质 急性毒性的测定 发光细菌法	1995-8-1
GB/T 15503—1995	水质 钒的测定 钽试剂（BPHA）萃取分光光度法	1995-8-1
GB/T 15504—1995	水质 二硫化碳的测定 二乙胺乙酸铜分光光度法	1995-8-1
GB/T 15505—1995	水质 硒的测定 石墨炉原子吸收分光光度法	1995-8-1
GB/T 15507—1995	水质 肼的测定 对二甲氨基甲醛分光光度法	1995-8-1
GB/T 15959—1995	水质 可吸附有机卤素（AOX）的测定 微库仑法	1996-8-1
GB/T 14204—93	水质 烷基汞的测定 气相色谱法	1993-12-1
GB/T 14375—93	水质 一甲基肼的测定 对二甲氨基苯甲醛分光光度法	1993-12-1
GB/T 14376—93	水质 偏二甲基肼的测定 氨基亚铁氰化钠分光光度法	1993-12-1
GB/T 14377—93	水质 三乙胺的测定 溴酚蓝分光光度法	1993-12-1
GB/T 14378—93	水质 二乙烯三胺的测定 水杨醛分光光度法	1993-12-1
GB/T 14552—93	水和土壤质量 有机磷农药的测定 气相色谱法	1994-1-15
GB/T 14581—93	水质湖泊和水库采样技术指导	1994-4-1
GB/T 14671—93	水质 钡的测定 电位滴定法	1994-5-1
GB/T 14672—93	水质 吡啶的测定 气相色谱法	1994-5-1
GB/T 14673—93	水质 钒的测定 石墨炉原子吸收分光光度法	1994-5-1
GB/T 13896—92	水质 铅的测定 示波极谱法	1993-9-1
GB/T 13897—92	水质 硫氰酸盐的测定 异烟酸-吡唑啉酮分光光度法	1993-9-1
GB/T 13898—92	水质 铁（Ⅱ、Ⅲ）氰络合物的测定 原子吸收分光光度法	1993-9-1
GB/T 13899—92	水质 铁（Ⅱ、Ⅲ）氰络合物的测定 三氯化铁分光光度法	1993-9-1
GB/T 13900—92	水质 黑索金的测定 分光光度法	1993-9-1

标准编号	标准名称	实施日期
GB/T 13901—92	水质 二硝基甲苯的测定 示波极谱法	1993-9-1
GB/T 13902—92	水质 硝化甘油的测定 示波极谱法	1993-9-1
GB 12990—91	水质 微型生物群落监测 PFU 法	1992-4-1
GB 13192—91	水质 有机磷农药的测定 气相色谱法	1992-6-1
GB 13195—91	水质 水温的测定 温度计或颠倒温度计测定法	1992-6-1
GB 13196—91	水质 硫酸盐的测定 火焰原子吸收分光光度法	1992-6-1
GB 13199—91	水质 阴离子洗涤剂的测定 电位滴定法	1992-6-1
GB 13200—91	水质 浊度的测定	1992-6-1
GB/T 13266—91	水质 物质对蚤类（大型蚤）急性毒性测定方法	1992-8-1
GB/T 13267—91	水质 物质对淡水鱼（斑马鱼）急性毒性测定方法	1992-8-1
GB 11889—89	水质 苯胺类化合物的测定 *N*-（1- 萘基）乙二胺偶氮分光光度法	1990-7-1
GB 11890—89	水质 苯系物的测定 气相色谱法	1990-7-1
GB 11891—89	水质 凯氏氮的测定	1990-7-1
GB 11892—89	水质 高锰酸盐指数的测定 酸性高锰酸钾氧化法	1990-7-1
GB 11893—89	水质 总磷的测定 钼酸铵分光光度法	1990-7-1
GB 11895—89	水质 苯并［*a*］芘的测定 乙酰化滤纸层析荧光分光光度法	1990-7-1
GB 11896—89	水质 氯化物的测定 硝酸银滴定法	1990-7-1
GB 11899—89	水质 硫酸盐的测定 重量法	1990-7-1
GB 11900—89	水质 痕量砷的测定 硼氢化钾 - 硝酸银分光光度法	1990-7-1
GB 11901—89	水质 悬浮物的测定 重量法	1990-7-1
GB 11902—89	水质 硒的测定 2,3- 二氨基萘荧光法	1990-7-1
GB 11903—89	水质 色度的测定	1990-7-1
GB 11904—89	水质 钾和钠的测定 火焰原子吸收分光光度法	1990-7-1
GB 11905—89	水质 钙和镁的测定 原子吸收分光光度法	1990-7-1
GB 11906—89	水质 锰的测定 高碘酸钾分光光度法	1990-7-1
GB 11907—89	水质 银的测定 火焰原子吸收分光光度法	1990-7-1
GB 11910—89	水质 镍的测定 丁二酮肟分光光度法	1990-7-1
GB 11911—89	水质 铁、锰的测定 火焰原子吸收分光光度法	1990-7-1
GB 11912—89	水质 镍的测定火焰 原子吸收分光光度法	1990-7-1
GB 11914—89	水质 化学需氧量的测定 重铬酸盐法	1990-7-1
GB 9803—88	水质 五氯酚的测定 藏红 T 分光光度法	1988-12-1
GB 7466—87	水质 总铬的测定 高锰酸钾氧化 - 二苯碳酰二肼分光光度法	1987-8-1
GB 7467—87	水质 六价铬的测定 二苯碳酰二肼分光光度法	1987-8-1
GB 7469—87	水质 总汞的测定 高锰酸钾 - 过硫酸钾消解法双硫腙分光光度法	1987-8-1
GB 7470—87	水质 铅的测定 双硫腙分光光度法	1987-8-1
GB 7471—87	水质 镉的测定 双硫腙分光光度法	1987-8-1
GB 7472—87	水质 锌的测定 双硫腙分光光度法	1987-8-1
GB 7475—87	水质 铜、锌、铅、镉的测定 原子吸收分光光度法	1987-8-1
GB 7476—87	水质 钙的测定 EDTA 滴定法	1987-8-1
GB 7477—87	水质 钙和镁总量的测定 EDTA 滴定法	1987-8-1

标准编号	标准名称	实施日期
GB 7480—87	水质 硝酸盐氮的测定 酚二磺酸分光光度法	1987-8-1
GB 7484—87	水质 氟化物的测定 离子选择电极法	1987-8-1
GB 7485—87	水质 总砷的测定 二乙基二硫代氨基甲酸银分光光度法	1987-8-1
GB 7489—87	水质 溶解氧的测定 碘量法	1987-8-1
GB 7492—87	水质 六六六、滴滴涕的测定 气相色谱法	1987-8-1
GB 7493—87	水质 亚硝酸盐氮的测定 分光光度法	1987-8-1
GB 7494—87	水质 阴离子表面活性剂的测定 亚甲蓝分光光度法	1987-8-1
GB 6920—86	水质 pH 值的测定 玻璃电极法	1987-3-1
GB 4918—85	工业废水 总硝基化合物的测定 分光光度法	1985-8-1
SL78—1994	电导率的测定 电导仪法	1995-5-1
SL79—1994	矿化度的测定 重量法	1995-5-1
SL80—1994	游离二氧化碳的测定 碱滴定法	1995-5-1
SL81—1994	侵蚀性二氧化碳的测定 酸滴定法	1995-5-1
SL82—1994	酸度的测定 碱滴定法	1995-5-1
SL83—1994	碱度（总碱度、重碳酸盐和碳酸盐）的测定 酸滴定法	1995-5-1
SL84—1994	硝酸盐氮的测定 紫外分光光度法	1995-5-1
SL85—1994	硫酸盐的测定 EDTA 滴定法	1995-5-1
SL86—1994	水中无机阴离子的测定 离子色谱法	1995-5-1
SL87—1994	透明度的测定 透明度计法、圆盘法	1995-5-1
SL88—2012	水质 叶绿素的测定 分光光度法	1995-5-1
SL89—1994	硫化物的测定 亚甲蓝分光光度法	1995-5-1
SL90—1994	硼的测定 姜黄素法	1995-5-1
SL91.1—1994	二氧化硅的测定 硅钼黄分光光度法	1995-5-1
SL91. 2—1994	二氧化硅的测定 硅钼蓝分光光度法	1995-5-1
SL92—1994	锑的测定 5-Br-PADAP 分光光度法	1995-5-1
SL93.1—1994	油的测定 重量法	1995-5-1
SL93.2—1994	油的测定 紫外分光光度法	1995-5-1
SL94—1994	氧化还原电位的测定 电位测定法	1995-5-1
SL220—98	水中痕量铜、锌、铅、镉的测定 流动注射原子吸收分光光度法	1998-9-1
SL271—2001	水质 总汞的测定 硼氢化钾还原	2001-12-1
SL272—2001	水质 总硒的测定 铁（II）邻菲啰啉间接分光光度法	2001-12-1
SL273—2001	水质 痕量硝基苯类化合物的测定 树脂吸附 / 气相色谱法	2002-1-1
SL327.1—2005	水质 砷的测定 原子荧光光度法	2006-1-1
SL327.2—2005	水质 汞的测定 原子荧光光度法	2006-1-1
SL327.3—2005	水质 硒的测定 原子荧光光度法	2006-1-1
SL327.4—2005	水质 铅的测定 原子荧光光度法	2006-1-1
SL354—2006	水质 初级生产力测定 黑白瓶测定法	2007-5-2
SL355—2006	水质 粪大肠菌群的测定 多管发酵法	2007-5-2
SL366—2006	水质 石油类的测定 分子荧光光度法	2007-6-1
SL391—2007	有机分析样品前处理方法	2008-02-26

标准编号	标准名称	实施日期
SL392—2007	固相萃取气相色谱 - 质谱分析法（GC/MS）测定水中半挥发性有机污染物	2007-11-20
SL393—2007	吹扫捕集气相色谱 / 质谱分析法（GC/MS）测定水中挥发性有机污染物	2007-11-20
SL394.1—2007	铅、镉、钒、磷等 34 种元素的测定 电感耦合等离子体原子发射光谱法	2007-11-20
SL394.2—2007	铅、镉、钒、磷等 34 种元素的测定 电感耦合等离子体质谱法	2007-11-20
SL 463—2009	气相色谱法测定水中酚类化合物	2010-4-14
SL 464—2009	气相色谱法测定水中酞酸酯类化合物	2010-4-14
SL 465—2009	高效液相色谱法测定水中多环芳烃类化合物	2010-4-14
SL 466—2009	冰封期冰体采样与前处理规程	2010-4-14
SL 495—2010	气相色谱法测定水中氯代除草剂类化合物	2010-12-17
SL 496—2010	顶空气相色谱法（HS-GC）测定水中芳香族挥发性有机物	2010-12-17

附录二

地表水环境质量标准（GB3838—2002）

1　范围

1.1　本标准按照地表水环境功能分类和保护目标，规定了水环境质量应控制的项目及限值，以及水质评价、水质项目的分析方法和标准的实施与监督。

1.2　本标准适用于中华人民共和国领域内江河、湖泊、运河、渠道、水库等具有使用功能的地表水水域。具有特定功能的水域，执行相应的专业用水水质标准。

2　引用标准

《生活饮用水卫生规范》（卫生部，2001 年）和本标准表 4—表 6 所列分析方法标准及规范中所含条文在本标准中被引用即构成为本标准条文，与本标准同效。当上述标准和规范被修订时，应使用其最新版本。

3　水域功能和标准分类

依据地表水水域环境功能和保护目标，按功能高低依次划分为五类：

Ⅰ类　主要适用于源头水、国家自然保护区；

Ⅱ类　主要适用于集中式生活饮用水地表水源地一级保护区、珍稀水生生物栖息地、鱼虾类产卵场、仔稚幼鱼的索饵场等；

Ⅲ类　主要适用于集中式生活饮用水地表水源地二级保护区、鱼虾类越冬场、洄游通道、水产养殖区等渔业水域及游泳区；

Ⅳ类　主要适用于一般工业用水区及人体非直接接触的娱乐用水区；

Ⅴ类　主要适用于农业用水区及一般景观要求水域。

对应地表水上述五类水域功能，将地表水环境质量标准基本项目标准值分为五类，不同功能类别分为执行相应类别的标准值。水域功能类别高的标准值严于水域功能类别低的标准值。同一水域兼有多类使用功能的，执行最高功能类别对应的标准值。实现水域功能与达功能类别标准为同一含义。

4　标准值

4.1　地表水环境质量标准基本项目标准限制见表 1。

4.2　集中式生活饮用水地表水源地补充项目标准限值见表 2。

4.3　集中式生活饮用水地表水源地特定项目标准限值见表 3。

5 水质评价

5.1 地表水环境质量评价应根据应实现的水域功能类别，选取相应类别标准，进行单因子评价，评价结果应说明水质达标情况，超标的应说明超标项目和超标倍数。

5.2 丰、平、枯水期特征明显的水域，应分水期进行水质评价。

5.3 集中式生活饮用水地表水源地水质评价的项目应包括表1中的基本项目、表2中的补充项目以及由县级以上人民政府环境保护行政主管部门从表3中选择确定的特定项目。

6 水质监测

6.1 本标准规定的项目标准值，要求水样采集后自然沉降30min，取上层非沉降部分按规定方法进行分析。

6.2 地表水水质监测的采样布点、监测频率应符合国家地表水环境监测技术规范的要求。

6.3 本标准水质项目的分析方法应优先选用表4—表6规定的方法，也可采用ISO方法体系等其他等效分析方法，但必须进行适用性检验。

7 标准的实施与监督

7.1 本标准由县级以上人民政府环境保护行政主管部门及相关部门按职责分工监督实施。

7.2 集中式生活饮用水地表水源地水质超标项目经自来水净化处理后，必须达到《生活饮用水卫生规范》的要求。

7.3 省、自治区、直辖市人民政府可以对本标准中未作规定的项目，制定地方补充标准，并报国务院环境保护行政主管部门备案。

表1 地表水环境质量标准基本项目标准限值 单位：mg/L

序号		Ⅰ类	Ⅱ类	Ⅲ类	Ⅳ类	Ⅴ类
1	水温（℃）	人为造成的环境水温变化应限制在： 周平均最大温升≤1 周平均最大温降≤2				
2	pH值（无量纲）	6～9				
3	溶解氧≥	饱和率90%（或7.5）	6	5	3	2
4	高锰酸盐指数≤	2	4	6	10	15
5	化学需氧量（COD）≤	15	15	20	30	40
6	五日生化需氧量（BOD_5）≤	3	3	4	6	10
7	氨氮（NH_3-N）≤	0.15	0.5	1.0	1.5	2.0
8	总磷（以P计）≤	0.02（湖、库0.01）	0.1（湖、库0.025）	0.2（湖、库0.05）	0.3（湖、库0.1）	0.4（湖、库0.2）
9	总氮（湖、库、以N计）≤	0.2	0.5	1.0	1.5	2.0

序号		Ⅰ类	Ⅱ类	Ⅲ类	Ⅳ类	Ⅴ类
10	铜≤	0.01	1.0	1.0	1.0	1.0
11	锌≤	0.05	1.0	1.0	2.0	2.0
12	氟化物(以 F^- 计)≤	1.0	1.0	1.0	1.5	1.5
13	硒≤	0.01	0.01	0.01	0.02	0.02
14	砷≤	0.05	0.05	0.05	0.1	0.1
15	汞≤	0.00005	0.00005	0.0001	0.001	0.001
16	镉≤	0.001	0.005	0.005	0.005	0.01
17	铬（六价）≤	0.01	0.05	0.05	0.05	0.1
18	铅≤	0.01	0.01	0.05	0.05	0.1
19	氰化物≤	0.005	0.05	0.2	0.2	0.2
20	挥发酚≤	0.002	0.002	0.005	0.01	0.1
21	石油类≤	0.05	0.05	0.05	0.5	1.0
22	阴离子表面活性剂≤	0.2	0.2	0.2	0.3	0.3
23	硫化物≤	0.05	0.1	0.05	0.5	1.0
24	粪大肠菌群（个/L）≤	200	2000	10000	20000	40000

表2 集中式生活饮用水地表水源地补充项目标准限值 单位：mg/L

序号	项目	标准值
1	硫酸盐（以 SO_4^{2-} 计）	250
2	氯化物（以 Cl^- 计）	250
3	硝酸盐（以N计）	10
4	铁	0.3
5	锰	0.1

表3 集中式生活饮用水地表水源地特定项目标准限值 单位：mg/L

序号	项目	标准值	序号	项目	标准值
1	三氯甲烷	0.06	41	丙烯酰胺	0.0005
2	四氯化碳	0.002	42	丙烯腈	0.1
3	三溴甲烷	0.1	43	邻苯二甲酸二丁酯	0.003
4	二氯甲烷	0.02	44	邻苯二甲酸二(2-乙基己基)酯	0.008
5	1,2-二氯乙烷	0.03	45	水合肼	0.01
6	环氧氯丙烷	0.02	46	四乙基铅	0.0001
7	氯乙烯	0.005	47	吡啶	0.2
8	1,1-二氯乙烯	0.03	48	松节油	0.2
9	1,2-二氯乙烯	0.05	49	苦味酸	0.5
10	三氯乙烯	0.07	50	丁基黄原酸	0.005
11	四氯乙烯	0.04	51	活性氯	0.01
12	氯丁二烯	0.002	52	滴滴涕	0.001
13	六氯丁二烯	0.0006	53	林丹	0.002
14	苯乙烯	0.02	54	环氧七氯	0.0002
15	甲醛	0.9	55	对硫磷	0.003
16	乙醛	0.05	56	甲基对硫磷	0.002
17	丙烯醛	0.1	57	马拉硫磷	0.05
18	三氯乙醛	0.01	58	乐果	0.08
19	苯	0.01	59	敌敌畏	0.05
20	甲苯	0.7	60	敌百虫	0.05
21	乙苯	0.3	61	内吸磷	0.03

序号	项目	标准值	序号	项目	标准值
22	二甲苯①	0.5	62	百菌清	0.01
23	异丙苯	0.25	63	甲萘威	0.05
24	氯苯	0.3	64	溴氰菊酯	0.02
25	1,2- 二氯苯	1.0	65	阿特拉津	0.003
26	1,4- 二氯苯	0.3	66	苯并［*a*］芘	2.8×10^{-6}
27	三氯苯②	0.02	67	甲基汞	1.0×10^{-6}
28	四氯苯③	0.02	68	多氯联苯⑥	2.0×10^{-5}
29	六氯苯	0.05	69	微囊藻毒素 -LR	0.001
30	硝基苯	0.017	70	黄磷	0.003
31	二硝基苯④	0.5	71	钼	0.07
32	2,4- 二硝基甲苯	0.0003	72	钴	1.0
33	2,4,6- 三硝基甲苯	0.5	73	铍	0.002
34	硝基氯苯⑤	0.05	74	硼	0.5
35	2,4- 二硝基氯苯	0.5	75	锑	0.005
36	2,4- 二氯苯酚	0.093	76	镍	0.02
37	2,4,6- 三氯苯酚	0.2	77	钡	0.7
38	五氯酚	0.009	78	钒	0.05
39	苯胺	0.1	79	钛	0.1
40	联苯胺	0.0002	80	铊	0.0001

注：①二甲苯：指对—二甲苯、间—二甲苯、邻—二甲苯。
②三氯苯：指 1,2,3—三氯苯、1,2,4—三氯苯、1,3,5—三氯苯。
③四氯苯：指 1,2,3，4—四氯苯、1,2,3,5—四氯苯、1,2,4,5—四氯苯。
④二硝基苯：指对—二硝基苯、间—二硝基苯、邻—二硝基苯。
⑤硝基氯苯：指对—硝基氯苯、间—硝基氯苯、邻—硝基氯苯。
⑥多氮联苯：指 PCB 一 1016、PCB 一 1221、PCB 一 1232、PCB 一 1242、PCB—1248、PCB 一 1254、PCB—1260。

表 4　地表水环境质量标准基本项目分析方法

序号	项目	分析方法	最低检出限 /（mg/L）	方法来源
1	水温	温度计法		GB 13195—91
2	pH 值	玻璃电极法		GB 6920—86
3	溶解氧	碘量法	0.2	GB 7489—87
		电化学探头法		GB 11913—89
4	高锰酸盐指数		0.5	GB 11892—89
5	化学需氧量		10	GB 11914—89
6	五日生化需氧量		2	GB 7488—87
7	氨氮	纳氏试剂比色法	0.05	GB 7479—87
		水杨酸分光光度法	0.01	GB 7481—87
8	总磷	钼酸氨分光光度法	0.01	GB 11893—89
9	总氮	碱性过硫酸钾消解紫外分光光度法	0.05	GB 11894—89
10	铜	2,9- 二甲基 -1,10- 菲啰啉分光光度法	0.06	GB 7473—87
		二乙基二硫代氨基甲酸钠分光光度法	0.010	GB 7474—87
		原子吸收分光光度法（螯合萃取法）	0.001	GB 7475—87
11	锌	原子吸收分光光度法	0.05	GB 7475—87
12	氟化物	氟试剂分光光度法	0.05	GB 7483—87
		离子选择电极法	0.05	GB 7484—87
		离子色谱法	0.02	HJ/T 84—2001
13	硒	2,3- 二氮基萘荧光法	0.00025	GB 11902—89
		石墨炉原子吸收分光光度法	0.003	GB/T 15505—1995

序号	项目	分析方法	最低检出限 /（mg/L）	方法来源
14	砷	二乙基二硫代氨基甲酸银分光光度法	0.007	GB 7485—87
		冷原子荧光法	0.00006	1）
15	汞	冷原子吸收分光光度法	0.00005	GB 7486—87
		冷原子荧光法	0.00005	1）
16	镉	原子吸收分光光度法（螯合萃取法）	0.001	GB 7475—87
17	铬（六价）	二苯碳酰二肼分光光度法	0.004	GB 7467—87
18	铅	原子吸收分光光度法（螯合萃取法）	0.01	GB 7475—87
19	氰化物	异烟酸 - 吡唑啉酮比色法	0.004	GB 7487—87
		吡啶 - 巴比妥酸比色法	0.002	
20	挥发酚	蒸馏后 4- 氨基安替比林分光光度法	0.002	GB7490—87
21	石油类	红外分光光度法	0.01	GB/T 16488—1996
22	阴离子表面活性剂	亚甲蓝分光光度法	0.05	GB 7494—87
23	硫化物	亚甲基蓝分光光度法	0.005	GB/T 16489—1996
		直接显色分光光度法	0.004	GB/T 17133—1997
24	粪大肠菌群	多管发酵法、滤膜法		1）

注：暂采用下列分析方法，待国家方法标准公布后，执行国家标准。

1）《水和废水监测分析方法（第三版）》，中国环境科学出版社，1989 年。

表 5 集中式生活饮用水地表水源地补充项目分析方法

序号	项目	分析方法	最低检出限 /（mg/L）	方法来源
1	硫酸盐	重量法	10	GB 11899—89
		火焰原子吸收分光光度法	0.4	GB 13196—91
		铬酸钡光度法	8	1）
		离子色谱法	0.09	HJ/T 84—2001
2	氯化物	硝酸银滴定法	10	GB 11896—89
		硝酸汞滴定法	2.5	1）
		离子色谱法	0.02	HJ/T 84—2001
3	硝酸盐	酚二磺酸分光光度法	0.02	GB 7480—87
		紫外分光光度法	0.08	1）
		离子色谱法	0.08	HJ/T 84—2001
4	铁	火焰原子吸收分光光度法	0.03	GB 11911—89
		邻菲啰啉分光光度法	0.03	1）
5	锰	高碘酸甲分光光度法	0.02	GB 11906—89
		火焰原子吸收分光光度法	0.01	GB 11911—89
		甲醛肟光度法	0.01	1）

注：暂采用下列分析方法，待国家方法标准发布后，执行国家标准。

1）《水和废水监测分析方法（第三版）》，中国环境科学出版社，1989 年。

表 6 集中式生活饮用水地表水源地特定项目分析方法

序号	项目	分析方法	最低检出限 /（mg/L）	方法来源
1	三氯甲烷	顶空气相色谱法	0.0003	GB/T 17130—1997
		气相色谱法	0.0006	2）
2	四氯化碳	顶空气相色谱法	0.00005	GB/T 17130—1997
		气相色谱法	0.0003	2）
3	三溴甲烷	顶空气相色谱法	0.001	GB/T 17130—1997
		气相色谱法	0.006	2）

序号	项目	分析方法	最低检出限 /（mg/L）	方法来源
4	二氯甲烷	顶空气相色谱法	0.0087	2）
5	1,2- 二氯乙烷	顶空气相色谱法	0.0125	2）
6	环氧氯丙烷	气相色谱法	0.02	2）
7	氯乙烯	气相色谱法	0.001	2）
8	1,1- 二氯乙烯	吹出捕集气相色谱法	0.000018	2）
9	1,2- 二氯乙烯	吹出捕集气相色谱法	0.000012	2）
10	三氯乙烯	顶空气相色谱法	0.0005	GB/T 17130—1997
		气相色谱法	0.003	2）
11	四氯乙烯	顶空气相色谱法	0.0002	GB/T 17130—1997
		气相色谱法	0.0012	2）
12	氯丁二烯	顶空气相色谱法	0.002	2）
13	六氯丁二烯	气相色谱法	0.00002	2）
14	苯乙烯	气相色谱法	0.01	2）
15	甲醛	乙酰丙酮分光光度法	0.05	GB/T 17130—1997
		4- 氨基 -3- 联氨 -5- 巯基 -1,2,4- 三氮杂茂（AHMT）分光光度法	0.05	2）
16	乙醛	气相色谱法	0.24	2）
17	丙烯醛	气相色谱法	0.019	2）
18	三氯乙醛	气相色谱法	0.001	2）
19	苯	液上气相色谱法	0.005	GB 11890—89
		顶空气相色谱法	0.00042	2）
20	甲苯	液上气相色谱法	0.005	GB 11890—89
		二硫化碳萃取气相色谱法	0.05	
		气相色谱法	0.01	2）
21	乙苯	液上气相色谱法	0.005	GB 11890—89
		二硫化碳萃取气相色谱法	0.05	
		气相色谱法	0.01	2）
22	二甲苯	液上气相色谱法	0.005	GB 11890—89
		二硫化碳萃取气相色谱法	0.05	
		气相色谱法	0.01	2）
23	异丙苯	顶空气相色谱法	0.0032	2）
24	氯苯	气相色谱法	0.01	HJ/T 74—2001
25	1,2- 二氯苯	气相色谱法	0.002	GB/T 17131—1997
26	1,4- 二氯苯	气相色谱法	0.005	GB/T 17131—1997
27	三氯苯	气相色谱法	0.00004	2）
28	四氯苯	气相色谱法	0.00002	2）
29	六氯苯	气相色谱法	0.00002	2）
30	硝基苯	气相色谱法	0.0002	GB 13194—91
31	二硝基苯	气相色谱法	0.2	2）
32	2,4- 二硝基甲苯	气相色谱法	0.0003	GB 13194—91
33	2,4，6- 三硝基甲苯	气相色谱法	0.1	2）
34	硝基氯苯	气相色谱法	0.0002	GB 13194—91
35	2,4- 二硝基氯苯	气相色谱法	0.1	2）
36	2,4- 二氯苯酚	电子捕获 - 毛细色谱法	0.0004	2）
37	2,4,6- 三氯苯酚	电子捕获 - 毛细色谱法	0.00004	2）
38	五氯酚	气相色谱法	0.00004	GB 8972—88
		电子捕获 - 毛细色谱法	0.000024	2）
39	苯胺	气相色谱法	0.002	2）
40	联苯胺	气相色谱法	0.0002	2）

序号	项目	分析方法	最低检出限 /（mg/L）	方法来源
41	丙烯酰胺	气相色谱法	0.00015	2）
42	丙烯腈	气相色谱法	0.10	2）
43	邻苯二甲酸二丁酯	液相色谱法	0.0001	HJ/T 72—2001
44	邻苯二甲酸二（2- 乙基己基）酯	气相色谱法	0.0004	2）
45	水合肼	对二甲氨基苯甲醛直接分光光度法	0.005	2）
46	四乙基铅	双硫腙比色法	0.0001	2）
47	吡啶	气相色谱法	0.031	GB/T 14672—93
		巴比土酸分光光度法	0.05	2）
48	松节油	气相色谱法	0.02	2）
49	苦味酸	气相色谱法	0.001	2）
50	丁基黄原酸	铜试剂亚铜光光度法	0.002	2）
51	活性氯	*N,N*- 二乙基对苯二胺（PDP）分光光度法	0.01	2）
		3,3',5,5'- 四甲基联苯胺比色法	0.005	2）
52	滴滴涕	气相色谱法	0.0002	GB 7492—87
53	林丹	气相色谱法	4*10-6	GB 7492—87
54	环氧七氯	液液萃取气相色谱法	0.000083	2）
55	对硫磷	气相色谱法	0.00054	GB 13192—91
56	甲基对硫磷	气相色谱法	0.00042	GB 13192—91
57	马拉硫磷	气相色谱法	0.00064	GB 13192—91
58	乐果	气相色谱法	0.00057	GB 13192—91
59	敌敌畏	气相色谱法	0.00006	GB 13192—91
60	敌百虫	气相色谱法	0.000051	GB 13192—91
61	内吸磷	气相色谱法	0.0025	2）
62	百菌清	气相色谱法	0.0004	2）
63	甲萘威	高效液相色谱法	0.01	2）
64	溴氰菊酯	气相色谱法	0.0002	2）
		高效液相色谱法	0.002	2）
65	阿特拉津	气相色谱法		3）
66	苯并［*a*］芘	乙酰化滤指层析荧光分光光度法	4*10-6	GB 11895—89
		高效液相色谱法	1*10-6	GB 13198—91
67	甲基汞	气相色谱法	1*10-8	GB/T 17132—1997
68	多氯联苯	气相色谱法		3）
69	微囊藻毒素 -LR	高效液相色谱法	0.00001	2）
70	黄磷	钼 - 锑 - 抗分光光度法	0.0025	2）
71	钼	无火焰原子吸收分光光度法	0.00231	2）
72	钴	无火焰原子吸收分光光度法	0.00191	2）
73	铍	铬菁 R 分光光度法	0.0002	HJ/T 58—2000
		石墨炉原子吸收分光光度法	0.00002	HJ/T 59—2000
		桑色素荧光分光光度法	0.0002	2）
74	硼	姜黄素分光光度法	0.02	HJ/T 49—1999
		甲亚胺 -H 分光光度法	0.2	2）
75	锑	氢化原子吸收分光光度法	0.00025	2）
76	镍	无火焰原子吸收分光光度法	0.00248	2）
77	钡	无火焰原子吸收分光光度法	0.00618	2）
78	钒	钽试剂 (BPHA) 萃取分光光度法	0.018	GB/T 15503—1995
		无火焰原子吸收分光光度法	0.00698	2）
79	钛	催化示波极谱法	0.0004	2）
		水杨基荧光酮分光光度法	0.02	2）

序号	项目	分析方法	最低检出限/（mg/L）	方法来源
80	铊	无火焰原子吸收分光光度法	1×10^{-6}	2）

注：暂采用下列分析方法，待国家方法发布后，执行国家标准。

1）《水和废水监测分析方法》（第三版）》，中国环境科学出版社，1989 年。

2）《生活饮用水卫生规范》，中华人民共和国卫生部，2001 年。

3）《水和废水标准检验法（第 15 版）》，中国建筑工业出版社，1985 年。

松花江流域水功能区划监测断面图

附图 1

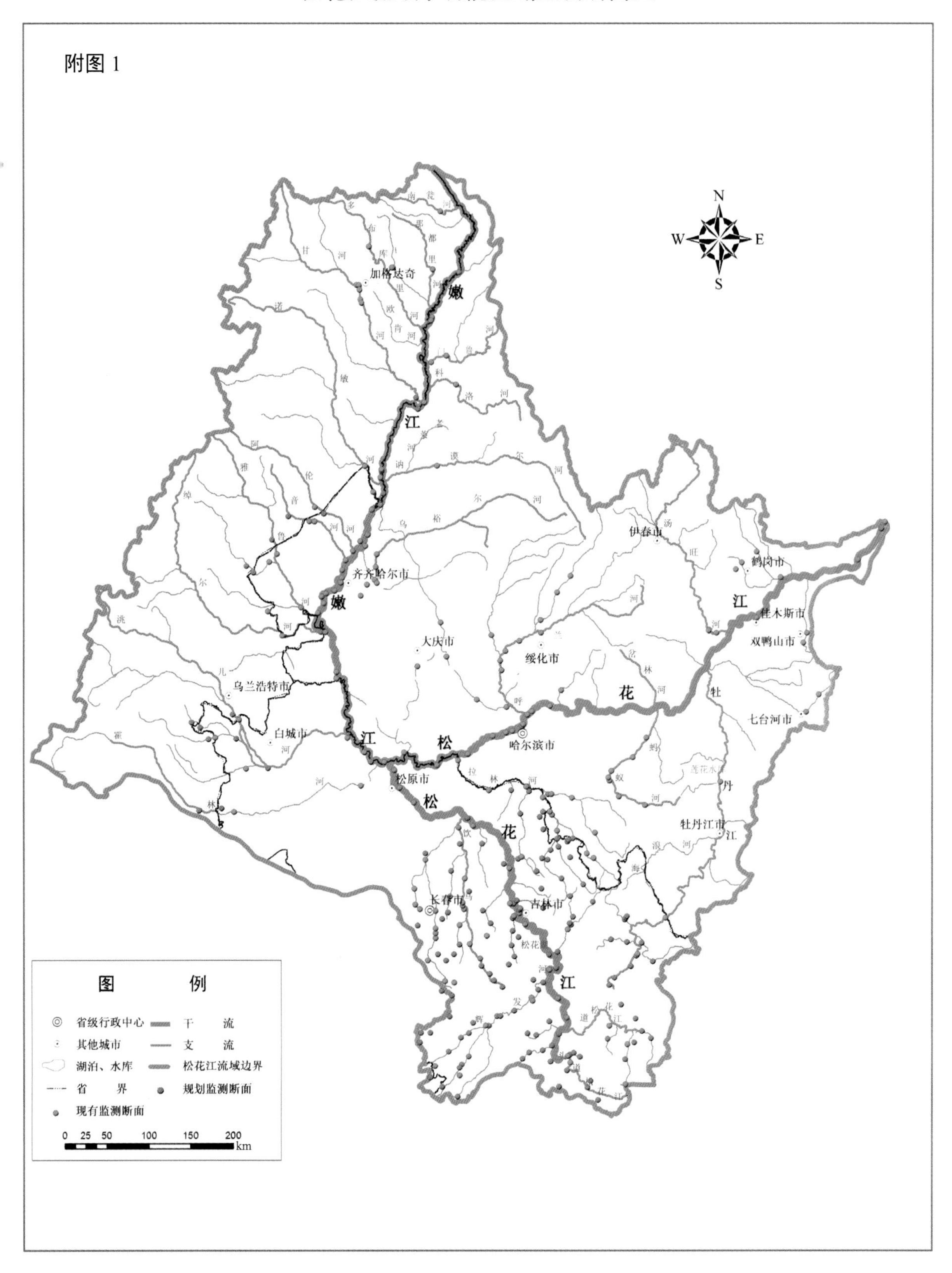

松花江流域省界水体监测断面图

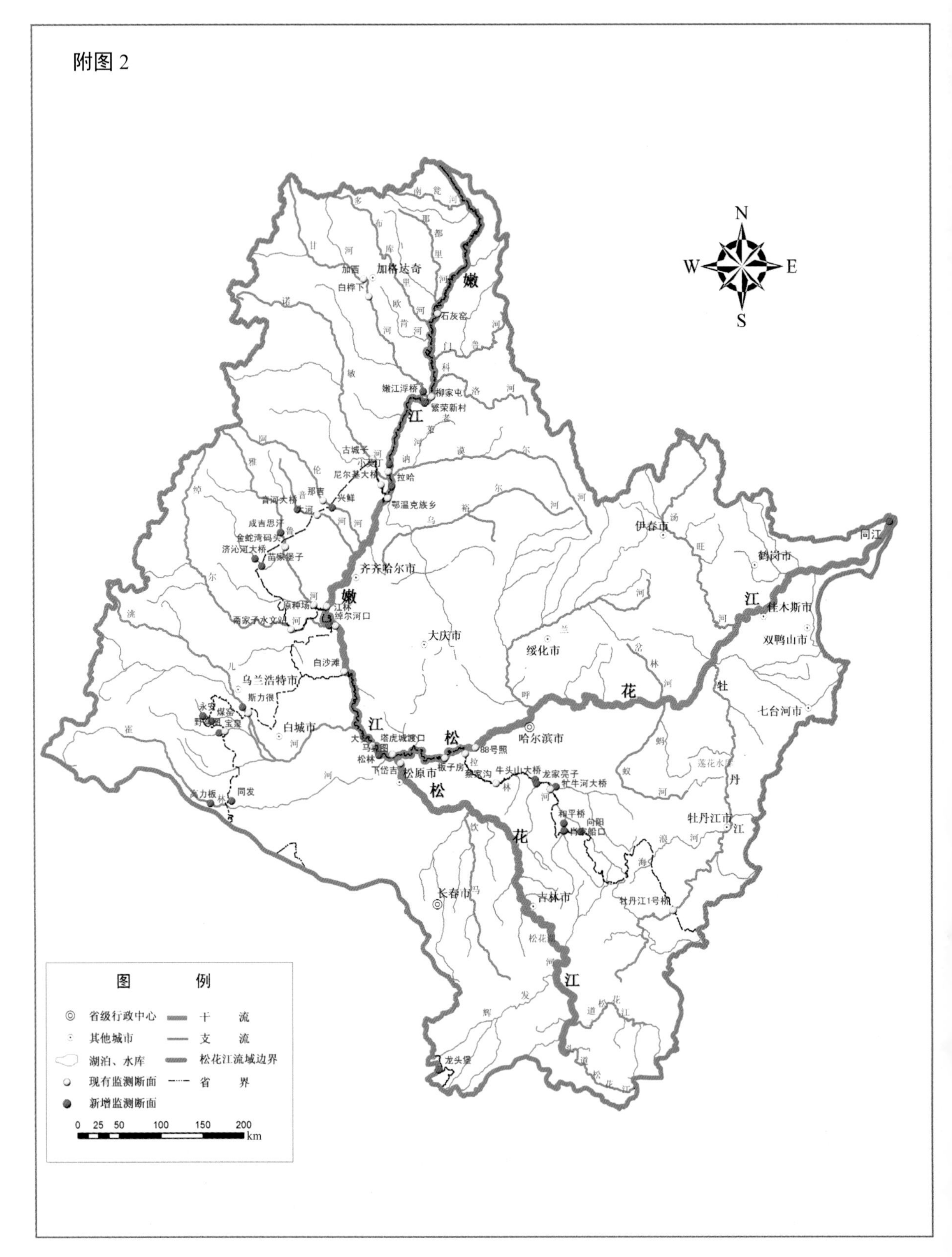

松花江流域饮用水水源地监测站点图

附图 3

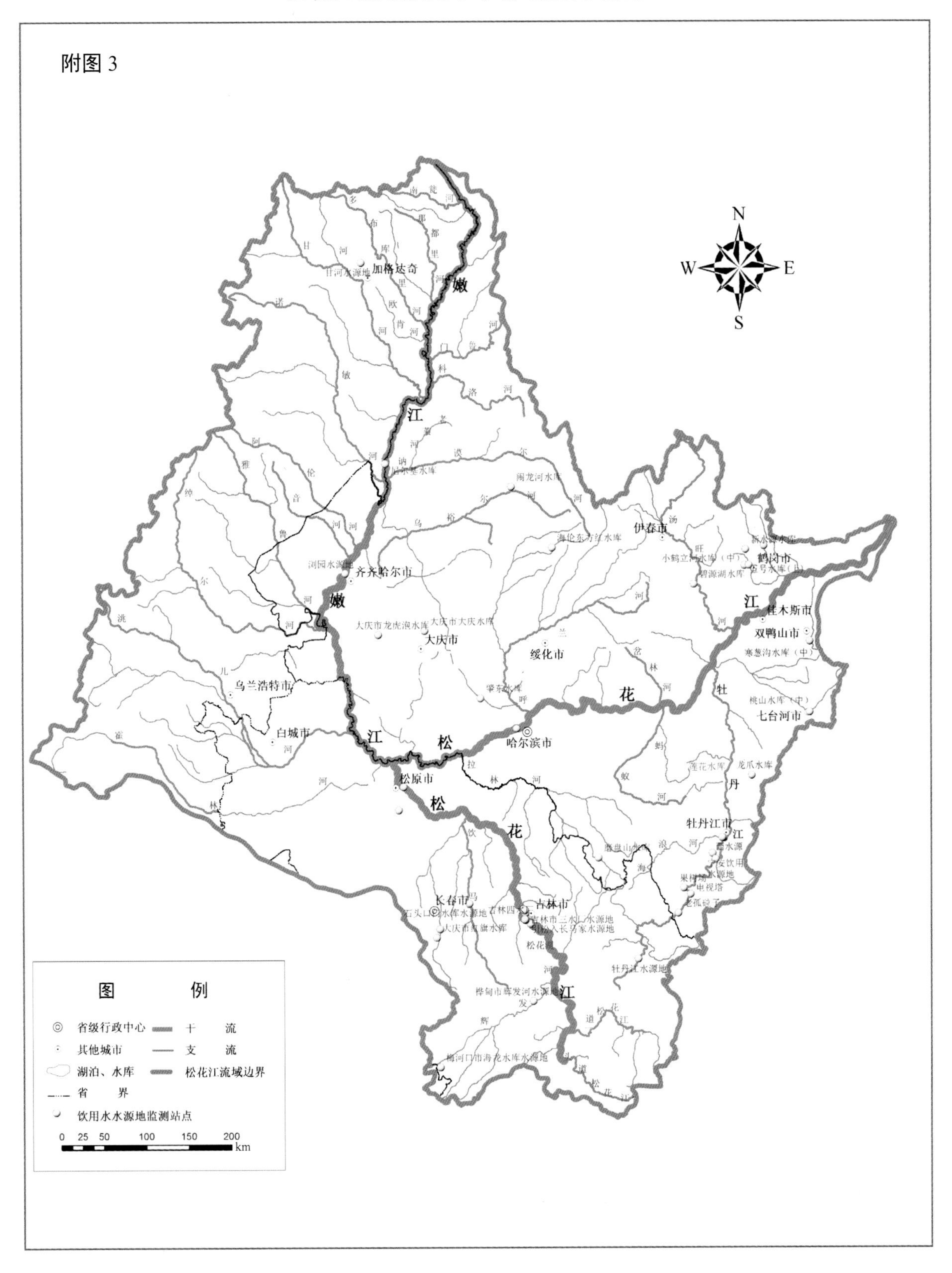

松花江流域重要湖泊、水库监测点位图

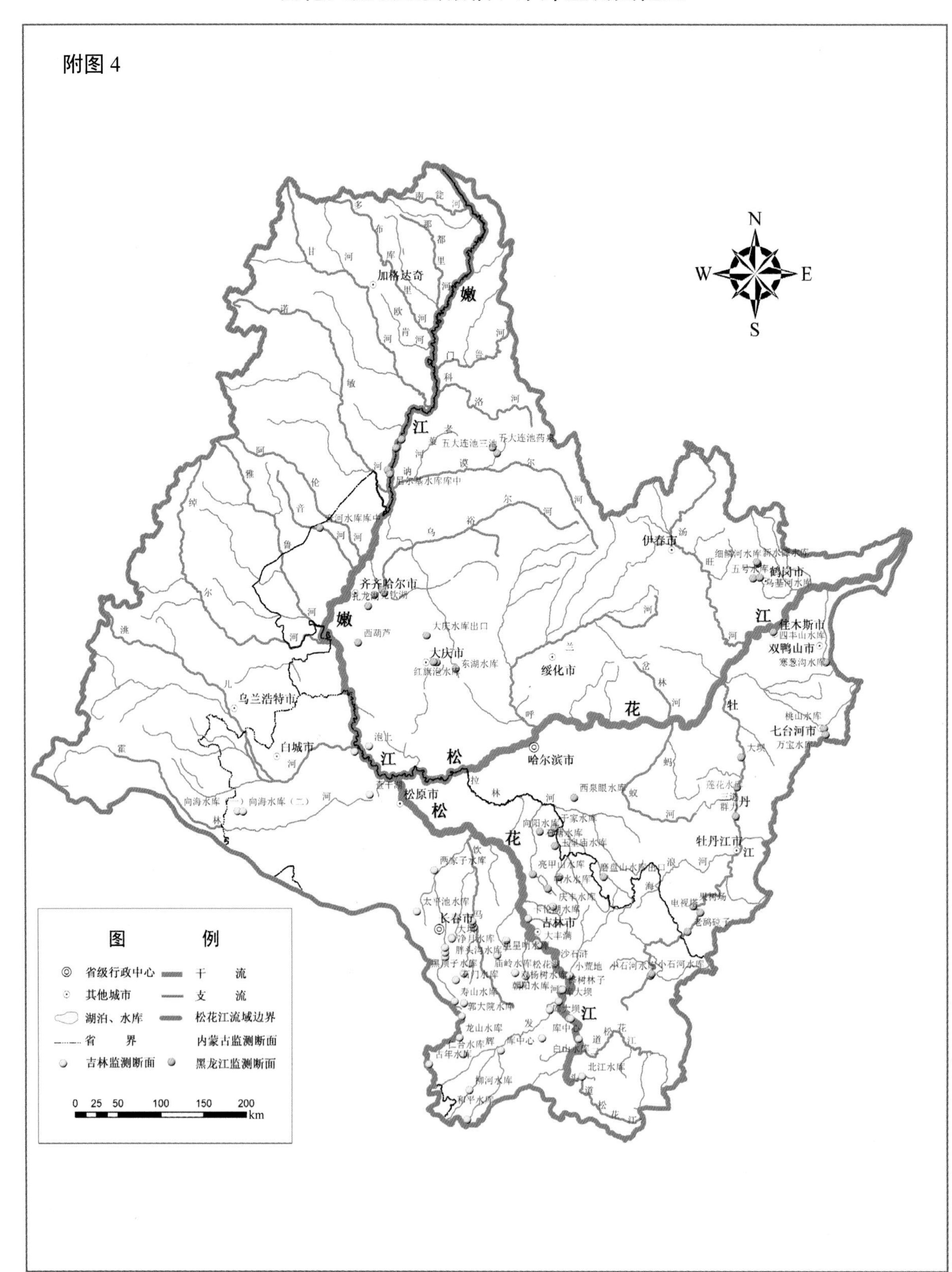

松花江流域国控省控监测断面图

附图 5

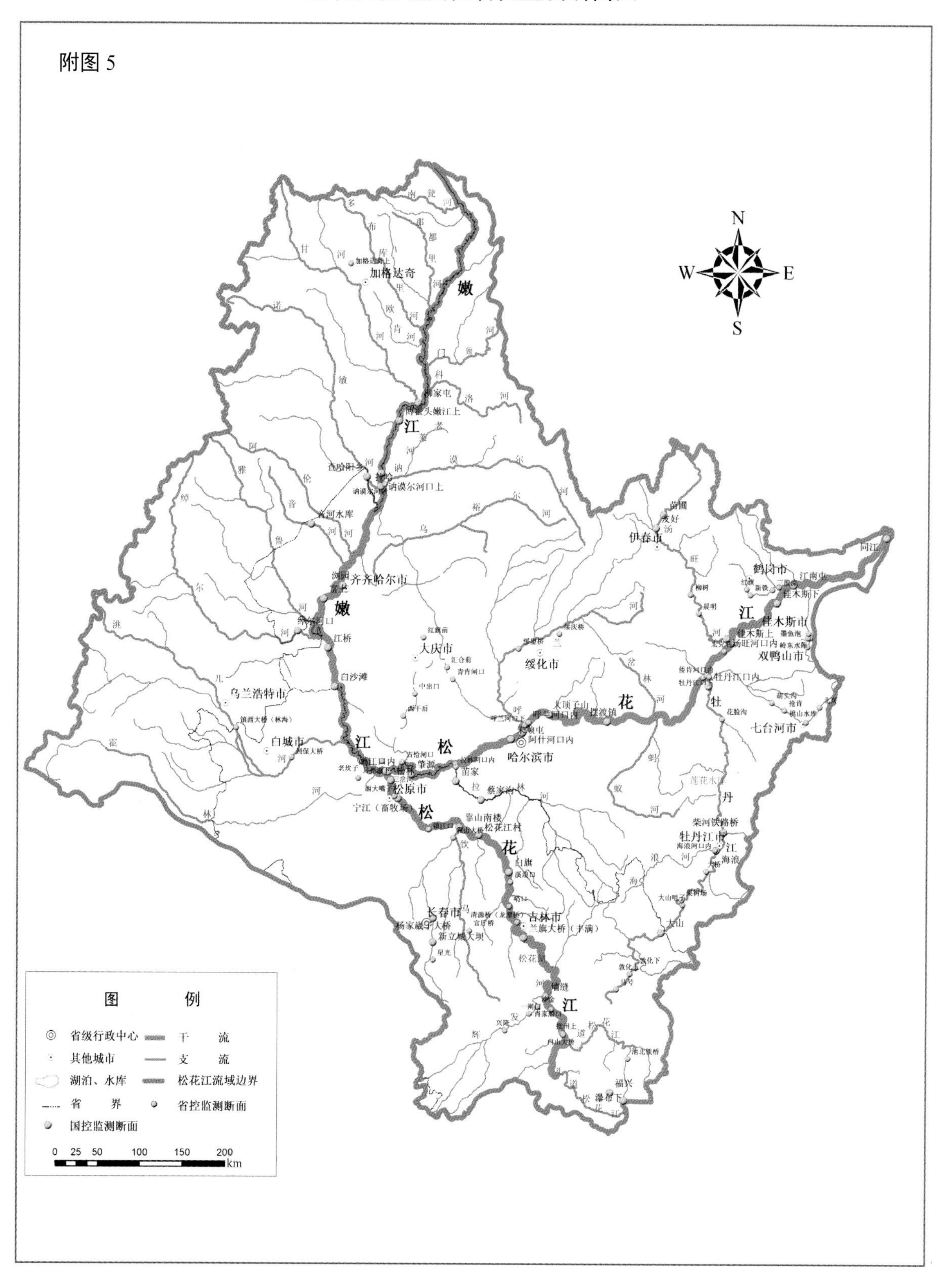

松花江流域水污染防治规划控制单元监测断面图

附图 6

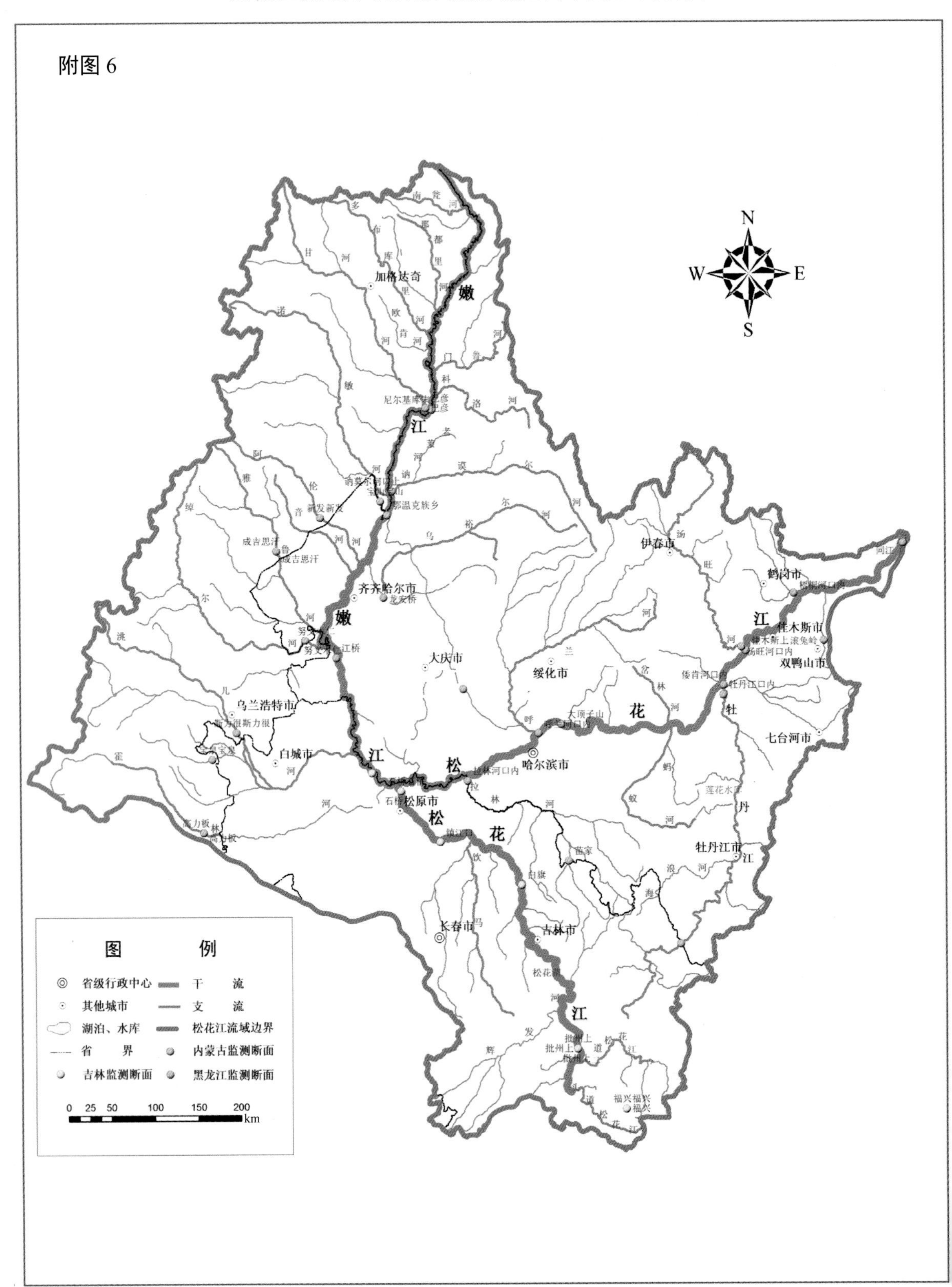

松花江流域入河排污口分布图

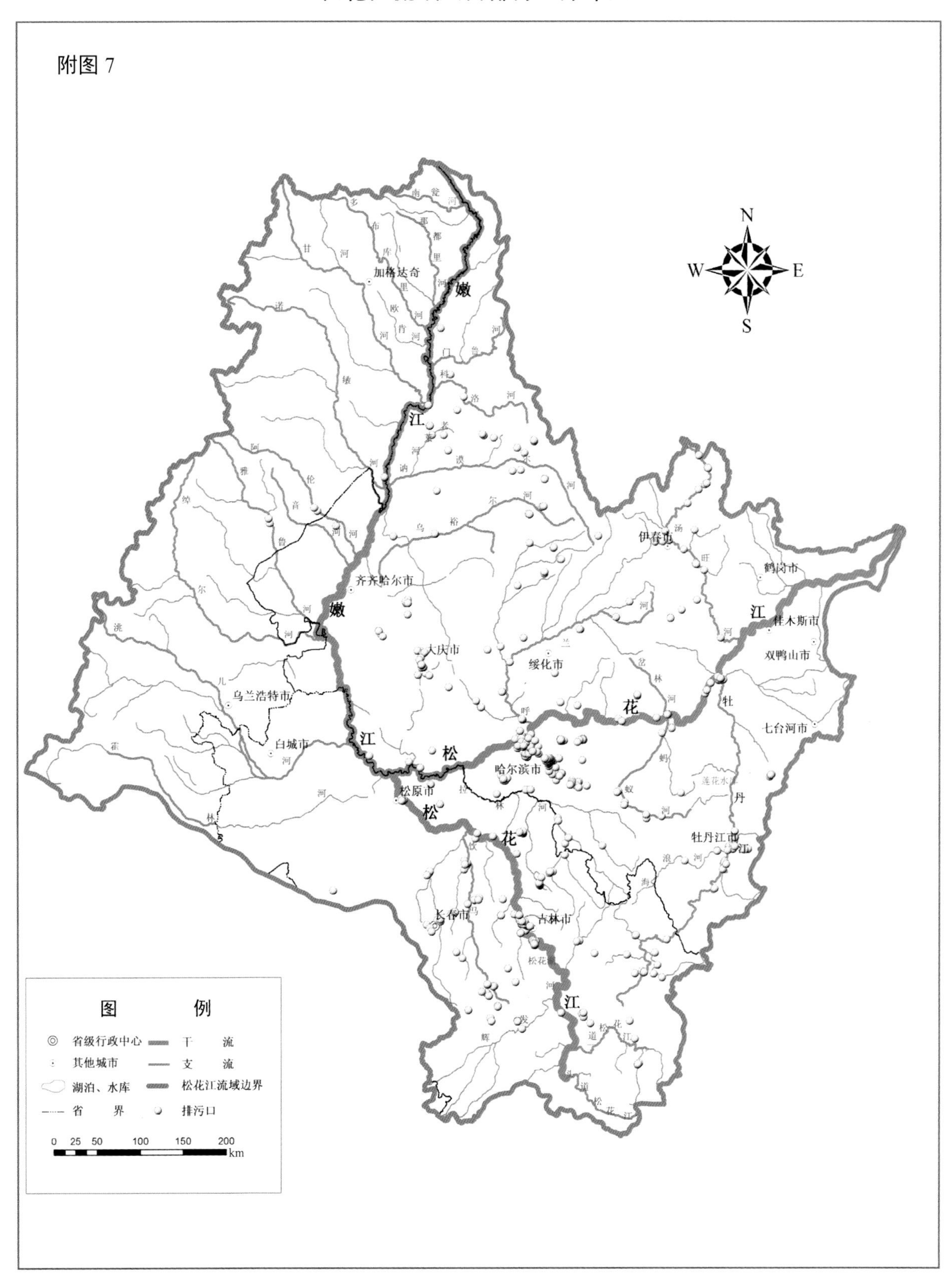

松花江流域大型灌区分布示意图

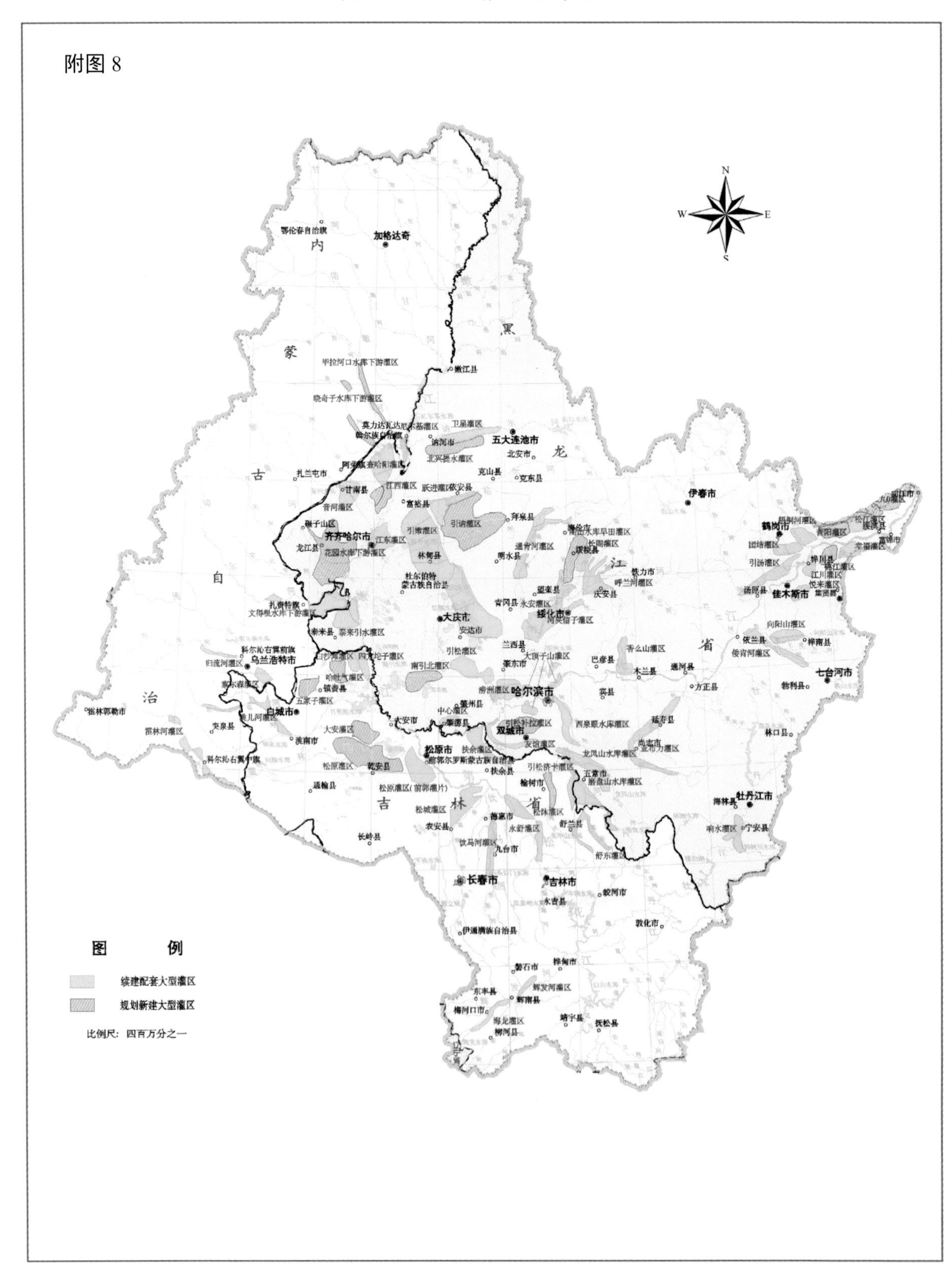

1956—2006 年第二松花江流域降水量等值线图

附图 9

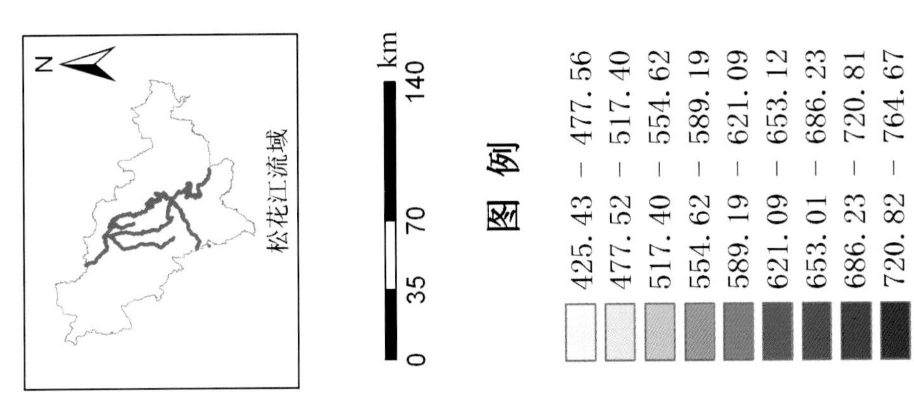

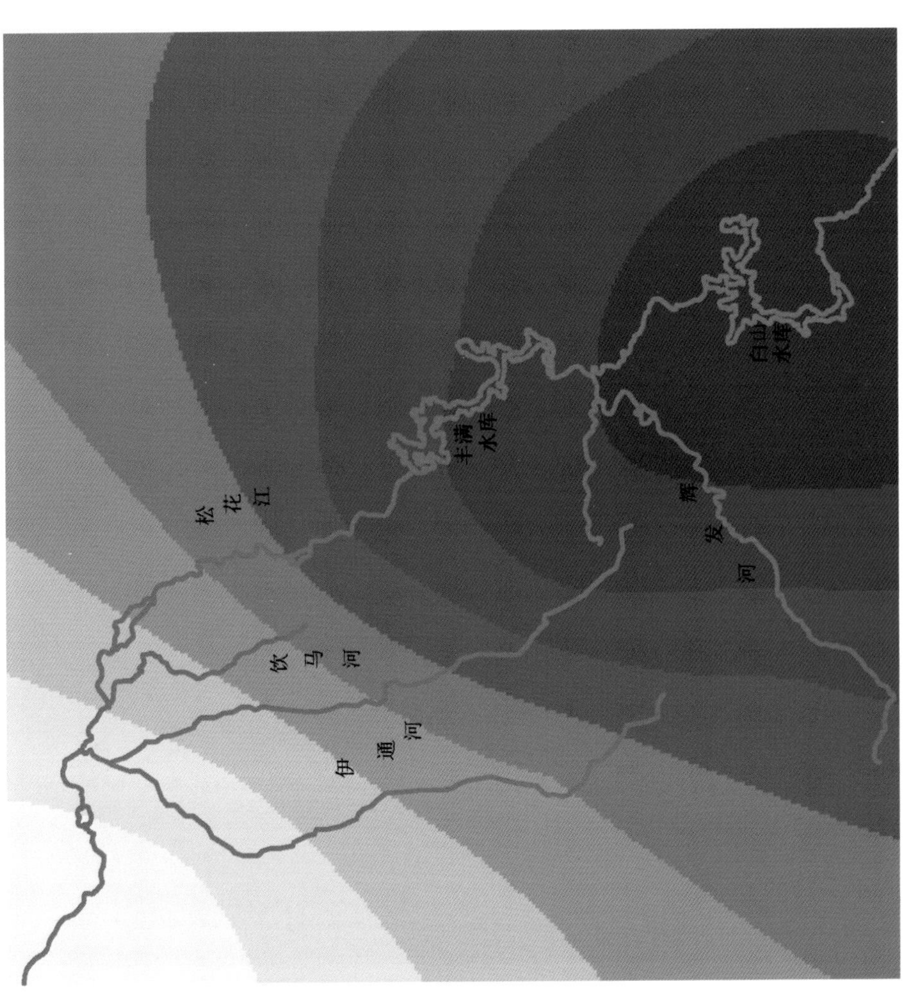

1956—2006年第二松花江流域夏季降水量占年降水量百分率图

附图 10

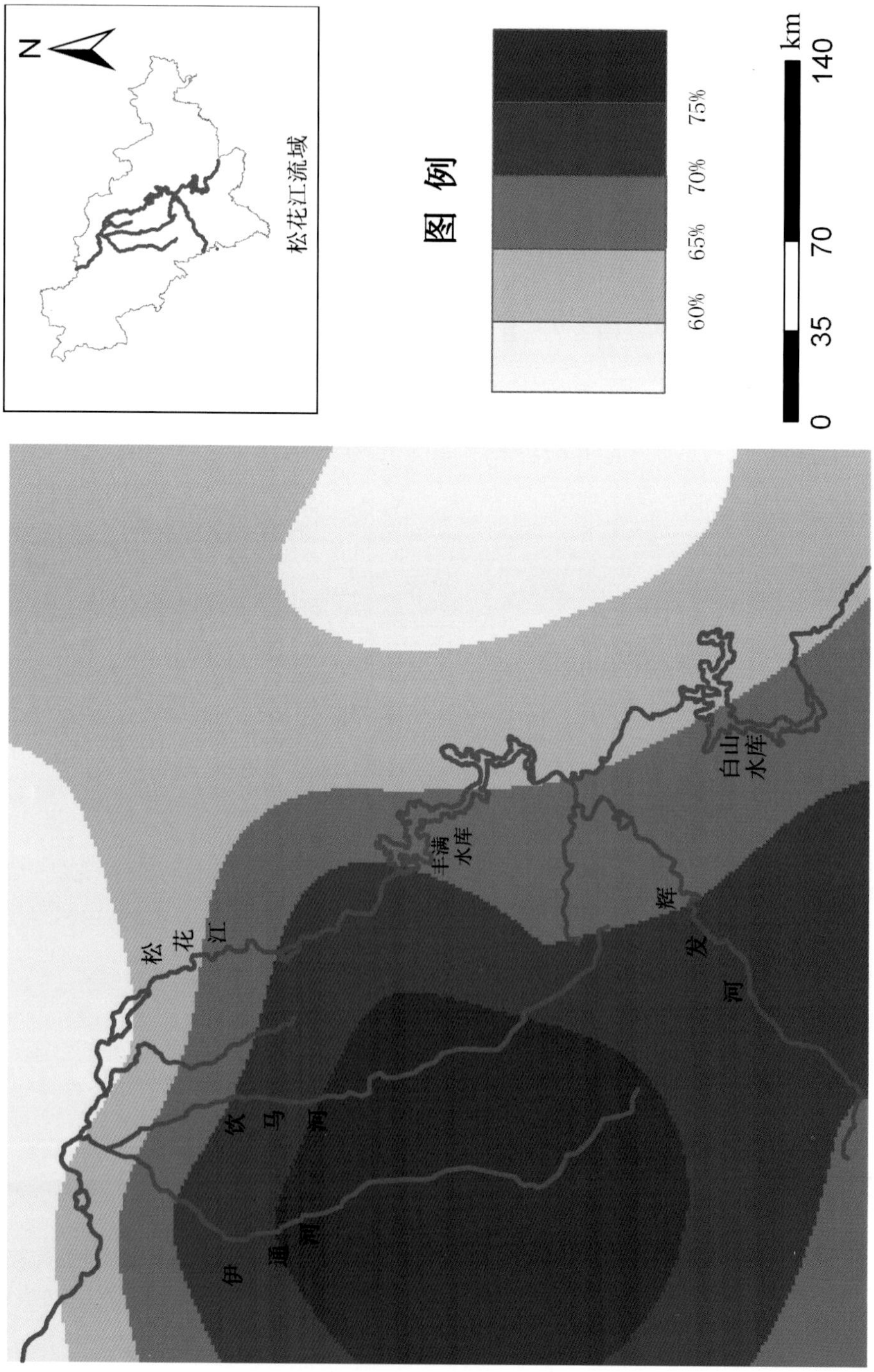

环境保护部门水质监测断面布设分布图

附图 11

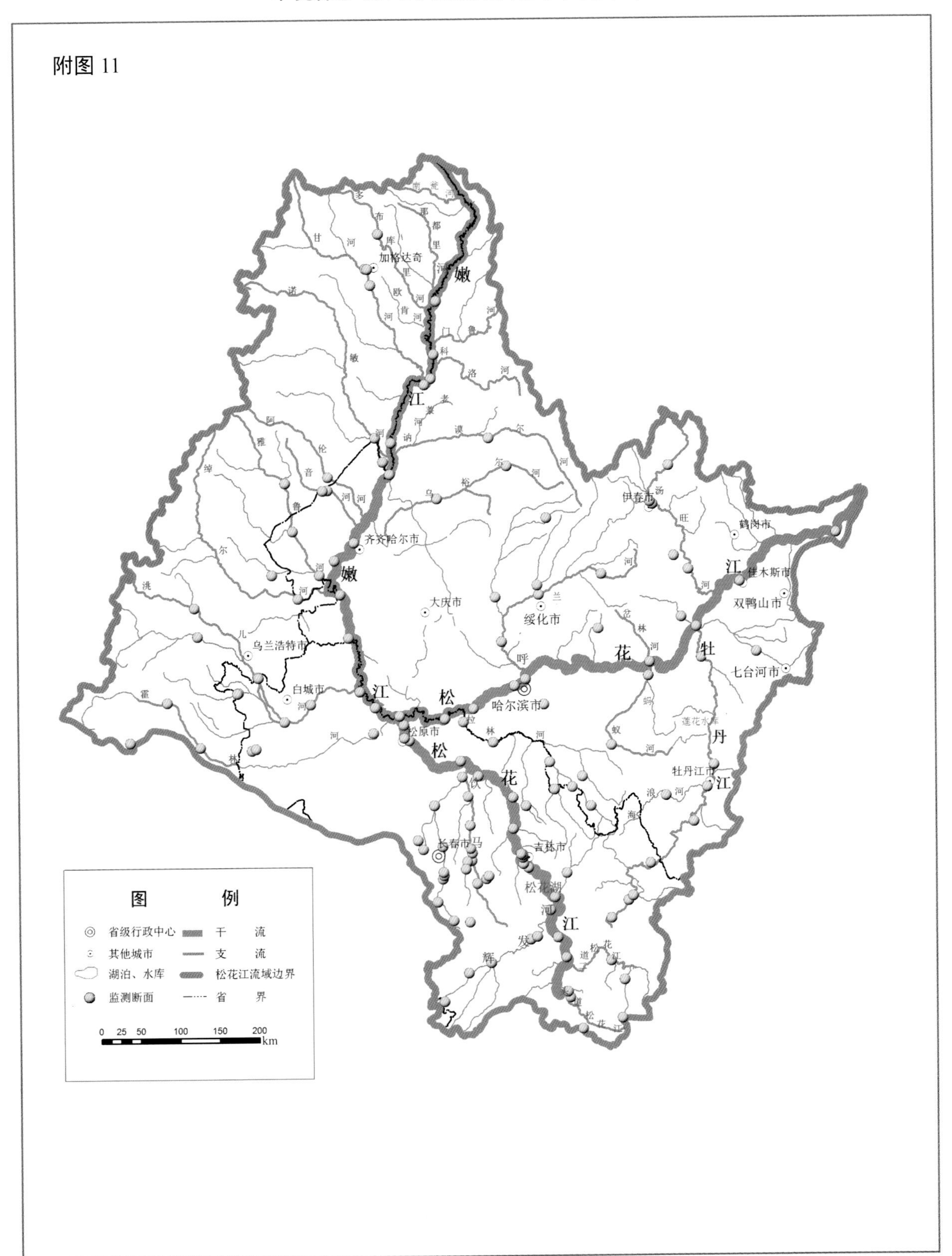

水利部门水质监测断面布设分布图

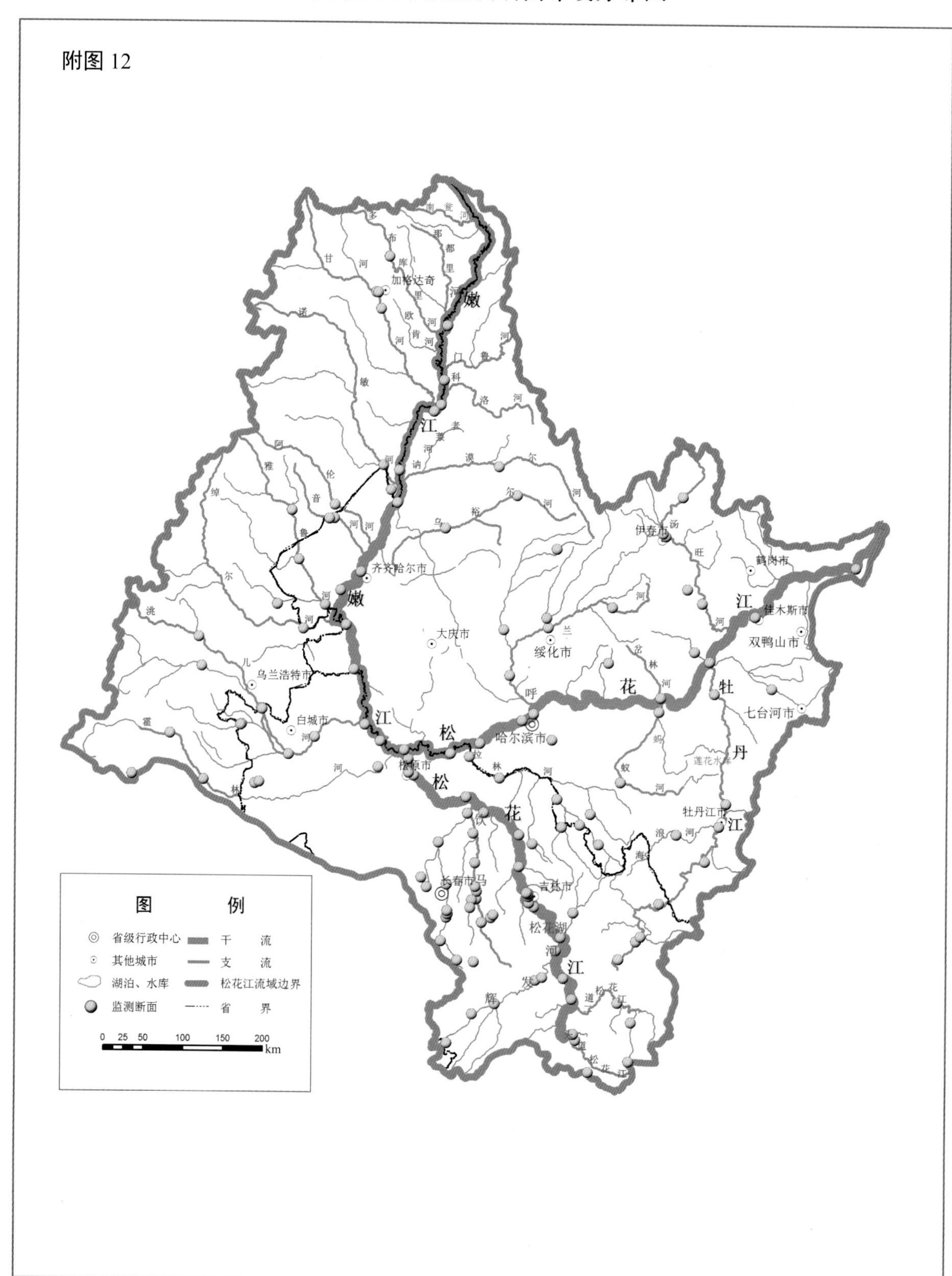